编译版

吴君勉 著

吴丰 吴同 吴熠丹 吴雁南 编译

中国水利水电出版社
www.waterpub.com.cn
·北京·

**图书在版编目（CIP）数据**

古今治河图说 / 吴君勉著 ; 吴丰等编译. -- 北京 : 中国水利水电出版社, 2020.11
ISBN 978-7-5170-9010-6

Ⅰ. ①古… Ⅱ. ①吴… ②吴… Ⅲ. ①治河工程－史料－中国－地图集 Ⅳ. ①TV882-09

中国版本图书馆CIP数据核字(2020)第220904号

审图号：GS（2021）1395号

| 书　　名 | **古今治河图说**<br>GUJIN ZHIHE TUSHUO |
| --- | --- |
| 作　　者 | 吴君勉　著<br>吴　丰　吴　同　吴熠丹　吴雁南　编译 |
| 出版发行 | 中国水利水电出版社<br>（北京市海淀区玉渊潭南路1号D座　100038）<br>网址：www.waterpub.com.cn<br>E-mail：sales@waterpub.com.cn<br>电话：（010）68367658（营销中心） |
| 经　　售 | 北京科水图书销售中心（零售）<br>电话：（010）88383994、63202643、68545874<br>全国各地新华书店和相关出版物销售网点 |
| 排　　版 | 中国水利水电出版社微机排版中心 |
| 印　　刷 | 北京印匠彩色印刷有限公司 |
| 规　　格 | 184mm×260mm　16开本　16.75印张　274千字　1插页 |
| 版　　次 | 2020年11月第1版　2020年11月第1次印刷 |
| 印　　数 | 0001—1000册 |
| 定　　价 | **88.00**元 |

# 前言

《古今治河图说》是民国时期水利史学者吴君勉先生继《中国水利史》之后又一苦心孤诣之著，全书就四千年来黄河六大变迁及历代治河利弊得失首尾一贯、提要钩玄之系统图说，含繁就简、避晦求明，乃黄河史籍中不可多得之入门阶梯。图说互证，尤属难能可贵。《中国水利史》成稿于1937年，而《古今治河图说》成稿于1942年，对河史之探讨更为深入详尽，可视为《中国水利史》黄河篇之增补版。

本书内容曾为诸多文史专籍、期刊论文之著者所引用，但原书刊印于1942年，时值战乱，印数有限，目前仅庋藏于少数图书馆与科研机构。台湾文海出版社于1970年辑印《中国水利要籍丛编》时曾将《古今治河图说》按原书影印，列入《丛编》之第三辑中，但也流传不广。

原书以文言体撰写，富于文采，但不利于普及。为发扬历史遗产，诵先人之清芬，先生之子、孙辈或以退休之余年、或趁工余之暇日，通力协作于南京、北京两地，将原著译为白话文，并详加注释，重印出版，以飨广大读者。

原著者祖籍淮安，幼年饱受黄水之祸，立志献身于水利事业，师从水利史专家武同举先生，潜心于学术探讨，曾供职于江北运河工程局、江苏省建设厅，1936年在全国经济委员会水利处，专职编写《中国水利史》，1938年黄河决口于郑州花园口，著者先后任职于疏浚里下河入海水道工程委员会、黄灾救济委员会，佐韩紫石先生防治苏北水患于里下河地区，历时三载有余，其后乃有《古今治河图说》之问世。原序三篇，缕述本书之编写旨意，附于译注本之末。原书第十一章属于附录性质，原用小字排印，与正文关系不大，未列入译注本中。

**吴同**

2004年3月

于南京、北京

# 出 版 说 明

《古今治河图说》是一本用文字与地图形式讲述黄河变迁的专业性读物。

本书内容与特点如下：

（1）以黄河六次变迁为主线，引用了《尚书》关于禹河形成的论述；时间跨度从史前一直到1938年。内容丰富，语言精练，相关引文的作者超过60人。

（2）在讲述历史事件、河流变迁时，详细列出相关地区、市镇的名称，并用四十幅精细地图表达，更为直观，易于查找和记忆。

（3）更注重人的作用和政治事件的影响，把大自然、人、社会结合在一起分析，介绍了若干中国历史上重要的治水人物和其中成败的关键，如：鲧、大禹、贾让、王景、贾鲁、潘季驯、靳辅等。

（4）提出根治黄河的设想。引用国内外专家治理黄河的见解，包括：根治的指导方针，降水与径流预告的测量，泥沙问题，上、中、下游分别治理的九种措施。

原著用文言文撰写，此次重编加入白话文译文（约五万五千字），可方便广大读者阅读。为了尽量保持作品原貌，在白话文译文后用影印方式将原著排版，得以文白合璧全文出版。本书定稿于1942年，原为机构内部草印本，此次出版是在中国内地首次公开发行。

本书白话文部分译述了从第一章到第十章的全部以及第十一章的部分内容。其中第十一章翻译至原版的第一〇二页中吴君勉所撰文字，这是原著作者设计结束全文的地方。没有译出第十一章的前两篇附录，略去了原版第一一六页以后的内容。翻译采取逐句译述，尽量继承原文风格和语言真意；对于易于理解的字句，则按原文抄录。原著小字部分实际为正文注释，译文将其完整译出，与正文并行，不为此另加注释，以达到阅读上的流畅。个别段落、文字、数字有需要讨论处加序号，列在每章之后行文。某些地名后加括号注明现用地名。古文与地图均用影印技术全文刻板，包括附录。

原古文有一勘误表，本次编译中对原文又进行勘误；凡明确的印刷错误均列其中；对于可能有争议的或不能确定的疑点，则在白话文部分加注，列于每章之后，按数字序号刊出。

本书的“前言”由先兄吴同（1924—2011）于2004年完成，同时译述了第一到三章，曾加以注释。2011年先兄去世之后，吴丰对出版内容与行文规则做重新设计，形成目前的版本。现版本“前言”完全采用吴同原稿，一字不改，以表示尊重逝者的观点。出版说明、勘误与后记均为吴丰行文与定稿。所有编译者均参与了从第一章到第十一章正文部分的译作，从结构设计、疑点切磋，到引经据典、披捡爬梳。所以，是真正的“同承其乏”。

吴熠丹完成全书付梓前的校定；吴小明参加前言与第一到三章的校阅；吴雁南提供原始资料与全书今古文的对照校阅；郭雅校阅部分内容，提出修改意见。吴象提供与本书相关的历史资料和出版资金。

**吴丰**

2020年1月9日

# 目录

**古今治河图说图录**

# 第一章

# 概　论

黄河易于决口和迁徙，举世闻名。自大禹治水以来，决口、迁徙的次数难以细数，自古无长治久安之策。河源万里，孟津以上，山高水深，终古无变。孟津以下，脱离群山钳束，土质疏软，水流无所制约，或北向津、沽，或南行云梯，或中路过利津注入大海。其势飘忽如游龙，难以想象。

世称黄河有六次大迁徙：禹河[1]形成于公元前2278年，周定王五年（公元前602年）初徙，王莽始建国三年（11年）再徙，宋庆历八年（1048年）三徙，金明昌五年（1194年）四徙，明弘治七年（1494年）五徙，清咸丰五年（1855年）六徙。禹河、周定王河、宋庆历大河都行北道，由津、沽入海；王莽河、清咸丰大河，都行中道，由利津入海；明弘治大河行南道，趋云梯关入海；金明昌大河则分行中、南两道，由利津、云梯关入海（参见第一图黄河六大变迁图）。北道历时最久，达二千四百余年；中道次之，历一千四百余年；南道又次之，历六百余年。黄河六次大迁徙情况见表1-1。

---

[1] 黄河故称，本书依据黄河改道的时期，分别称其为禹河、周定王河、王莽河、宋代商胡大河（宋庆历大河）、金明昌大河、明弘治大河、清咸丰大河。

表 1-1　　　　**黄河大徙简表**

| 大徙 | 时期 | 年份 | 历时 | 河道途经地 |
|---|---|---|---|---|
| 元始 | 禹时 | 公元前 2278 年 | 1676 年 | 积石、龙门、华阴、底柱、孟津、洛纳（洛水入河处）、大伾（浚县西南）、大陆（钜鹿东北）、九河、渤海 |
| 初徙 | 周定王五年 | 公元前 602 年 | 613 年 | 宿胥口（大伾之南山）、长寿津（濮阳）、成平、天津 |
| 二徙 | 王莽始建国三年 | 11 年 | 1037 年 | 魏郡（濮阳）、清河（高唐）、平原、济南、千乘（滨县） |
| 三徙 | 宋仁宗庆历八年 | 1048 年 | 146 年 | 商胡（濮阳）、永济渠（卫河）、乾宁军（青县）、独流口（天津） |
| 四徙 | 金章宗明昌五年 | 1194 年 | 300 年 | 阳武、封丘、长垣、东明、菏泽、巨野、郓城，分两派：北派夺大清河入海，南派夺泗入淮 |
| 五徙 | 明孝宗弘治七年 | 1494 年 | 361 年 | 原武、开封、兰封、归德、虞城、夏邑、永城、砀山、萧县、铜山、睢宁、宿迁、泗阳、淮阴夺淮入海 |
| 六徙 | 清文宗咸丰五年 | 1855 年 | 83 年❶ | 铜瓦厢（兰封北）、东明、鄄城、濮县、郓城、范县、寿张、东阿、平阴、长清、齐河、济南、济阳、滨县、利津 |

黄河善决善徙，河史研究者不但应了解河道的变迁，更应追本求源，探讨治愈水患的策略。为此，概述为四项论点：

其一，黄河本为北向流动，其南部有漯、濮、济、汴等河，形成纲和目的关系，更南面有江、淮，水系间互有连通。黄河下游的九河湮没后河道发生变动，河道走势日益偏南行，造成漯、濮、济、汴因行河而早已堙废；淮水为黄河所夺，已半身不遂；长江也逐渐受到威胁，长此以往，不堪设想。然而黄河迁徙，多由人为因素造成溢流与决口，或是在有迁徙危险之时强制河水流入新河道。例如：田蚡、王莽为维护祖坟，贾鲁、白昂为控制漕运，

❶ 此年份计算至《古今治河图说》首次撰写年份，即 1938 年。

强使大河南行。宋代大河北行，原已平安无事，而当权的人想凭借其作封疆的边界，抵御敌国入侵，从而产生京东故道、横陇故道、二股河、六塔河问题的争议。由于违背了河流的本性，终于酿成巨大的灾害，足以为戒。

其二，河性决徙无常，不但漯、濮、济、汴的故道湮没，凡江、淮以北，永定河以南百余万平方里间，大量堤坝与河道被冲垮填塞。南、北大运河首当其冲，自古以来的一切治理运河工程都与黄河有关。例如：漳河、卫河的通塞，沂水、泗水的演变，会通河、泇运河、皂河、中运河、淮扬运河的逐渐沟通都受黄河影响。宋、明以来，黄河夺淮，洪泽沦为大湖，高堰成为洪泽湖大堤，清口与运口建众多闸坝，都为应对黄河的侵逼。因为黄河无定轨，中原地区水祸永无宁日，一切灌溉、航运等水利事业都无从说起。

其三，黄河虽然常迁徙，但还是有长治久安的对策。四千多年来，治与乱的循环并不完全是自然原因，也有人为的错误。潘季驯说："成功不难，守成为难。如果世世代代能守大禹之功绩，则黄河将世世代代不变，然而岁月久远，人事变迁，不同意见的纷起，治河的事难以预测。"这是古今不变的规律，不仅适用于治河的事。当前要做的事是根据大河变化的迹象尽全力推测分析，找到予以维持不变的方法。

其四，治河与防河有别。治河的人要统筹全局，求得一劳永逸的策略。防河的人，头痛医头，作局部的修补。自周末以来，井田废、阡陌开，治河也受到很大影响。宋、明以来，名人治理的政绩在于黄河中下游堤防的修护。治河名家潘靳，都将其著书命名为"河防"。治河主管但求一时不溢、不决，维持现状；或者进行堵口合龙处理已经溢决的现场，恢复原貌，已经是尽很大的责任了。自从欧美科学治水方法传入我国，治河领域才有了新的机遇。对古代与现代人治河的优缺点进行取舍，坚持到底，谋求根治，是今后水利界人士努力的方向。

治河事业已耗费中外水利专家许多心力。德国人恩格斯（H. Engels）说："黄河治理是未来空前的文化事业。"鉴往知来，取证不远，黄河治理成功是其他水道治理的基础，其意义举足轻重。

# 第二章 禹河

## 第一节 禹河之前身

要明白大禹功绩的伟大，应当先了解禹治水前的情况，即禹河的前身。禹治水前，大河故道在何处并不十分清楚。《汉书·西域传》记载："河源出于阗。北流与葱岭河合。东注蒲昌海。潜行地下。南出于积石。为中国河。"《水经注》及孔颖达《尚书疏》都同意这一说法。西方人威尼斯说："古代黄河不到绥远。原有山脉，为绥远诸河流与黄河的分水岭。其后山谷变迁，大河被迫折向南，渐渐形成现代的河道。"尸子说："古代龙门未凿，吕梁未开，河出孟门之上。"禹凿龙门，河水才有了入中原的通道。魏默深先生也认为古代大河行塞外，不入中原，明确指出缘由，说："大河源头在葱岭，经西域，汇于蒲昌海。在天山之南，于阗山之北。三面皆山，仅东面一侧可作为泄水口，所以古代称不周之山。自蒲昌海东至玉门关，沙碛千余里。又自玉门关东至辽西，穿越六千余里的塞外古河。东会卢朐河，经黑龙江入海。水草丰茂，灵淑所钟，人物繁茂。因此黄帝建都于上谷，从辽东开始规划疆土（井为古行政单位），而昆仑也有黄帝的遗迹。上古到尧，气候大变化，故道逐渐淤废；塞外古河突然从地下潜行，至中原之积石，再现于地面。于是穿行高山，冲刷丘陵，东部决口于平阳，西部泛滥于关中，不得不凿断吕梁山，以消纳洪流。非大禹不能平定此非常之灾，大禹功在万世。”以上论点大胆而深奥，但按近代地质学史与地下水潜流贯通的论述，还是有道理的。在此保存默深先生的观点，并期待有更多的考证（参见第二图　禹河前身图）。

塞外古河与中原行水无关，不需深入讨论，而鲧河遗迹应加以探讨。黄河自地层潜流入中原，行于中条山、北条山之间，溢于龙门山、吕梁山之上，大致如朱熹所说：“禹未凿治时，龙门正道泄水不畅，一派向西翻腾流入关陕，一派向东翻腾流往河东。”河东为帝都所在，河水溢于西，汾水壅于东。两条水在天子车驾下相斗，浩浩滔天，这就是《尚书·大禹谟》所说的“洚水儆予！”的景象。鲧为了保障帝都，筑九仞之城，堵塞洪水，必然先在此施工。然而，仅仅筑堤防阻挡洪水，而不开辟水的去路，以致治水九年而不成。《寰宇记》记载：“龙门山北有河口，与龙门相似而不能通，传说是鲧所凿，现名错开河。”表明鲧并非不懂为洪水谋出路，只是没有成功（参见第二图　禹河前身图）。

帝都之堤防屡建而无功，水势横溢，老百姓遭受洪水袭扰。首先是冀州、雍州受灾；此后洪水漫流而下，豫州、扬州也遭水灾，这就是《孟子》中说的“洪水横流，泛滥于天下”。鲧既筑堤防于上游，也筑堤防于下游，郦道元《水经注》中记载：“元城县北有沙丘堰。”《禹贡锥指》引黄文叔语，说：“澶州、临河有鲧堤，自黎阳入，北延伸到恩州、清河、历亭等地。”武同举《河史述要》讲：“这就是鲧所筑之大河北堤。”而以古大金堤为大河南堤，两堤之间向东流的漯川为鲧河遗蜕。考虑当时水势浩大，堤防屡次毁坏，所以《史记》说：“禹认为大河来自高处，水流湍急，难以在平地上穿行，造成筑堤的多次失败。”大概指治水的教训（参见第二图　禹河前身图）。

综上所述，大河本行于塞外，尧帝六十一年以前，中原未有水灾。河水入中原后，因为本来没有通道，所以涌溢于冀、雍，泛滥于豫、扬，造成中原滔天的水患。鲧想借地势拦阻，大筑长堤，约束黄河由现在的利津入海（参见第二图　禹河前身图），然而疏凿无功，堤障不成，负罪而去。禹继父志，成就大业，成败利钝之机，足为千秋金鉴。将在下一节讲述。

## 第二节　禹　　河

禹治水之前，河患严重，已如前述，本节介绍禹的治水功绩。《禹贡》记

载："既载壶口，治梁及歧，既修太原，至于岳阳，覃怀底绩，至于衡漳。恒卫❶既从，大陆既作。"又有记载："疏导河道，从积石始，到达于龙门。南到华阴，东到底柱，再向东到孟津。经过东部的洛纳延伸到大伾❷（《史记》记载：'禹认为河从高处来，水流湍急，难以在平地行洪，多次失败，改为开辟两条支流，引河水，向北部高地流去。'），北过洚水❸，流到大陆，再向北分散为九条河，同为逆河，入于海。"前一段讲治河的次序，后一段讲大河整治后的流向。禹成功的关键有三：一是凿龙门，以通上游；二是放河水北向流，平定中游；三是疏通九河，使下游通畅。以下分别详述：

禹疏导黄河从积石到龙门。傅寅《禹贡集解》认为："龙门之上，积石以下，地高，水不为患，禹不关注，不必多说。"上述观点近于实际，然而也不全对。当时龙门以上，荒无人烟，即使河水泛滥，也无施工整治之必要。而帝都，水祸煎迫，亟待治理。帝都的水灾是由于吕梁山阻水，淤塞不下，横流旁溢。平阳、浦坂数百里间，都受大河与汾河河水的包围与冲刷。鲧筑错开河以分洪，工程失败；禹继承父志，筑断吕梁山脉（魏默深先生说："孟门为大河之上口，龙门为大河之下口，两门相距一百六十里，石脉绵亘，淤塞河流。壶口是孟门以东的山，吕梁是龙门以南的山，禹辟孟门，开始于壶口，辟龙门，结束于吕梁。"近代李仪祉先生说："壶口在陕西宜川县境内，对岸是山西吉县。龙门在陕西韩城县境内，对岸是山西河津县。龙门的含义，广义上说，是以孟门为其上口，禹门为其下口，相距百里，最窄处河宽只有五十公尺。"）从此水有所泄，上游洪水逐渐消退。禹得以西边治理梁、歧，东边修整太原，一直延伸到岳阳（今山西平阳，当时的帝都）。黄河与汾河相斗的灾难解除，帝都之水患平息。禹治上游，疏堵并举，与鲧的治理相似（《河渠纪闻》引用《翰墨全书》的记载："太谷县东南有长堤，当地人称为鲧堤，

---

❶ 引自《禹贡》的这段话，原文改一个字，"衡"改为"恒"。这一段的译文为：从壶口（今吉县）施工，治理梁山及支脉（今韩城）。治理太原，到岳山（今霍县）的南面。覃怀（今武陟、沁阳）地区的治理有功绩，到了横流的漳河。恒水（今唐河）与卫河（今滹沱河）顺从入海，大陆泽（今河北巨鹿）就形成了。关键字是"衡"与"恒"，如取"恒"，治水的地区从现漳河移到现白洋淀西南地区；如取"衡"，则仍为漳河，卫为南面的卫河，两河在馆陶附近合流入海。

❷ 《史记》说："大禹以为河从高处来，水流湍急，难以在平地行洪，多次失败，改为开辟两条支流，引河水，向北部高地流去。"

❸ 原文及图均用"洚"，按《今古文尚书全译》[3] 记载，"洚"应为降。降水为漳水与降水合流的漳水，从今河北曲周、肥乡入黄河。

尧命鲧修筑以阻洪水。”茅瑞征也说：“岳阳为尧都，鲧极想加强防护，存有遗迹。”陈氏栎说：“修复鲧的功绩应称为修。”《礼记》说：“禹能修鲧的功绩，善于继承前人的事业。禹凿龙门，先疏下游，河水下泄，修复鲧的工程，是可以奏功的。”）后世以成败论人，说鲧以堵塞治河，禹作疏导治河，如此判定功过；又说禹之治水，使水由地中行，而不必筑堤防……都是浅薄的论断（参见第三图　禹河形势图）。

龙门通后，河水下泄，由冀流向豫、徐、扬，高屋建瓴，其势湍悍。鲧原来想筑堤，防止水流横溢，而未成功。禹继父业，测量地势，知道水流湍悍，难以行平地；就从大伾引河水，向北穿越高地，过洚水，到达大陆，大河中游得到稳定。大伾就是臣瓒认为的黎阳县山区临河的地方，在今浚县东南二里。浚县地势西高于东，南高于北，河水至此，逆转向北，为一大折，是全河安危的转折点。所谓“载之高地”，系指当地高于漯川故道之平地，并不是高于河流上游；汉代王横所说：“大河来源高，虽载之高地，仍不就下之性。”就是这个道理。黄河自大伾逆转而北，之后渐渐稳流，而不是陡落平原，则不会有溃冒冲突的风险，这是第一个优点。据《河史述要》记载，黎阳地区，东西两山相对峙（大伾为东山，上阳三山为西山），河道稳畅，不会溃决。又用旧的大河北侧堤为新河的南侧堤，行河安全无事，这是第二个优点。大陆以下，人烟稀少，河水即使有横溢，也不会成为大患，这是第三个优点。鲧河本来行于漯川之河道，筑堤未成，禹重选择更好的地方改变河道，是卓越见解，成非常之功，促成禹河历时一千六百余年不变（参见第三图　禹河形势图）。

《禹贡》原文记载为：“大陆以下，播为九河，同为逆河入于海。”对于其的解释多样，不一其说。有的称九河分为九条，各自入海；有的称黄河分为九条，又合为一条后入海（《尔雅·孔疏》记载：“九河的次序从北而南为：徒骇、太史、马颊、覆釜、胡苏、简、洁、钩盘、鬲津。据汉志，徒骇最北，在成平，为大河之经流，合于漳水，东出分为八支。鬲津最南，在鬲县，今山东恩县、德县境内，东北流至大沽入海，俗称老黄河，可能为其遗迹。自鬲津以北到徒骇，相距二百余里，都是九河所派衍。黄河水流经之地，流急则槽深，水缓则沙停，山丘与山谷的变迁，朝更夕改，一定要确切指出九河的位置，就属牵强附会了。”武同举说：“我认为九河开始分开处未必有九个出口，九河入海处既不是合为一口，也不是九个入海口。但中途派衍歧分为

九条，除徒骇经流外，其南八条，或略有变迁。”）禹要疏九河，为的是有多个分支，使下游得以通畅宣泄。如再将其合为一条河，不但没有必要，且其走势也不可能实现。近代朱延平说：“黄河入海口每五年向海中推进一里，大禹至王莽年间约二千三百年，应推进了四百里。则禹时大河出大陆后，离海不过百数十里。现在大河在利津入海，且分了多股，与当时情形应无大异。所以黄河自分散为九河后，即分途入渤海，没有合九为一的情况。今东淀文安一带，高度3～4米，经黄河两千多年的淤积，加上桑乾、滹沱两浑浊河四千余年之淤积，又淤高3～4米，尚在意料之中。说渤海为逆河，有一定道理。首先，渤海东宽西狭，当时西部湾进，东西两淀一带势必更狭，恰似河道；其次，北有潮白、桑乾、白沟等河流入，西有潴龙、滹沱等河流入。黄河与各河汇而为一，滔滔东注，更似河道；最后，海清，河浑，当时的木船，不能深入远海，渤海西部有黄河水注入，北部有各河之水注入，直到昌黎县碣石山左侧，水才开始变清，所以把海看成河，并认为大河靠近碣石山右侧入于河。”上述论述贴心在理，释疑解惑，足以使千年历史事实晦而复明（参见第三图　禹河形势图）。

综上所述，大禹治河，上游采取凿开龙门、打通中间水流的梗塞的方法；中游采取放河北行、择地改道的方法；下游开辟多条支流，疏泄积水。分析起来道理简单。禹凿龙门，鲧也开凿错开河；鲧设堤障，禹也同样跟进。然而两者成败相异，功业相反是何道理？《尚书》称，皇帝咨询四方首领，寻找可以平定洪水的人，群臣都举荐鲧，舜帝说：“鲧是违背命令，危害同族的人！”群臣说：“可以试用！”治水大业就落在鲧的身上，“试用”之期长达九年。

《离骚》说：“鮌（即鲧）婞直以亡身兮，终然殀乎羽之野。”可知鲧确有治水之才能，但是自信太过，不能虚心容物，最终招致死亡。禹治水八年，报告业绩，帝说：“你不自夸，天下人便不能与你争高下；你不自大，天下人便不能与你争功劳。”父子对照，大概能够得知成败得失的原因。

# 第三章

# 河大徙一（周定王河）

## 第一节　大徙之征兆

禹功告成，大河北行，安流五百年无大患。到商代，河患渐起。商汤元年，开始定都亳地（现今河南商丘），是先王居住地，后迁西亳（现河南偃师），就是为了避开大河水患。历经二百二十余年，于仲丁六年迁都于嚣（今河南荥泽县西北）。又经过二十余年，于河亶甲元年迁都于相（今河南安阳）。又经过九年，于祖乙元年，从受灾的相迁到耿（今山西河津）。到祖乙九年，再迁都到邢（今河北邢台）。又经历一百二十余年，于盘庚十四年，回迁到殷（即西亳）。商代都城大多靠近黄河，屡圮屡迁，可见大河水患之严重。迁都大致是自东南向西北，说明禹虽然放河北行，然而东南地势低下，时间久了，水性向下，仍有恢复旧时状况的趋势。分流向东的河流，最初有漯、濮、济，到东周时，王室衰微，水官失职，诸侯各自为了自己的利益割据一方，于是自荥阳下引河为鸿沟，以连通宋、郑、陈、蔡、曹、卫各国，与济、汝、淮、泗诸河相会。分水既多，流缓沙停，以致九河之八逐渐消亡，下游渐渐壅塞。壅于下游，必溃于上游，大河开始变化（参见第四图　禹河初徙图）。

## 第二节 周定王河

周定王五年，大河水患到了极点，以至于从宿胥口（今河南浚县之西，大伾山之南）迁徙，向东沿漯川行几十里，至长寿津（今濮阳之北，内黄之南），又与漯川分开，东北流至成平（今河北交河县），合漳水，再归禹河故道入海，这是黄河第一次大徙之一。《河渠纪闻》记载：“大河自长寿津东北行，其东岸为开州之戚城，西岸为内黄县之繁阳故城。又东北行，其东岸为清丰，西岸为南乐。又东北行，出元城大名冠县馆陶之东。又东北行，东岸为堂邑，西岸为清河、清平、博平。清平有贝丘故城。又折向北，东岸为平原、吴桥，西岸为德州、景州。又北行，东岸为东光、南皮、沧州，西岸为阜城、交河，复与漳水合归禹河，东北至天津小直沽口入海。”

自此以后到西汉，都行此水路，世称北渎。经历六百多年，到王莽始建国三年，大河开始不走北渎。可见，禹河水患，在宿胥以下，成平以上，形成中间梗阻。推断原因，在于宿胥之上，分水过多，流缓沙停。宿胥之下的海口区域通畅，历久不变，由此可知，如果宿胥之上，分水有节制（大禹时漯川上口处的分水是有节制的），堤防守护不比前人差，则禹河可能至今还存在（参见第四图　禹河初徙图）。

# 第四章

# 河大徙二（王莽河）

## 第一节　瓠　子　之　决

黄河自周定王五年第一次大徙后，一直到王莽始建国后三年才再次发生迁徙。其间的瓠子决口为一重大事件。决口的原因是周、秦以来人工的引河与决口。周显王八年，梁惠成王引河水入圃田（今河南中牟县西），形成大小湖泊四十四个，东西五十里，南北二十六里。又挖大沟，引圃水向东。周显王十年，楚师决口黄河出长垣之外。秦始皇二十三年，王贲攻打魏国，引黄河水灌大梁城，毁城。引黄河水的河沟即为引圃水向东的大沟。黄河水分流的时间久了，引发黄河巨变。汉文帝十二年，先发生了酸枣（今河南延津之北）的决口，夺濮水向东，冲溃金堤。堵塞后（濮水因此消失）四十年，在汉武帝元光三年又发生瓠子（今濮阳西南）决口。河水向东南注入巨野，联连通淮泗，泛滥十六郡县。组织十万人救灾，堤筑好后不久又遭受坏。当时武安侯田蚡是丞相，他的封地在鄃（今山东平原县），位于黄河之北，并不受向南决口的河水之灾。他虽通报了皇帝，但不做处理，历时二十四年。三代[1]以来，这次决口最为严重。元封二年，汉武帝亲自到决口处，最终将瓠子

[1] 三代指夏、商、周三朝。

决口堵塞，在当地筑宫殿，取名宣房。黄河主流全行北渎，一部分依然流入漯川，使梁、楚所在地安宁无水患（参见第五图　西汉河患及塞治图）。

## 第二节　贾　让　三　策

宣房堵口后，虽然黄河再行北渎，但是因为酸枣、瓠子段多次决口，河水分流二十多年之久，下游泥沙淤积，河床不如以前通畅。几年后，黄河又在馆陶处决口北行，分数个分支，局势急转而下（最初为屯氏河，分为屯氏别河、笃马河和张甲河，七十多年后又变为鸣渎河）。汉成帝建始四年，又在馆陶决口向东，入平原、济南、千乘，堵口失败。唐哀帝初期，待诏官贾让上奏治河的上、中、下三策。上策为移民搬迁，改变河道，在黎阳遮害亭处（此处是黄河故道，今浚县西南）造成决口，导黄河向北入海。中策为在冀州地区开渠引水，用来灌溉，使水势变缓。下策为修缮旧堤坝，加高加厚，劳费不止。后来的治河者，大多遵从这些规则，并不知道贾让是因时制宜，专为西汉立论，并非一成不变。

贾让说："黎阳南面不远是过去的大金堤，沿河西向西北行，到西山南侧，然后向东弯行到东山一地。百姓居于金堤之东，均为茅草屋，住十几年了，再筑堤，从东山南侧向南行至与原大堤相接。在内黄区域，有大湖方圆数十里，周边有堤，居民住十几年之久，太守在此收赋税。"说明百姓在禹河故道上占地种田。又说："黄河从河内向北流至黎阳，有石堤迫使其向东，到达东郡平刚；再遇石堤迫使其向西北，到达黎阳观下；又有石堤迫使其转向东北，到达东郡津北；再有石堤迫使其转向西北，到达魏郡昭阳；最后被石堤迫转向东北。百余里的距离内，黄河两次转向西，三次转向东。水流多次被阻，不得安宁。"所以贾让讲："施行上策，搬迁冀州洪泛区的百姓。决口黎阳遮害亭，导河水向北入海。黄河西靠近大山（即西山），东靠近金堤，必将不能向远处泛滥，预计一个月河水就可自行安定。"黎阳、白马与东郡之间，大量的曲折不利行河，而黎阳、内黄一带的大河故道，占河道为田、可能受灾的居民不过数万人（据贾让三策原文记载），搬迁这些居民，让黄河回归禹河故道，北流入海，这一方案避免河水多次被阻厄，而能稳畅运行，同时节省了每年高额的筑堤费用，河水安定，百姓安居，上千年无水患，实为"上策"。

论及中策，贾让说："如果就在冀州地区多开渠引水，使居民可以灌溉田地，分流水害，虽然不同于圣人的方法（圣人指大禹），也算是一种救灾的办法。"关于治理水渠的办法，贾让说："遮害亭西十八里到淇水口，有金堤，高一丈，现在可以从淇口以东筑石堤，设多个水门，冀州灌溉水渠，都依靠此水门控制。治渠不一定要挖地，只要修筑一条东方的堤，使黄河向北行三百余里进入漳水。西部借着山足高地（总干渠），各水渠（石堤以东的各支渠）往往都要从这里取水分流。天旱则开东方水闸，灌溉冀州；一旦洪水到来，则开西方高地的水闸，分散水流。"经此治理，可以使"盐碱化减轻，淤积肥料，原来种植的禾麦更换为水稻"，还能"利于漕运船只。堤坝修成，民田得到治理，兴利除害，可持续几百年之久。"所以这是"中策"。

"而修复旧堤，增高加厚，耗费不止，却仍频繁地遭受洪灾。"确实是"下策"。

对贾让的三种策略，古来解说不一，如盲人摸象，扑朔迷离。即使是治河专家潘靳的评论，也是多有"隔靴搔痒"之词。只有靳文襄讲："修复旧堤，增高加厚之为下策，是针对浚、滑两地：弯曲的河道遏制水流，堤坝使百里之间河水两次向西、三次向东。不能认为一切堤防均为下策。"此种观点还算中肯。以下据贾让的原文加以演绎，制成想象图，不一定完全准确，仅供参考（见第六图　贾让三策形势想象图）。

## 第三节　王　莽　河

贾让三策提出后，论及治河之事的人有长水校尉关竝，主张清空平原东部左右的地块，用以蓄水；大司马史张戎主张不要引黄河、渭水灌溉田地，水道会自然调整好；御史韩牧主张在九河处挖河分流；大司空掾王横主张黄河沿西山脚下走，利用高地势向东北入海。上述方案均与贾让之上策相呼应。王莽执政时，只讲空话无人作为。禹河不能恢复，北渎也任其衰败，黄河重又发生变故。王莽始建国三年，黄河在魏郡决口，流向清河之东及平原、济南、千乘（今山东滨县），而北渎断流。这是黄河第二次大改道。最早王莽害怕黄河决口元城（今河北大名），淹及祖坟，后来黄河决口向东流，元城无忧，因此没有筑堤（与当年田蚡的处置如出一辙）。汉代黄河在瓠子决口后，北渎受灾很深。治水者只知道暂时修补，水到则立堤坝，有险则加固，使堤

身多弯曲，河床受阻，流水不畅，形成无法治理的情况。虽然贾让、王横高瞻远瞩，谋求根治，当权者并不能了解，任由黄河肆意流淌，日益趋于向南流，难道不是人谋划不当造成的吗（参见第七图　王莽河形势图）？

## 第四节　王　景　治　绩

王莽始建国三年，魏郡决口以后，河床不定有六十多年（东汉光武年间想在此地区修堤防，浚仪令乐俊说："西汉武帝元光年时期，人口密集，发生瓠子决口，有二十多年不堵口；如今人口稀少，田地广阔，河道即使不加修复也能勉强维持，而且最近发生战事，民不聊生，希望平静，换个时间再商议此事。"光武帝于是放弃修堤。）漯、济、汴分河向东流，地势较低，河行顺畅，在荥阳，济、汴河与黄河汇合。[《河渠纪闻》记载："汴河源自荥泽，周朝时从荥泽引水成河，与从陶丘出来的济水相连接，在菏泽汇合，分为两股：南为荷水，由鱼台入泗到淮，汉平帝时成为东南方向的漕河；北为济水，向东流出巨泽，越过巨野后转向北，合濮水、汶水入泺，注入琅槐（今山东广饶县东北一百一十里）东北入海，转为东北方向的漕河。"]汉平帝时，黄河、汴河决口，荥阳填为平地。汉光武帝建武年间，汴河流向东，水流变宽，原来的水门都在河中间了。汉明帝永平十二年，商议治理汴河，征集民工数十万，下诏王景和将作谒者（水官名）王吴修渠、筑堤，自荥阳东到千乘海口一千多里。王景研究地形，凿山破石，阻断平地与山间的小股水流，防止重要的水道被堵塞，对河道加以疏导，每隔十里立一水门，控制水流，不再有溃漏之患。王景在施工时虽尽量节省费用，花费仍以百亿计，第二年夏天河渠完工。《禹贡锥指》认为："王景修渠筑堤的地方为东汉以后黄河的河道，而史上称修的是汴河，并不认为是黄河。原因是建都洛阳后，东部的漕运，全靠汴河，对国家十分重要。黄河与汴河分流后，漕运通畅，治黄河就是指治汴河。"永平十三年，汉明帝下诏说："黄河与汴河分流，恢复以前的状态，陶丘的北面逐渐变为丰收之地。"永平十五年，王景随明帝东巡到无盐，明帝称赞他的功绩。陶丘（今定陶）、无盐（今东平）都是济水所流经的地方，可见王景治汴河就是统指治理济水。《河渠纪闻》记载："从荥阳到千乘筑堤，黄河不会向南进犯，则汴河得到安全治理。黄河与汴河相并而行，中间有长堤相隔（从走势上是如此，实际上两河相距还比较远），汴河行北济故道，还有一个分支连通淮、泗。黄河自长寿津东入漯川，由开州（今濮阳境内）、观城至朝城，后与漯水分开，向北入济南境。又折向东，出乐陵、武定（今山东惠民境内）之南，德平、陵邑、商河、青城之北，又向东北行至千乘入海。”（汪武曹说：“禹河自大伾北行时，在彰德之东，大名之西，到周代大改道后，直到汉代，河道出大名之东，东昌之西，到了王景治河后，变为出东昌之东，济南之西。”）王景治理后，经过晋到唐上千年之久，黄河安流顺轨。之后到宋仁宗庆历八年，黄河在商胡处决口，王景治理的河道才被湮没。王景治河居功至伟（参见第八图　东汉王景治绩图）。

注：李仪祉先生《王景理水之探讨》一文对“十里立一水门，令更相洄注，无复溃漏之患”的解说非常新颖，简述如下：“王景提出十里立一水门，将其置于黄河、汴河之间，则二者不会互通。因为汴渠低于黄河，不可能回灌到黄河。若令黄河与汴河形成反向涡流，就不会有溃堤的危险，是何道理？我认为黄河与汴河分道而行，必须各自有堤，开始汴河与黄河相距不远，所以容易受黄河的侵袭。以第一图来说明：设汴河左堤近于黄河，堤上每十里立一水门，则黄河水涨时，其含泥的浊水注入汴河，由各水门依次注入两堤之间，泥沙淤淀，水落后，经沉淀的清水再依次放入汴河，所以汴河水位不会升高，危及堤岸，两河之间的区域淤高，清水注入汴河，刷深河槽，因此没有再溃堤的隐患。（见第八图中的附图甲）。至于涨水由水门入堤后，为何能淤淀，可以从第八图附图乙说明：由甲水门注入堤后，水流流速 $v'$ 必然低于干流之流速 $v$，即 $v'<v$。甲水门的水流到乙水门时，干流的水也同时流向乙水门，堤后的水受其冲击，其水势更缓，且更向后漫旋。所含的泥沙势必无力尽数携带，因而沉淀下来，越积越高，就是后来放淤的原理。”（参见第八图中的附图乙）。

武同举说：“王景治河的主要目的在于治汴河、通漕运。当时汴口水门冲坏，是水患的症结，修汴口水门当属第一要事。历史上所说修渠筑堤，为自荥阳东至千乘海口千余里；又说十里立一水门，实现更相洄注，没有溃堤的危险。这几句话是并列的，所以会产生水门属于黄河的误解，无法自圆其说。现仔细分析：因为有上下两个汴口，各设水门，相距十里；又在河滩上各自开挖倒钩引渠，通过汴口的两处水门交替启闭，防止意外。汴口治理后，全部水流入主干流，水量急增。但主干流两堤一直筑到入海口，不会再有意外发生。汴口若淤塞，则必须修复。后来汴口水门渐渐损坏，东汉阳嘉、建宁

时期又作修复，荥口石门在东，浚仪口石门在西，相距五十余里，水全部流入汴河。明万历、清康熙年间多次开江南新旧两运口，以备于启闭与维修，就是王景治汴以防止黄河溃漏之遗意。如果说治河必立水门，反不谈及汴河的水门，是不切合实际的。”这一论点，前人均无触及，应当是王景治汴治河的真意所在。

# 第五章

# 河大徙三（宋代商胡大河）

## 第一节　汉宋间分流之害

王景治河后，黄河、汴河分流，经历魏、晋、南北朝到隋，大河安流，溢流虽然屡次出现，而决口的情况不多。汴口分河，以石门为锁钥（石门宽十余丈），其位置有多次迁移（大致方向为从荥泽起至河阴再至汜水，有逐渐上移之势，凡是大河引渠，都有这种情况，如泾惠渠口多次上移，为典型事例），引起多次修治，并种下了黄河南犯的祸根。隋开通济渠，自西苑引縠、洛水到黄河，自板渚引黄河水到淮河。又开永济渠，引沁水向南到黄河，向北通涿郡（北平）。

唐玄宗开元十年，博州、棣州等地多次决口，大河自清丰县分为马颊河，从无棣县入海。两河并行，即将发生变故。之后，灌臣割据，所以，少有河患发生。唐昭宗景福二年，大河改道从渤海（今山东滨县东北）北至无棣入海，下游发生小的变化，成为千乘地方改流的开始。

到五代时期，后梁末帝贞明四年，梁将谢彦章攻扬刘（今山东东阿县北六十里），决大河以限制晋兵，形成曹、濮地区的水患，后梁末帝龙德三年，李存勖大举伐梁，梁将段凝复又从酸枣（河南延津县）将大河决口向东注入郓（今山东东平县）用来限制唐兵，称之为“护驾水”。弥漫几百里，决口逐

渐增大，多次成为曹、濮等地方的灾害，后被后唐滑州节度使张敬询堵塞。此后三十年，宿胥上下，大河没有安宁的年份。后周世宗显德元年，虽然派遣李穀塞堤，但是因为未能疏浚故道，以清去路以致下流壅塞，分离为赤河。河不走已有河道，必然要发生大变化。分流惹的祸，加上人工决河，加快了黄河失控的步伐，足为后世殷鉴（参见第九图　汉宋间大河形势图）！

## 第二节　宋代商胡大河

宋代沿河设置埽，在宋史《河渠志》上记载很详细，为前所未有［孟州大河南北共有二埽，开封府有阳武埽，滑州有韩房、二村、凭管、石堰、州西、鱼池、迎阳共七埽。通利军（今河南浚县）有齐贾、苏村共二埽，澶州有濮阳、大韩、大吴、商胡、王楚、横陇、曹村、依仁、北冈、孙陈、大固、明公、王八共十三埽，大名府有孙村、侯村二埽，濮州有任村、东、西、北共四埽，郓州有博陵、张秋、关山、子路、王陵、竹口共六埽，齐州有采金山、史家涡二埽，滨州有平和、安定二埽，棣州有聂家、梭堤、锯牙、阳成四埽。共计四十五埽］。设置埽不仅是河防设施，根据资料考证，还可以确认是大河所经过的地标。宋初大河多次决口，常进行堵口工程。宋太宗太平兴国八年，滑州韩村决口，向东南流入彭城，被堵塞。太宗淳化四年，澶州决口，淹城北部，损坏官民房舍七十多处。水向西北流入御河（即卫河），大名府城被淹，宋太宗下令军卒代替民工去治水。当时若因势利导，可恢复禹河遗迹。巡河供奉官梁睿上书说：滑州土地疏松，河堤容易溃决，每年大河南岸决口，淹及农田，希望在迎阳处凿渠引水，长四十里，到黎阳与大河相合，以防止水暴涨。此意见后被宋太祖接受。淳化五年正月，新河筑成，又命杜彦钧率士兵和民夫开渠，自韩村埽至州西铁狗庙共十五里长，再与大河相合，以分流水势。宋初治河，只知道筑堤分水，无远谋深算，可见一斑。

宋真宗以后，没有治河的好方法。景德元年，澶州、横陇埽决口，沿赤河向下流，成横陇河。李垂上书治河地图，请求恢复禹河故道，分为六条，北注于海。郭咨说：“澶、滑两州地区堤岸狭窄，容不下大河之水，所以汉代以来多在此地决口。希望开河穿过金堤与横陇河相汇，再流至大海。”二人一位主张引河向北，一位主张引河向南，都实行不了。天禧元年，大河在滑州城西北天台山旁决口；很快淹及城西南，经过了澶、濮、曹、郓等地，注入梁山泊（即梁山泺），又与清水（即泗水）和古汴渠东入于淮，受灾州邑三十一个。天禧四年，天台地方反复决口。七年后，到宋仁宗天圣五年才修复，取名天台埽（滑州至此共有八埽）。天台复堤成功后，滑州的水患解除，而澶州的水患尚存。天禧六年，大河在澶州王楚埽处决口，景祐元年，又在澶州横陇埽决口，由新河道注入赤河，再泛滥为游、金二河，长久不能复原。从此大河从横陇出旧河道之南，其下游仍入旧河道，大河越是分散越容易淤塞，不适宜行水（大河改道横陇，向东北流，走在旧河道之南，到今长清县境，与旧河相会。横陇之下的旧河道，被称为京东故道）。经过十五年，在庆历八年，大河在澶州商胡埽决口，决口处宽五百五十七步，直向大名入卫河，到清池合口，与漳河汇流，从乾宁军（今河北省清县）入海，这是黄河第三次大迁徙。（《河渠纪闻》记载："其东岸为今冠县、馆陶、临清、夏津、武城、枣强、德州、吴桥、东光、南皮、沧州，西岸为今广宗、威县、清河、故城、景州，东光、南皮、沧州的河道就是西汉大河故道，之后流过独流口，又向东过劈地口、三叉口入海。其西岸为今青县，东岸为今静海，南岸为天津，独流口在静海北二十里，劈地口在县东北，三叉口即天津东北三叉河，是宋黄河北流河道。"）大河向北流，几乎恢复王景以前的状况，本来可以乘势谋求长治久安。《宋史·河渠志》记载："自从滑台、大伾两地黄河泛滥（发生于淳化四年及景祐元年）后，已再现禹河的面貌，当时奸臣建议，必须进行回河工程，恢复以前的状态，用尽天下的力量堵口，但是屡塞屡决。"仅仅过了百余年，大河又发生大迁徙，而后陵、轹、汴、泗诸河侵犯江淮，祸害无穷，将于下章详述（参见第十图　宋代商胡大河形势图）。

# 第六章

# 河大徙四（金明昌大河）

## 第一节　宋代回河之失（上）

大河自宋代商胡地决口而北流，王景所治之河被废。因为自横陇河决口后，横流四出，多处填淤，河床阻塞不能通畅，不得不迁移入卫河北流，行于禹河故道之东，周定王河故道之西，安流顺轨，其势甚便。不幸的是回河的建议很快产生，违反了河流的本性，常发生溃决，河患愈演愈烈，这不是河的罪过。宋仁宗皇祐三年七月，大河在馆陶的郭固口决口，堵口后河流依然不畅。贾昌朝想恢复横陇河故道，李仲昌主张自澶州的商胡河穿六塔河导入横陇河道，费钱功倍。欧阳修三次上疏极力反对。宰相富弼一人主张李仲昌的意见，之后在至和二年开凿六塔河（在清丰县西南三十里，引商胡河过六塔集通横陇河，因此称六塔河。）堵塞商胡河向北的流动，放水入六塔河。河小不能容，当天夜间又决口，淹死兵士，冲走草料，不可胜数，淹死者成千上万，大河北部受灾区域几千里，李仲昌等人谪戍不一，以后再没人说横陇河的事，京东故道被废除（参见第十一图　宋代回河图）。

## 第二节　宋代回河之失（中）

六塔河溃决，大河仍向北流。宋仁宗嘉祐五年，大河分流于魏（今河北大名县）的第六埽，称二股河。只有二百尺宽，流经魏、恩、德、博地区，下游与笃马河相合，从东北经乐陵、无棣入海。当时韩琦认为分二股河不利，而王安石正在管理此事，力排众议，主张东流。宋神宗熙宁二年，堵塞北流。堵塞之后，大河自南四十里的许家港东决口，泛滥大名、恩、德、沧、永静（今河北东光县）等五个州、军。诏令停止三万三千名疏浚御河人员的工作，专门去治理向东的决口。熙宁四年，北京（即大名）的新堤决口于第四、第五埽，泛滥于恩、冀，注入御河，合并为一。堵口后又在夏津（今山东夏津县）决口，前功尽弃。熙宁六年，王令图建议在北京第四、第五埽处开修直河，使大河回二股河故道。熙宁十年，又发生澶州、曹村大决口。北流断绝，大河向南迁徙，向东汇于梁山、张泽泺，分为两股：一股合南清河（即泗水），入于淮；一股合北清河（即济水）入于海（北清河流经东阿、平阴、长清、齐河、历城、济阳、齐东、武定、青城、滨县、蒲台，至利津入海。南清河流经汶上、嘉祥、济宁，合泗水至徐州、下邳到淮阴入淮河）。河水灌入四十五个郡县，损坏官亭民舍数万、田地超过三十万顷，六塔河、二股河均废。（大河自汉武帝时，因瓠子决口而连通淮河，到宋真宗天禧时又决口入淮，入淮的河道经多次冲刷已成很宽的河床，这是大河南移的原因）。宋神宗元丰元年，创造横埽之法，将曹村决口堵塞，大河再次向北流。下诏改曹村埽为灵平埽。元丰三年，大河在澶州孙村、陈埽及大小吴埽决口，元丰四年，再次于小吴埽大决口，注入御河。宋神宗对辅臣说："大河决口不过占相当河宽之地，向东或向西两侧，灾害并不严重，不如听其自然如何?"又说："大河为害已久，水总是向下流的，只要顺水所向，复有何患?"大概十分悔恨"回河"的错误。当时王安石已去世，具体做事的人被免罪，所以有诏书："东流的淤积难以恢复，更不必修堵小吴埽的决口。"接受李立提出的议案，对北流的大河东西两侧分别立堤，有五十九埽，在十六年里河道无改变（参见第十一图　宋代回河图）。

## 第三节　宋代回河之失（下）

大河虽向北流，仍有溃决，主张"回河"的人又起议论，再提议分水入二股河东流。宋哲宗元祐初，张问、王令图申请在南乐、大名埽开直河，到孙村口导入二股河，王孝先、安焘、文彦博、吕大防、王岩叟都同意此说。

范纯仁、苏辙都不同意。工程因此中止，没有完成。文彦博、吕大防、安焘等人说："大河不东行，则使国家丧失险要的地势（反而对契丹有利）。"范纯仁提出四个不可的意见。王存、胡宗愈、苏辙等认为会浪费劳力，两种意见分别上书制止施工。范百禄、赵君锡奉命执行走独流口的方案，再次强调大河水深流速大，否决了"回河"的意见。不久李伟、吴安持又大力主张东流，开北京（即大名）沙河堤，放水入孙村故道，并在北流建软堰，苏辙说："大河正流（即北流）比东流大几倍，河水流行不绝，软堰怎么能抵挡？实际上是以建软堰为名建硬堰，暗中作回河的计谋!"又有"李伟不除，河终不治!"的愤怒之语。元祐八年，治水官兵进梁村（今河北省清丰县东南），上下游一起约束河门变窄。涨水四处溃流，南犯德清（清丰），西部内黄决口，东淤梁村，北出阚村，横流四溢。王宗望继吴安持任都水使，仍主张东流，闭断北流。但东部地势高，水行不快，沿河仍然多水灾。宋哲宗元符二年，大河在内黄口决口，乘地势北行，东流中断。李伟、吴安持等三十六人，分别被放逐贬官。以后不再开二股河，"回河"之议自此消失（参见第十一图　宋代回河图）。

宋哲宗元符三年，河决苏村（在浚县境内），又有人提出东流的提议，被任伯雨的言论制止。宋徽宗崇宁三年，在深、瀛两州增加两个埽场，加大储备，以备涨水，大河得以安流。大河从商胡北迁后，开始"回河"于六塔河，之后"回河"于二股河。六塔河的回河属于意气之争，失败后，再没有议论。二股河的回河，是为了设险防敌，保卫京城，所以附和者众多。屡败屡回（初回于熙宁二年，再回于熙宁六年，三回于元祐八年），再接再厉。然而每次东回，维持不久仍复溃决，且多北入御河（第一次出现于熙宁四年，再现于元丰四年，三现于元符二年），河意如此，靠人力能改变吗？范百禄等人竭力反对设险的说法："商胡的决口，经历四十二年，一直没有警惕，中原据上游，契丹怎么会不考虑用河流来进犯呢?"这一席话讲得太好了！到金人克宋，竟利用大河的南行，重新夺淮，北宋的不振，可以从治理黄河中看出来。

## 第四节　金明昌大河

宋室南迁，大河为金所统治，向南迁徙，决口与迁徙的时间、地点无记载。宋孝宗隆兴初年，即金世宗大定四年，范成大出使金，看见浚州城西南，仅有大河留下不多的水，在宋高宗时大河已离开浚、滑等地。金世宗大定六年，大河在阳武决口，由郓城向东汇入梁山泊，郓城被淹。古来河变都在浚、滑两地下游，现在上移到阳武，这是黄河第四次大徙，汲、胙两地的断流的前兆。大定八年，大河在曹州城西李固渡决口，水淹曹城，分流到单县境内。李固渡并非大河故道流过的地方，可能大河是从阳武流来，水入曹、单之地，必流向徐州和下邳两地，合泗水入淮，是可以推定的。大定十二年，金人以河水东南行，其势甚大。金世宗下诏从河阴广武山地区沿河向东，到原武、阳武、东明等县，孟、卫等州，增筑堤岸。之后续有增筑，向下到归德。大定二十七年，金廷令南京（今开封）、归德等四府十六州的主副官员都掌管河防工作；四十四县的正副官员都管理河防事务（包括南京府及所属延津、封丘、祥符、开封、陈留、胙城、杞县、长垣；归德府及所属宋城、宁陵、虞城；河南府及孟津；河中府及河东；怀州河内、武陟；同州朝邑；卫州汲、新乡、获嘉；徐州、彭城、萧丰；孟州河阳、温；郑州河阴、荥泽、原武、汜水；浚州卫；陕州阌乡、湖城、灵宝；曹州济阴；滑州白马；睢州襄邑；滕州沛；单州单父；解州平陆；开州濮阳；济州嘉祥、金乡、郓城）。黄河之所经流，大致由此可知。金章宗明昌五年，大河在阳武决口，灌封丘后向东，经过延津、长垣、兰阳、东明、曹州、濮州、郓城、范县诸州县，到寿张流入梁山泺，分为两股：北股由北清河入海；南股由南清河入淮。如同北宋熙宁年间决河的情况。河道大变，汲、胙两地大河断流，这就是黄河第四次大迁徙（参见第十二图　金明昌大河图）。

# 第七章

# 河大徙五（明弘治大河）

## 第一节　黄河夺淮之初步

明昌大河迁徙，分流南北两支，大河不能分流，这种局面能维持多久？金宣宗贞祐三年，单州刺史颜盏天泽说："防守的方针是使大河决口，向北流到德、博、观、沧之地，过去的老堤坝还在，所花劳力少。"延州刺史温撒可喜也提出恢复大河故道。可惜这些提议均未采纳，使河变纷纭，百余年后造成了大河经过归德、徐州，独流夺淮的局面。元世祖至元二十三年，大河在汴梁决口，汴南都变成巨大的沟壑，经涡水入淮河。且四处流淌，没有定向，中州的水患不绝。至元二十五年，再次决口，又分别经过归德、徐州、陈州、颍州等地，全河夺淮。元成宗大德元年，大河在杞县蒲口决口，东走故河道，屡塞屡决。大德九年，又在阳武决口，流到开封，归德、陈州受灾，洪水四溢。元仁宗延祐元年，开封小黄村口分流太多，陈留、通许、太康等处被淹。至元以来，大河逐渐转向归德、徐州之地，上、下游屡屡决口。上游南岸决口则汴梁受灾；下游北岸决口，则山东可忧。委任官员来视察，决定取大弃小，小黄村口继续通流，对下游受灾州县进行抚恤，为一时的权宜之计。延祐六年，最终堵上小黄村口，大河出归德下行徐州，陈、颍断流，水祸转向归德、徐州之地。元泰定帝泰定元年，大河改从古汴渠至徐州东北，合泗水入淮。北方的金人本想利用大河南行，以后逐步演变形成夺淮的形势（《禹贡锥指》记载："大河流经的区域自武陟县南，向东过荥泽县北，北岸为获嘉县；向东经过原武、阳武、延津县南；再向东经祥符县北，其北岸为封丘县；又向东经陈留、兰阳、仪封县北，再向东南经过睢州、考城、商丘县北，其北岸为曹县；又向东经虞城、夏邑县北，其北岸为单县；又向东经砀山县北，再向东经丰县、沛县南，其南岸为萧县；又向东经徐州北，与泗水合；再向东南经灵璧、睢宁县北，其北岸为邳州；又向东经宿迁县南、桃源县北、清河县南，与淮水合；再向东经山阳县北、安东县南，东北向入海。"）（参见第十三图　黄河夺淮初步图）。

## 第二节　贾　鲁　治　绩

大河经过归德、徐州，夺泗水入淮，泗水、漕河河道狭窄，徐州、睢宁阻塞，不仅危害中原，也是大河的不幸。因为徐州城两岸群山夹峙，中间河道仅六十余丈宽，吕梁洪❶尤为险要。列子说："孔子观于吕梁，悬水三十仞，流沫四十里，鱼鳖不能游。"此为第一要害。（明潘季驯《河防一览》记载："当年徐州、吕梁二洪怪石嶙峋，上浮水面。湍激之声，如雷如霆，舟触之必败。徐州洪于嘉靖二十年为主事陈穆所疏凿，吕梁洪于嘉靖二十三年为主事陈洪范所疏凿，削平突起的山岩。"）向下至睢宁，也是两山对峙，又有鲤鱼山立于中流，为第二要害。河流一束再束，下行不畅，压抑蓄势，上游屡次发生决口，几无宁日。元顺帝至正四年五月，大雨，黄河暴溢，平地水深二丈许，北决白茅堤（今曹县西南），又决金堤，临河的郡邑（济宁、单州、虞城、砀山、金乡、鱼台、丰县、沛县、定陶、武城、曹州、东明、巨野、郓城、嘉祥、汶上、任城等）皆罹水患。水势北侵安山，入会通河，延伸到济南，五年没有堵塞，为近古以来少有之灾害。然而当时会通河行漕运，不允许大河向北，除放弃回流故道，不做堵塞，别无他策。至正九年，丞相脱脱有志办成此事。召集多人讨论，意见很不一致。只有管漕运的官员贾鲁坚决要求治理。丞相向顺帝推荐了贾鲁，受到赞许。至正十一年，元顺帝下诏书任命贾鲁为总治河防使，发军民十七万人为劳工。当时正值夏季，水力方盛，

❶　吕梁洪，位于徐州城东南50里处的吕梁山下（今坷拉山，海拔146米），因处在古吕城南，且水中有石梁，故而称"吕梁洪"。

而贾鲁一心要完成事业，急不可待。从四月二十二日起开工，深挖正河的引河，自仪封黄陵岗，南达曹县白茅口，再到单县黄堌口、虞城哈只等，总长约二百八十里；又自黄陵西凹里村挖减水河，到曹县杨青村，总长约九十八里；两河均汇于黄河故道，深广不等。并以刺水石船作多个堤坝（刺水是石船堤旁边的草埽），约束河水入大河故道。七月疏凿完成，八月决水入故河道，十一月白茅合龙，水土工程完毕，大河回归故道，向南汇于淮河，再东向流入大海［贾鲁治河，详载于欧阳玄《至正河防记》。河防技术的书面记载，从此开始。要点为疏、浚、塞三法：釃（音师，疏导）河之流，因而导之，称为疏；处理河水淤积，因而深之，称为浚；抑制河水狂泻，因而扼之，称为塞。如发生极大的险情，花费很大力气也难以成功，最终能够有效的方法是用石船堤约束水入故河道。贾鲁导水流入故河道时，正值八月秋汛之时，只有两成的河水走新河道，决口处的河水多达八成，水深流急，难于下埽。所修刺水三堤太短，不足以阻挡水流。贾鲁仔细思考挡水的方法，用船载满石头后沉底，作为挑水坝约束水流，就是所谓的石船堤。逆流排大船二十七艘，前后连以大桅和长桩，用大麻绳和竹子编成的绳索捆扎，连为方舟，使其牢不可破。再以铁锚固定于上游的水中，又用竹子编成的绳索固定在两河岸的大橛上，使之不能移动。船腹铺零碎的草，装满小石子，用木板钉合。板上布埽二到三重，以大麻绳牢牢固定，沉船入水。船后加筑草埽三道（即前刺水三堤加长），迫使河水南向流动，水势汹涌，如从天降，冲入引河。决口处的水流趋缓，冲力减轻，得以一举堵合］。以后十几年里，虽然向北的水流未断，时有决口发生，而转向归德、徐州的河道不变，黄河夺淮的趋势更为确定（参见第十四图　元至正河决白茅图及附图二幅）。

## 第三节　明　代　河　患

明初贾鲁河下游被淤，多次决口向南，曹县北的水患又移到汴南；洪武时，南决的河水连带颍、涡河水入淮（洪武八年在开封决口，由颍入淮；十四、十五年在口原武、阳武决口，由涡入淮；十六年、二十年在开封决口，二十二年在仪封决口；二十四年在原武、黑洋山决口，经颍入淮）。开始贾鲁河还通流，由汴北五里分流入陈州至凤阳入淮段称为大黄河；东出到徐州段称为小黄河，分流近二十年。到洪武二十四年，在原武、黑洋山决口，从颍水入淮。洪武二十五年，又在阳武决口，河向南流，贾鲁河故道被淤。

永乐九年，命尚书宋礼、侍郎金纯疏通祥符县贾鲁故道，引河自开封入徐州小浮桥，又由封丘金龙口分流入鱼台塌场口，补充运河水，汇合汶水向南入泗水、淮水。当时借黄行运，治黄河实际是治运河。永乐十二、十三年，又连续在开封决口，由涡水入淮与经过归德和徐州的河道并行，历经三十八年（参见第十五图　明初河患图）。

明英宗正统年间，开封屡屡决口，分流经颍、涡入淮，经历四十年。又在封丘金龙口和新乡八柳树决口，寿张沙湾溃堤，损坏运河，汇合大清河入海，会通河淤积。河坏至此，智者也束手无策。明代宗景泰四年，命徐有贞为佥都御史，专治黄河决口。他提出置水门、开支河、浚运河三条策略。有不同意见者说："不堵塞决口，反而开挖河道，是何道理?"徐有贞拿出两个水壶，将一壶打了五个洞，另一壶打了一个洞，同时向壶中注水，打五个洞的先流空。提议于是得到确定。自沙湾开支渠（即广济渠），上接沁河，引沁河水入运河。再深挖漕运渠，北到临清，南到济宁。又做八个泄水闸置于东昌、龙湾、魏湾，泄涨水由古河入海。又在金龙口、铜瓦厢开支渠二十条，引水到运河，从而沙湾决口堵塞，漕运恢复（徐有贞仅知道通漕运而忽略治河，堵塞沙湾，而不堵八柳树，可谓舍本逐末，恰逢黄河南移趋向涡、颍，才得到成功，实在是天赐之功）（参见第十六图　明景泰徐有贞治绩图）。

徐有贞治沙湾后，中州河患不断。后三十余年，又有白昂治河的功绩。明英宗天顺五年，大河自武陟迁徙流入原武，获嘉处流水又断绝，大河更向南，是禹河最后的变局（自此大河经原武北，迁徙到原武南，接近于当今的黄河）。明宪宗成化十四年后，开封每年都有河患。明孝宗弘治二年，开封大决口，南决口分别从颍、涡入淮；北决口冲向张秋流向徐州。命白昂去治理，自原武至曹县筑阳武长堤，以阻挡河水北向流动；引中牟决口水流，自荥泽、杨桥经朱仙镇下陈州，由涡、颍到淮河；修汴堤，疏通古汴河，向下流经徐州入泗水；又疏通睢水，从归德到宿迁小河口，与漕河交汇。从此大河由汴、睢入泗、淮，之后入海，水患稍减（参见第十七图　明弘治白昂治绩图）。

## 第四节　明弘治大河

大河走归德至徐州方向，其地势不利，不在南方决口就会在北方决口，

问题的症结是很清楚的。当时因为漕运的迫切性，不能舍弃这条多次发生变化的河道另谋永安之策。砀山、徐州以上只重视北岸，所以要防卫山东运河河道；在淮安，大河只筑南堤（永乐十三年，陈瑄筑淮安大河南堤，从清江浦出发沿钵池山、柳浦湾向东，共四十余里），以此保卫淮南运河。大河本身的乱局，无暇顾及。一直到弘治六年，刘大夏出来主持治水，更变本加厉，筑断黄陵岗，逼黄河向南流，造成完全夺淮的局面。中州河患影响江淮，越来越严重。先是弘治五年，大河大决口于黄陵岗、荆隆口（即金龙口），北犯张秋，控制漕河与汶水合并。其中荥泽与归德入淮河之河口全部淤积，旧时白昂的规划一时尽遭废弃。命令侍郎陈政监督十五万人治理，失败。弘治六年，以刘大夏为副都御使，治理张秋决口河道。刘大夏先在张秋决口开越河，帮助运河舟船行走通畅；到冬季河水下落，才研究堵口办法，亲自到现场考察决口原因；疏通黄陵岗南的贾鲁旧河道四十余里，从曹县到徐州，以扼制水势；疏通荥泽孙家渡口，再开凿新河七十余里，引导水南行，由中牟下行到陈、颍；疏通祥符四府营淤积河道二十余里，由陈留到归德分为两支流，一条从符离出宿迁小河口，一条出亳州涡河，两道均入淮河；然后沿张秋两岸筑台立桩，穿上粗绳索，联结大船，船体装土，船底先打上大洞，然后以柱体堵塞，放到决口处，除去柱塞后沉船，船上压着大埽（模仿贾鲁的石船堤法并有所改进），一边堵口一边又决口，决口后又马上堵口，反复操作，昼夜不停。到弘治七年十二月，张秋决口堵塞，运河恢复。之后，张秋改名安平镇。刘大夏考虑运河的长治久安，到弘治八年，又继续堵塞黄陵岗、荆隆口等七处决口。（黄陵岗在安平镇上游，宽九十余丈，荆隆口等又在黄陵岗上游，共宽四百三十余丈），于是大河上游的走势恢复到兰阳、考城，分流向归德、徐州、宿迁，南入运河，汇合淮河入海。又在北岸筑太行堤（从胙城开始，经过滑县、长垣、东明、曹县、单县等，连绵三百六十里）和荆隆口等的新堤（起于于家店，经过铜瓦厢、陈桥集，抵达小宋集，共一百六十里）作为屏障。还在张秋南北各造滚水石坝，中砌石堤。如河水向东决口，以坝泄水，以堤阻挡洪水，作为万全之策。种种为了运河的考虑无微不至。从前，黄河常常入淮，有时还向北决溢，水情多变。自黄陵岗堵口后，堤障重重，大河不能决口向北，就夺汴入泗再入淮，以一条淮河承受整条大河之水，成为河道大变局，这是黄河大徙之五（参见第十八图　明弘治刘大夏治绩图）。

第八章

# 河大徙六（清咸丰大河）

## 第一节　潘季驯治绩

大河自明昌五年第四次大徙到弘治七年五徙，前后三百年间，决溢三百余次，前所未有。其间涌现的治水者不少，贾鲁治水，十几年即失败；宋礼、金纯、白昂、刘大夏治水，都不过几年就失败。归德、徐州不利行河，须用分流来控制水势。河越分流，情况越差，当时人们不能察觉。自从潘季驯开始治河，惩前毖后，治河方略才展开新局面。

明弘治大河迁徙几年后，向南决口于归德小坝子和睢州野鸡岗，均由小河口入漕河；向北决口于丁家道口，曹县、单县受灾。正德以后，又多次在黄陵岗决口。筑堤挡水，使水流入正河，而正河已淤成平地。明世宗嘉靖五年，由向南决口，分别由开封、归德、中牟至徐州、宿迁、怀远入泗水、淮水。由山阳灌入里河（即运河）。六年以后，又向北决口于徐州、曹县、单县，运河河道常被淤积。向南决口于赵皮寨、野鸡岗后都入淮河。盛应期、潘希曾、戴时宗、刘天和等先后对其进行治理，但只是分水筑堤，以保证漕运通畅。大河忽南忽北，徐州上下，纵横数百里间，皆为其奔突泛滥之境。因淤而决口，因决口而迁徙，冰碎瓦裂，几乎无法追究水患的根源（参见第十九图 明正德嘉靖河患图）。

嘉靖三十二年，大河在淮安草湾决口，正河淤积，之后淤积的情况反复无常。嘉靖三十七年，大河在曹县决口，东北趋向段家口。分为六道，都由运河流向徐州、洪泽；又分出一支，经由砀山、坚城集至郭贯楼，分为五道，由小浮桥汇合至徐州、洪泽。嘉靖四十四年，大河分流更多，河变已到极点。沛县上下二百余里，运河河道都淤积了。工部尚书朱衡兼管漕运，潘季驯总管河道。采用朱衡的意见，开挖昭阳湖东新运河，共一百四十余里，以避大河的冲击（自鱼台、南阳闸下引水，经夏镇抵达沛县、留城，到达旧河。这一段河在嘉靖年初因黄河决口入沛县使河道壅阻，曾经由盛应期开挖，工程做了一半中止。后来黄河又决口入沛县，漕运大受阻碍，于是仍按照当年盛应期的设想，在旧河东三十里开挖运河，隆庆元年功成），同时采纳潘季驯的意见，不完全放弃旧河，筑马家桥堤三万五千二百八十丈，石堤三十里，遏制大河出飞云桥，使河水趋向秦沟汇合漕运河道流向徐州、洪泽。于是向沛县的流水全被阻断，大河不向东流，漕运河道畅通，形成暂时平安的局面（参见第二十图 明潘季驯初任治绩图）。

明穆宗隆庆年初，秦沟大河决口于华山西南，冲成一道浊河，总督河道的翁大立想开泇河引漕运避开秦沟之险，没有成功。隆庆四年，大河在邳州、睢州决口，淮河在高堰决口，大河跟随其后，清口被淤，漕运受阻。再次起用潘季驯任总河。潘季驯大治邳州决口处，堵口后又决口流入小河口，匙头湾以下正河淤积八十里。潘季驯先开挖匙头湾以下淤积河道，将各决口处全部堵塞，筑缕堤三万余丈，河流受到约束，冲刷淤积的泥沙，使河道在深度、宽度上恢复旧貌，漕运通畅。忌惮他的人弹劾他越级报功，结果他被罢了官（参见第二十一图 明潘季驯再任治绩图）。

万历五年，大河在砀山崔家口决口，迁徙入萧县，经雁门集，下游仍然归浊河。又在桃源崔镇决口，流到金城，从草湾河入海，清口被淤塞。淮河自高堰起向南迁徙，漫流在山阳、高宝之间。万历六年，第三次起用潘季驯任总河。潘季驯大力主张固堤以导河，通过导河来疏通河道入海。于是大筑黄河两岸遥堤（北岸自徐州至清河县城，长共一万八千四百余丈；南岸自徐州至宿迁县，长共二万八千五百余丈）和归仁集遥堤（在泗、宿、桃界内，共七千六百余丈）以阻拦黄河水，并且截流睢水入黄河；筑马厂坡遥堤（在桃、清交界处，七百余丈）以阻挡黄、淮出入之路；筑高家堰（六十里）以蓄清水冲刷黄河；修清江浦至柳浦湾旧堤（九千八百余丈），接着又筑新堤至高岭（六千六百余丈，约在今涟水城对岸），堵塞崔镇等大小决口五十四处，建桃源北岸减水石坝四座（崔镇、季泰镇、徐昇镇、三义镇）泄涨水入海；又在上游丰、砀交界处建邵家口大坝，切断秦沟旧河道。上下千里，束水攻沙，河流大畅，海口大为拓宽。万历八年，全部工程完成。潘季驯的再次出山是受到张居正的推荐，后来张居正官场失败，潘季驯被弹劾，以庇护张居正的罪名被罢官，治河又陷混乱局面（参见第二十二图 明潘季驯三任治绩图）。

因大河堵塞崔镇而修筑高堰后，六七年平安无事。清、桃以上，徐、邳以下，河道已成，流急而河深。下游已经平安，只需慎守上游。然而时间长了造成工作懈怠，万历十五年，又有铜瓦厢、荆隆口的大决口。大水冲刷北侧黄河（在长垣、东明堤外，属于黄河故道），决口于长垣大社集，直逼东明。万历十六年，起用潘季驯四任总河。潘季驯筑起跨黄河两岸三省的遥堤、缕堤、月堤等各种堤坝，共长三十四万七千八百余丈，矶闸二十四个，以石和土筑月堤护坝五十一座，挖深河道、堵塞决口三十万丈以上。修整完美，河运安流，号称极盛（参见第二十三图 明潘季驯四任治绩图）。

潘季驯治河，以求故道、筑堤束水、借水攻沙、蓄清刷黄、慎守堤防为要义。其关于故道的论述为："大多议论者想放弃旧河而追求新河，为什么呢？因为看到黄河容易淤积，而希望新河不淤。而我认为尽管新河深而广，开凿出来未必比得上旧河，即使耗尽财政收入、竭四海之力完成了，几年后新河不也成为旧河了么？假使新河可以修得像旧河一样，那又依据什么称之为'新'河呢？水行则沙行，旧河亦是新河；水溃则沙塞，新河也是旧河。大河没有新旧的选择，应当借水攻沙，以水治水，只要防河水溃决，不必顾虑泥沙的堵塞。"论及堤防，则说："《禹贡》记载：九泽既陂，四海会同。《尚书》（《蔡传》）说：'九州之泽，已有陂障，而无溃决。四海之水，无不会同，而各有所归。'则大禹导水，还不是用堤吗？"论及"筑堤束水，借水攻沙"，则说："有人问我，淮水抵不过黄河，所以在高堰处决口，防水东流，如今又堵口，是否无别的办法？我的回答是，高堰决口，而后淮水向东，崔镇决口，而后黄河向北，堤决而水分，非水合而堤决。水分则势缓，势缓则沙停，沙停则河水涨，少量的水，流在沙面上，看上去水位很高。水合则水势猛，势猛则沙刷，沙刷则河深，约一丈高的水，在河床底部流动，水面显得不高。筑堤束水，以水攻沙，水不奔溢于两旁，则必然直接冲刷河底，所以合水强于分水。"论及各种堤的作用，说："遥堤的功能是防止溃堤，缕堤

的功能是约束水流。遥堤之内再筑格堤，是考虑决口的水顺遥堤而下也可成河，格堤可阻挡这部分水流。缕堤之内再筑月堤，是预防缕堤逼阻河流，可能被冲决口，月堤可使水流遇之而缓行。”（包世臣《中衢一勺》记载：“潘氏之法，遥堤相距千丈，中有缕堤，相距三百丈。河槽在缕堤之中，急流东下，日刷日深。最初每年有一两次大汛，溢出缕堤，漫滩直逼遥堤。三年之后，河槽刷深至五丈以外，便不再漫过缕堤。”）（见第二十一图　附邳州决河图）。论及减水坝，则说：“防备要周到，考虑应当深入，异常暴涨的水，任其宣泄，不必控制激流，则大堤可以保住。坝面上有石头阻挡水势，水不会从容地流过，所以能减少溢出的水，水落之后堤身依然完好。减水坝都建在北岸，希望水从灌口入海。”论及堵塞决口，则说：“大河有堤防护就能保证不决口吗？大河改道，不是一次决口就能形成的。决口而不治，正河的流动日益缓慢，则淤沙变高，决口时间长了，才导致改道。今天治河的人，一见决口，就想凿新河者就放弃旧河，懦弱者则听天由命，议论纷纷，一年一年拖延，怎么会不导致改道呢?”论及慎守堤防，则说：“防御的措施可以周到完备，如能一年守护不有闪失，则河流自然无决口之患，河道平安，船只畅行无阻。但是堤坝是草和土筑成的，不是铁石，稍不修葺，便会倾废。一年年、一代代不懈地维修和守护，可以保持河流的原貌。每年务必将各堤顶加高五寸，对于两旁被水冲刷以及变薄的地方，全部加厚五寸。河防永固，国计民生，都依赖于此。”又说：“假使禹的事业，世世守之，商朝的盘庚也不必搬迁，周定王以后，黄河不会南徙。故人已去，岁月久远，遗迹湮灭，文献无存，过去的功绩毁坏，各种意见纷争显现，怎么能怪大河的变化无常呢?”（参见第四图、第五图）。

自贾让三策出，治河的人讳言筑堤，只讲分水，潘季驯明辨大河的本性，上推禹的功绩，发前人所未发的主张，树立治河的良好规范。他的真知灼见超越前人，至今没有被改变。潘季驯前后四次主持河事，评论者说：“不仅仅是先生了解河，河也了解先生。”确实如此啊！

## 第二节　靳　辅　治　绩

自潘季驯死后到明朝灭亡的五十年间，黄河常出现决口、溢流。最初决口在曹县、单县地区，水壅徐州、邳州；之后徐州、睢宁常常决口，横流南北；最后在荆隆口决口向北，山东变为湖沼；范家口（在山阳县境内）决口，向南行，高堰运河堤决口向东行，里下河成为泽国。上、中、下三游均有决口，河道严重溃损。原因有二：一则徐州、睢宁本不是行河之地，人力强使其行河，终难久安；二则继任者不能遵守潘季驯慎守堤防之诫，转而破坏已有方法，分黄导淮（分黄导淮从杨一魁开始，于万历二十三年，分黄自桃源县东南黄家嘴，经周伏庄至渔沟、浪石，再到安东五港、灌口，长三百余里，分泄黄河水入海。导淮分两路：一路在清口辟积沙七里，导淮河汇黄河入海；第二路建高堰三闸导淮入江），完全失去潘季驯筑堤束水、借水攻沙、蓄清刷黄之精意。一直到清初，归仁堤屡次决口，洪泽湖成为大海，黄河、淮河俱问题缠身，不可收拾（黄河两岸决口共二十一处，南北运河及高堰等处决口共七十一处。宿迁北岸杨家庄也发生大决口，决口二百余丈）。到康熙十六年，靳辅治河，大河重新大治。功绩之美，足以与潘季驯先后相辉映（参见第二十四图 明季河患图及第二十五图 清初河患图）。

康熙十六年三月，靳辅调任河道总督，说："治河必须审查全局，将黄河、淮河、运河作为一体来考虑，从头到尾综合治理。黄河之水裹沙而行，完全靠清水帮助冲刷，才能带动泥沙入海。当前河道之所以日益变浅，都是因为归仁堤决口后，各路河水都从决口处流入淮河，未及时堵塞而致。查清江浦至出海口，长约三百里，过去河面在清江浦石堤之下，今则石堤与河[1]面持平。过去河深二到四丈不等，现在深不过八九尺，浅处仅二三尺。大河淤则运河也淤，当今淮安城墙已低于河底；运河淤则清口与烂泥浅完全淤积，当今洪泽湖底也渐渐垫高。大河河床已然垫高至此，而黄河流水裹挟泥沙自西北来，昼夜不息，一到徐州、邳州、桃源、宿迁等地便流速趋缓，泥沙日益增加，河床日益变高。若不大力整治，不仅洪泽湖渐成陆地，而且南到运河、东到清江浦以下，淤积也日益严重，眼看河水三面受阻，河水无去路，势必冲突内溃，河南、山东都可能受到牵连。届时，即使费千万金钱，也难以在短期内补救。"靳辅的意见是：堤决则水分，水分则沙淤，沙淤则河垫高，所以大力主张挖深河道、筑堤和塞决，与潘季驯所见略同（参见第二十五图 清初治前河患图）。

靳辅治水先从下游着手。从清江浦过云梯关至入海口，河身两旁，离河

[1] 原文为"地"。

水三丈之处，各挖引水河一道，面宽八丈，底宽二丈，深一丈二尺，借水力冲刷，新旧合一，即成大河，世称“川字河”。挖河之土则用来筑两岸缕堤。南岸自白洋河至云梯关二百三十里，北岸自清河县至云梯关二百里，云梯关以下又筑至入海口百余里。还有清口至高堰二十里，汪洋巨浸，也已淤平，只存宽十余丈的一道小河，于是在小河两旁，离水二十丈，各挑引河一道（其后引河增为五道），面宽六丈，底宽三丈，深五尺。堵塞于家岗、武家墩、高家堰等地的大决口十六处，竣工后，引淮水直出云梯关入海。暂留杨家庄不堵，用来分流黄河水（四年后才开始堵塞杨家庄决口）。

康熙十八年后，数年之间，大修黄河两岸堤坝。南岸自白洋河到徐州，北岸自清河县到徐州，束水攻沙。又修筑高家堰大堤，接着筑周桥以南至翟坝堤防工程三十五里，蓄清敌黄。将黄河、淮河的决口全部堵上，河事粗定。

然而，将几万里长的黄河水收纳于狭窄的泗水、漕河（黄河荥泽以下，河道宽十余里至二三十里不等，下达徐州，两岸群山夹峙，宽仅六十余丈），其势断难容纳。于是学习潘季驯设减水坝分泄暴涨水流的意见，于南岸砀山县、毛城铺建减水坝、闸各一座，铜山县王家山建天然减水闸一座，十八里屯建减水闸两座，睢宁峰山附近，建减水闸四座，都可减少入睢河之水；又于北岸铜山县西境石林、黄村二口各建一座减水坝，减少入微山湖之水；筑大谷山至苏家山的堤防，建大谷山减水坝一座，苏家山减水闸一座，均减少由荆山河入运河之水；又于骆马湖尾建减水坝桥六座，谓之六塘，减少骆马湖、黄河入硕项湖之水（减少水东出之道，即今六塘河）。大修归仁堤工程，在五堡建减水坝，减少入洪泽湖之水。清口上下，两水相斗，考虑壅塞，除原有崔镇等四坝外，又于宿迁县北岸建朱家堂、温州庙、古城减水坝三座，并于清河旧县向西的北岸建张庄减水坝一座，清河旧县向东的北岸建王家营减水坝三座（后另开中河行运河，上接泇运河避开河险，即当今的中运河。仲庄以上，朱家堂以下，各减坝均废弃不用）。仲庄口内，建双金门大闸，减少入盐河之水（运口后由仲庄移至杨庄，双金大闸拆除，改建盐闸）。黄河、淮河、睢河、骆马湖均有分减，即使有异常涨水也可确保无虞。继续在高堰创建减水坝六座，用来分泄水流。靳辅治河前后十几年，继承潘季驯遗意，而方法更细致，河定民安。后来的治河者，没有人能替代，一代奇才也（参见第二十六图 清靳辅治绩图）！

## 第三节 康 乾 之 治

靳辅之后，到乾隆中期，六十年间，治河者大致能按已有的办法做，发生决溢时，努力塞治，不敢误延，无大变患，称为极盛期，这个时期决溢多在下游。康熙三十五年，江、海、河、湖并涨，大河在山阳童家营决口，入射阳湖，总河董安国在马家港分黄，为人诟病（董安国在云梯关海口筑拦黄坝，又在关外马家港建引河一千二百余丈，导黄河由南潮河入海）。康熙三十六年，时家码头决口（在安东县之西），长期没有堵塞决口，宿迁、桃源、清河、沭阳、海州受灾。康熙三十九年，张鹏翮总理河道，拆掉云梯关外拦黄坝，赐名大通口，堵闭马家港，筑塞时家码头，堵高堰六坝（六坝原来是三合土底，后改建石滚坝三座），蓄清敌黄，河流恢复旧貌。又开建徐州北岸的堤防工程，修筑睢宁、宿迁堤防工程及归仁堤防工程三千七百余丈，开挖陶庄引河（陶庄引河于康熙三十八年开浚，但是还是淤积）。张鹏翮治河，前后十年，先疏通入海口，使水有去路；继而开辟清口，使淮河水流畅；又加修高堰，堵塞六坝，蓄清敌黄；开挖陶庄引河防止黄河水倒灌；筑挑坝防险工程。综合其治绩，条理井然，也是靳辅以后的佼佼者（参见二十七图 清张鹏翮治绩图）。

徐州、睢宁以下，防范周密，无隙可乘，大河又在上流决口。康熙四十八年，兰阳雷家集和仪封洪邵湾决口。康熙六十年，武陟马营口、詹家店、魏家口决口，大水直冲沙湾，大河有由大清河入海回到千乘大河的趋势。康熙六十一年，马营口堵塞后又决口，灌张秋，奔注大清河（见第十六图及第十七图），又决口于秦家厂、钉船帮。总河陈鹏年于广武山下王家沟，挑引河一道，使水由东南经荥泽老县城前入正河，水势始平。堵塞各处决口，恢复大河故道。因为当时倾注全力于下游，上游武陟决口确实是意料不及，也算是堤防疏忽的过错。于是雍正三年，大修河南省南北岸大堤及阳武、中牟、郑州、祥符各处水险工程。雍正五年，大修江南黄河、运河两河土石埽坝工程，加筑月堤、格堤。雍正七年，规定黄河堤防工程每年加高五寸的要求。雍正八年，大修黄河堤防工程，上起虞城，下达海口，安枕无患数十年，这都是修堤防险的明显效益。

乾隆承袭康熙、雍正，修防工程更为重视。乾隆十三年，总河高斌上奏

说江南河堤不如豫东河堤高且厚，请求在每年加高五寸的基础上，还要随时修筑。乾隆十七年，修三省太行堤防工程，疏浚顺堤河。乾隆二十三年，补筑徐州黄河北岸大堤，自黄村坝至大谷山七十里，成微山湖屏障。从此黄河两岸通体均有大堤。乾隆二十九年，江南总河高晋，上奏将云梯关外黄河缕堤弃守（北岸至六套，南岸至灶工尾）。乾隆四十一年，江督高晋、河督萨载开挖陶庄引河，改大河北行，堵塞旧河，第二年工程完毕，清水畅出。这两点是南河最大的失误。《河史述要》记载："陶庄引河自康熙三十八年以后，多次开挖未成，一旦改河，沿北岸行，清口外清黄河界堤就会越过惠济祠向北，延伸数里（大河河道距清口较之前已远了五里），永远杜绝发生向清口倒灌的隐患。然而河身紧缩，宽度减少过半（宽仅八十余丈），水势拘谨，壅高而容易淤积。黄淮交会处，也十分不利。也许更影响全局，治河工程相关书籍并没有专门讨论，也很奇怪。"至于云梯关外放弃守护缕堤，更失去了潘季驯、靳辅以来以水治水、深辟海口的精意。日中则昃，盛极必衰，南河的弊病，原因在此。再过四十八年，就发生了咸丰年间的大河向北迁徙（参见第二十七图 清张鹏翮治绩图附陶庄引河图）。

## 第四节　乾嘉河决及塞治

大河自归德、徐州段夺泗水、淮河，在徐州、睢宁地区受阻，不利行河，这是地势造成的。到陶庄引河成功，又用人工扼其咽喉，更加形成无法治理的情况。乾隆四十三年，大河在祥符、仪封、考城决口，洪水由涡入淮。屡塞屡决，历时二年，花费五百余万两，堵塞五次决口才合上。不久（乾隆四十六年），又有仪封青龙岗的大决口。洪水入南阳湖、昭阳湖、微山湖等，余波入大清河，屡塞无功。不得以停止筑坝工程，提议疏通黄河水的出路以保运河。驻工督办阿桂等请求于旧南堤外筑新堤，自兰阳三堡起，至商丘七堡止，长一百四十九里，挖引河导入商丘故道，并清理商丘至徐州段被淤垫的正河河道。乾隆四十八年，改河工程完毕。陶庄引河，本来就太狭窄，现在上游又增加一条兰阳引河。当时管河道的人专为运河谋划，并不考虑对今后黄河、淮河的影响。之后数年之间，漫溢安东、清河、桃源，睢州、睢宁、砀山决口，几乎年年不得安宁（参见第二十八图 清乾嘉大河塞治图）。

嘉庆中期，大河屡有决溢，清口不利，黄河、淮河、运河都灾祸不断，不可挽救。嘉庆初年，大河在丰县、砀山、曹县决口向北，睢州再决口向南，靳辅所筑的各个减水坝渐渐产生了各种问题，逐渐荒废。嘉庆八年，封丘洪水冲击衡家楼（荆隆口东）的堤防，管涌过水三十余丈，洪峰流向东北，由范县到达张秋，穿过运河流向大清河，流到利津入海，第二年堵塞。而清河口倒灌，沙淤囤积，大河岌岌可危。嘉庆十一年，开启王营减水坝，控制洪峰，直注鲍营河、张家河入六塘河入海（参见第二十六图），商议改道没有结果。嘉庆十二年，阜宁、陈家浦决口，由五辛港入射阳河归海，商议改道没有结果。嘉庆十三年，河水泛滥马港、六套等处，分流由灌河口归海，商议改道还是没有结果。嘉庆十四年，黄河强淮河弱，堵闭御黄坝，以防倒灌（之前为防黄河水倒灌而开辟的陶庄引河工程完全不起作用，黄河屡次倒灌）。此后，淮水不入黄河，仅仅入运河，除非淮河水位高于黄河，否则坚决关闭御黄坝，货物转运经陆地越过御黄坝，从此，黄河、淮河隔断，清口发生巨大变化，黄河的问题愈加严重。嘉庆十五年和十六年两年，筑海口新堤（嘉庆十五年，在北岸筑堤，自马家港口至叶家社，长一万五千七百六十四丈；南岸自灶工尾至宋家尖，长六千八百五十九丈。嘉庆十六年，北堤接筑至龙王庙，长六千丈；南堤接筑至大淤尖，长四千八百三十九丈），恢复当年靳辅留下的规则，一时间海口行河流畅。嘉庆十八年，大河在睢州决口，由亳、涡入淮，全入洪泽湖，两年后才堵塞。全部黄河水澄清入淮，洪泽湖湖水饱满，通畅地流出清口。清口以下，黄河刷深。嘉庆十九年，趁睢州决口未堵，以工代赈，先行培筑河南、江苏两省大堤，疏导江苏境内清口以上正河。嘉庆二十年，睢州决口合龙，畅流下注，清口上下，首尾通利，为南河一大转机。之后，河南、江苏两省，堤工不懈，河防无事近二十年（参见第二十八图 清乾嘉大河塞治图）。

## 第五节　清咸丰大河

嘉庆以后，直到道光年间，清口又像过去一样不通畅，南北岸溢决，屡议改河道（道光四年和五年，琦善、严烺提议导黄河由灌河口入海。道光六年，张井提议改黄河自安东东门施工向下延伸，以北堤为南堤，另筑新北堤，导黄河至丝网浜以下，仍从旧河入海口出。又提议以安东县西的李工为河头，更提议改黄河自桃源高家湾，借用中河、盐河至李工或安东东门工仍回归旧

河，将清口下移。认为改河仅需挑深一丈，便已低于旧河五丈。道光十一年，严烺又提议，自桃源县北岸顾工起，改黄河斜穿遥堤，跨过中河、盐河，行经遥堤之北，创立新堤，至安东县萧工，仍回归正河），但都没有实行。道光六年，试行灌塘济运❶，导致清口的问题更严重，黄河更加不通畅（参见第二十八图 附咸丰清口及运口图）。上游桃源、丰县、中牟、祥符，屡有决溢。至咸丰五年，终有兰阳、铜瓦厢的大决口。洪流分三股：一股由曹州赵王河东注，后渐淤；两股由东明县南、北分行，至张秋穿运河又合流为一，夺大清河入海，北一股渐渐淤积，南一股成为干流。当时太平天国运动兴起，粮饷不足，只顺着情势进行疏导，不堵塞决口，导致黄河改道。这是黄河大徙之六。铜瓦厢以下的新黄河，即明昌大河分流入济之故道，也是明清以来，屡决荆隆口入大清河的故道。大河倾向于向北流，只是为了维持运河故道，被迫向南行，摇摆不定地运行六百多年，中间虽有贾鲁、潘季驯、靳辅诸多名贤相继进行治理，各挟雷霆万钧之力，使河就范，最后，人治的力量敌不过自然的运行。认为和宋代回河之祸一样严重，又有些过分，读历史到此，深有痛惜之感（参见第二十九图 清咸丰河徙图）。

❶ 就是在运河接纳黄河的口子上建“御黄坝”，在接纳淮河的口子上建“临清堰”，在御黄坝与临清堰之间形成巨大的“清水塘”，可容纳千百只漕船。在黄河水位提高时，待南来船只经过临清堰入塘后，闭合临清堰，再用大型水车加“人海战术”戽水入塘，待塘内水位与黄河水位相平时，放开御黄坝出船。

# 第九章

# 近 代 大 河

## 第一节　近代大河之形成

咸丰大河初迁徙，河督李钧奏陈三事：一为顺河筑堰；二为遇湾切滩；三为堵截支流。以上都借民力为之。谕令直隶、山东、河南各督抚妥为办理。从此，张秋以东，自鱼山（东阿县北岸）到利津海口，渐筑民堰。只有张秋西南，兰封东北，黄河泛滥，施工较难（这一带为古巨野泽，即宋时八百里梁山泊，是河身薄弱处）。同治三年大水，由兰阳分股下注：一股直灌开州；一股接近定陶、曹县、单县。河南省已有堤坝，幸获保全；直隶东部无堤，泛滥成灾。河督谭廷襄上奏说："下游大清河河身太窄，不能容纳河水，应该设法疏浚附近徒骇河、马颊河，还希望有分流。堵塞齐东、济阳等县三四十处民埝缺口。上游应先修金堤及毗连菏泽的史家堤，并加培旧堰，选择重要的进行连接或修缮。"意见被接纳。从此，东流势顺，北道无忧。而菏泽、郓城以南，尚无屏障，涨水势必向南流。同治七年，黄河在荥泽决口，溢郑州中牟等县，侍郎胡家玉主张分河向南和向北。直隶总督曾国藩等说："荥泽的分流量不大，只有尽快堵口，才能保河南、安徽、淮阴、扬州下游。"同治八年终于堵口。同治十年，郓城侯家林决口，向东注入南旺湖。又由汶上、嘉祥、济宁的赵王河、牛头河等河直奔东南，入南阳湖。山东巡抚丁宝桢主张

迅速筑堤堵口。同治十二年，又在东明石庄户决口，河水溢出赵王河、牛头河等河，昭阳湖、微山湖等湖连成一片；向下注入六塘河，徐州、海州地区大灾。丁宝桢提议恢复淮徐故道，直隶总督李鸿章极力阻止。李鸿章说："铜瓦厢决口，宽约十里，河床冲刷过深，旧河身高度在决口水面以下二三丈，如欲恢复故道，必挑深引河三丈多，才能吸纳河水东流，人力断不可实施。将十里宽的决口合龙，也属少见。大清河原宽不过十余丈，今已刷宽半余里，冬春水浅，尚深二三丈，岸高于水面又二三丈，逢大汛时能容五六丈水，奔腾迅疾，水行地中，此人力无法挽回，也是祈祷也不可得的事。"又说："目前北岸自齐河到利津，南岸自齐东到蒲台都已经接筑民堰，尚可抵御洪水。岱阴、绣江诸河，也已经筑堤，受灾不重。至于张秋以上，北岸有古大金堤，可以其为屏障。南岸侯家林上下游民堰，应仿照官堤办法，一律加高加厚。"商讨于是确定下来。光绪元年，石庄户难堵，改从决河下游菏泽县贾庄合龙。山东巡抚丁宝桢筑山东、直隶两地南岸堤长二百五十余里。北岸堤工程来不及建，先修金堤作为屏障。光绪三年，山东巡抚李元华调军民筑新堤，在上游南岸毗连直隶、河南地区，自东明谢寨到考城圈堤，长七十余里，此地段原无堤岸，如果不修堤防将前功尽弃。又修北堤，自濮、范以下抵东阿，总长一百七十余里。从此，铜瓦厢新河上起兰仪、下到东阿，都有官堤。堤长六七十里，临河另外还有民堰（北岸自长垣太行堤起，至东阿县金堤尾止。南岸自濮县李升屯南起，至寿张县黄花寺止）。光绪九年，山东巡抚陈士杰因山东屡遭河患，筑张秋以下两岸缕水大堤，通到海口，离水四五百丈远（当时游百川又建议于惠民白龙湾开减水坝，分减黄河水入徒骇河，再疏通沙河、宽河、屯氏河等，引入马颊河、鬲津，分流入海，未果）。光绪十年，两岸大堤全部告成（其中南岸寿张十里铺至长清北店子，长一百五十公里，为山麓，未设堤防。铜瓦厢决口处，至民国二十一年始筑堤堵闭），自咸丰初次决口至此已过去三十年。大堤虽然建成，而山东百姓仍守临河民堰，政府有令先守民堰，如民堰溃决再守大堤。而堤内的村民没有讨论令其搬迁，河水大涨出槽，田地房屋全部淹没，居民常常决堤泄水，官员无力禁止。所以，只守堰而不守堤，堰决堤也决。这就是山东的河道历来出事的症结。至于河北省的民堰，民国才改归官守。虽然有名无实，河患更烈。累土成堤，以厢埽防险，难以长久地依靠。光绪十六年以后，险要工段采用石料，大的称为坝，小的称为垛，又用砖砌，沿河的铁轨运输及电报通信也先后采用，称得上是河防的一大进步（见第二十六图 靳辅治绩图、第二十七图 咸丰河徙图及附图和第三十图 近代大河形成图）。

## 第二节　近代河患及塞治（一）

近代大河自铜瓦厢向北迁徙后，过了二十年才有堤防，三十年堤防才大体完成。在没有堤防时，决溢之灾难难以按平常一样进行记录。自有堤防以来，至今六十余年，决溢已经七十余次。其间大决有四次：堤成后一年（光绪十三年），南决郑州；又过了二十六年（民国二年），北决濮阳；又过了二十年（民国二十二年），有河南、河北大决，南北五十多个决口；又过了二年（民国二十四年），向南决口于鄄城。一直到民国二十七年在中牟、郑州的南向决口，牵涉军事，又当别论。先讲述几次大决口事件，其余逐年水情列于后。

光绪十三年八月，河南郑州的下汛十堡处发生汛情，洪水高速流过，口门由三百丈冲刷宽至五百四十七丈。中牟、祥符、尉氏、扶沟、淮阳等十数县皆被淹没，洪峰由贾鲁河、颍河入淮，正河断流。九月，筹办引河，筑挑水坝，建立东西大坝坝基。光绪十四年正月，总河李鹤年、巡抚倪文蔚上奏："东西坝陆续动工（并修东明南堤六十余里，开州金堤九十余里，作为堵口后河防的预备），至五月二十日，东坝已完成四十六处，共长二百四十五丈。西坝连挑水坝已完成六十处，共长三百九十丈。尚余口门三十余丈，再进行六处，即可竣工。不料二十一日，西坝赶工急切，工程不稳固，用于在口门坝基上投放埽的捆厢船❶失事，使东西两坝上投放的埽走失或沉没，抢厢失败，不能双向推进坝位。合龙用的秸料因此事故消耗了一半，无法继续进行施

❶ 埽是一种古代治理黄河的人士发明的、靠手工制作的巨型装置，用于控制水流、保护堤坝、堵塞决口等。它由秸秆、柳树枝条、竹子、泥土等材料构成，以绳索捆扎，形成大的有几十米长，几米高，数百人才能拉动的卷状物。可由人工牵引、投放到堤坝一侧（厢埽），也可以在船上用多条绳缆牵引，逐层码放成形后投放在坝侧，这种船称捆厢船。埽和大堤坝基结合，形成一个较为抗水流冲击的实体称为占。它有缓冲性和吸引黄河泥沙的功能，成为堵塞决口，完成合龙的重要实体。历史上对埽工的描述已相当细致，读者可进一步参阅有关文献，见参考文献［1］《黄河水利史述要》和文献［14］《河工学》的第 278 页"中国埽工"一节。该书在 1934 年商务印书馆首次出版，郑肇经著。书中引用了《宋史・河渠书》《元至正・河防记》以及靳辅《治河方略》中的文字与图。

工。”李鹤年等人，或革职或降职。选派吴大澂为总河。吴大澂上奏说：“查验两坝工程，还算结实，东坝逆流进占，比较困难；西坝顺流进占，其势较易。西坝开办之初先筑挑水坝，后来将挑水坝改作正坝，此后应于西坝添筑挑水坝，最为紧要。”依照此意见办理。十二月十日，开放引河，十四日合龙（引河照例于合龙前三日开放）。吴大澂继李鹤年等之后，除添筑挑水坝外，其引河及东西两大坝，皆就原工基础进行。然成败不同，其关键在于秸料数量够不够用罢了。郑州工程合龙后，吴大澂说：“筑堤没有好办法，使用厢埽不能长久，重要的是建坝挑开水流，逼水流攻沙。河水转入深水区，冲不到堤岸，则坝身自然稳固，河患自然减轻。”又立石碑于荥泽汛，说：“守堤不如守滩。”世以为名言（见第二十九图 清咸丰河徙图、第三十一图 清光绪十三年郑工决口形势图）。

民国二年七月，黄河决口于河北省濮阳县习城集向西的双合岭，决口的河水受阻于古大金堤，由堤南之夹河（即清水河）向东北流，过张秋镇，至陶城埠复归正河。漫淹山东濮县、范县诸县，即咸丰铜瓦厢新河北股的故道。当时南北交兵，久不堵塞。第二年，伏汛、秋汛涨水，口门处刷宽达八百多丈，洪水横流，百姓荡析离居。当年冬天，命徐世光治理。民国四年一月开工，修筑堤埝。三月，东西正坝及下边坝进占。当时水流主体趋向正河，准备作挑河与引河工程，但未进行。五月下旬，西坝被水流冲垮，措手不及，于是在两坝上口，圈越堵筑。六月底合龙断流。不久汛水爆发，习城集河堤工段漫溢，留东坝总办姚联奎驻工堵筑完毕，先后支银四百多万元。向来堵口，大都是先筑挑坝，辟引河，引水流入故道，而后决口才容易堵合。濮阳工程背离这一规则，意在节省人工物力，然而堵塞后马上又决口，应当是太过节省经费造成的（参见第三十图 近代大河形成图，第三十二图 民国二年濮阳决口形势图）。

民国二十二年八月大水，水位之高，流量之巨，超过历来测量记录。河南、河北两省，黄河漫决五十余处。受灾面积六千三百五十九平方公里，被淹村庄四千处，冲毁房屋五十万所，灾民三百二十万人，灾害惨重，为七八十年来所未有。国民政府特设黄河水灾救济委员会，附设工振组，派人员堵筑各口，其中以河北省长垣石头庄决口为最险，全河几乎有改道的势头。总工程师宋希尚察看形势，决定暂缓堵筑大堤决口，先在上游冯楼的四处串沟口进行施工，断绝河水来源，然后着手大堤的修复（堵筑大堤，犹如兵家的背水一战，堵筑串沟，则如同打击敌军有生力量，争取主动）。堵塞串沟，来用的是缓溜落淤的方法（用长约两公尺的木桩，插入沟中，隔一二公尺一根。或单排，或双排，绕上铅丝，以防水冲。桩与桩之间插柳枝，梢向下，干向上，柳枝间也以铅丝层层扎紧，使其十分结实，连成一片，沟中流水，由上游挟大量泥沙而来，一遇柳枝，虽可透水，但其流不畅，泥沙因此沉淀，沟身自然淤高；沟身淤高，流水更为不畅，如此循环进展，沟身上下逐渐淤塞，沟口一带渐渐断流）。先是堵塞第一、第二两串沟口，计划以沉排以及片石筑挑水坝各一道，共长一千三百公尺，估计需要石料约三万方，需款七八十万元。三万方石料运齐，将耗时近一年；工款时间，均不经济。后改用落淤缓溜方法，第二串沟口，仅两日即自动断流；第一、第四两串沟口，也只用二十几天就淤积成平地，出乎意料地快。第三串沟口，因流量集中，不可避免刷宽淘深（十一月十一日测量报告为宽一百六十公尺，深十四公尺，流速四公尺七），仍用柳枝缓溜落淤（用五只大船，均匀列置串沟口，以铁锚铅丝固定其位置，并固定于岸上。另以长缆横贯船尾，上结网片，以锚、缆穿结网上，推置河中。最后让柳枝漂流到网，共下柳枝八十余株，进展颇为顺利。不料上游一只民船误入串沟口，翻沉河中，导致横缆松动，岸上用于固定的大柳树倾倒入河中，使工程效果大减），同时挑引河，筑柳石、挑水坝等工程，最后建截流大坝，插木桩两排，用三面捆厢法，一层柳枝一层石头，分东西两翼，向中流进展。十月底，工程全面开始，到第二年三月十八日合龙。八月，黄河暴涨，冲破上游大车集旧口，直犯长垣县城，已经堵塞的四口又溃决，又成不可收拾之象。河北省河务局派人员在大车集上游兰封县的贯台沟口堵筑，用秸料压土，捆厢进占。中途因为停工待料，延期至桃汛施工，但是决口流急，施工困难。黄灾救济会接办堵口补救工程，仍先于口门之上筑临河透水柳坝两道，使其落淤，使水流南移。东西坝工程仍用秸厢，并加筑底部边坝，中间加培泥土，终于在四月十一日合龙。冯楼、贯台两处工程均在快失败时转而成功，评论者认为冯楼工程所采取方法多受欧洲工程师的影响，过于创新，贯台工程多受传统方法影响，过于守旧。可见有关专著《水利月刊·黄河堵口专号》，不再赘述（参见第三十三图 民国二十二年二十三年冯楼堵口前后形势图和第三十四图　民国二十二年二十三年冯楼贯台决口形势图）。

## 第三节　近代河患及塞治（二）

民国二十四年七月，洪水暴涨，山东鄄城县董庄的水道弯曲，不能畅泄，引起决口。先决民堰，向东的流水先被民修格堤阻挡，转弯向南，后决官堤六大口。洪水分为两股：小股由赵王河穿东平县运河，合汶水又回到正河道；大股则平漫于菏泽、郓城、嘉祥、巨野、济宁、金乡、鱼台等县，由运河入江苏，洪水淹铜山、丰县、沛县、邳州、宿迁等县，入六塘河，放溢四出。鲁西、苏北受灾严重。中央与黄河水利委员会与山东、江苏各省政府多次派员勘察，协商防堵。原定工程计划需款四百八十万余元（原定计划分十项：一、李升屯残堰头裹护工程；二、培修江苏坝及圈堤工程；三、培修李升屯及苏司庄堰坝工程；四、加培朱口至董庄大堤工程；五、引河及附属工程；六、堵塞口门工程；七、修复大堤工程；八、修复民堰工程；九、杂项工程；十、善后工程），经核实减为二百六十七万余元（引河工程另外处理；加培朱口至董庄大堤及修复民堰与善后工程，划归山东省办理）。施工经过分为二期：前期由山东省政府主办，后期由黄河水利委员会主办。山东省政府主办时期，拟定了工程计划并筹备物料，于十一月中旬，先启动李升屯残堰头裹护工程，之后，工程陆续展开，其中黄河水利委员会派员随时协助。到十二月，改为交黄河水利委员会接办，负责总体工程。当时水流直冲江苏坝头（江苏十坝位于董庄决口处偏西，是民国十五年为了堵塞李升屯决口，江苏省协助工款二十万元修筑的），于是在原坝址上筑坝，延长五丈余，深入河内，水流因而逐渐变稳并改向北移。向下游筑四个挑水坝，都产生作用。更于李升屯附近正河内湾处作裁湾挑溜引水工程，借坝头回水淘湾之力，使溃堤的水部分回流。并在李升屯西北另建引河工程，开引河六道，导流到预定的方向。将江苏坝东新堤，打冻土挖槽进占，作为西坝基础，同时用来分水于老河道，以减少口门溃水流量。然后东西两坝分头进占，最终于次年三月二十七日合龙（据说合龙处不用大占及捆厢，用枣核枕抛填合龙。方法是以柳枝包裹石头，做成若干个埽箇，如枣核形。绑定在上游固定的船上，连续抛填到露出水面，即可截流合龙。为防止埽眼透水，同时在其外做圈堰兜拦，俗称养水盆）。堵口修堤，原属治标工程，如为长久计，应谋治本。黄河水利委员会委员长李仪祉最初提议保留石头庄一口不堵（石头庄决口详见前述），建筑新式坝闸，开一减水河，接入金堤以南的清水河，分黄河水至陶城埠，复归正河，使长垣、濮县、范县、寿张等县人民移居现河道，减缓河北、河南间水势壅堵之患。又提议于刘庄开口，建新式坝闸，分水通宋江河、清水河，入东平湖，由姜沟归入本河。即以官堤为北堤，添筑南堤一道，不但董庄以下之危险可免，刘庄、朱口的危险工段自然消除，以纾河北、山东间水势壅堵之患。又议于历城县以下北岸适宜之处建新式坝闸，分黄水入徒骇河，以纾山东省中下游水势壅堵之患。黄河分水虽不是常规的处置方式，然而山东黄河大堤之内，既有靠近河的民堰，又有格堤、斜堤（即退堰），更加强对河水的约束，与河南境内黄河上宽下窄的情况相比，彼此正好相反。致河性压抑，问题丛生。此为山东地区垦占河滩，与水争地之恶果。既然积重难返，则因时因地制宜，避重就轻，采用分水法，辅以新式坝闸（减水坝分黄原为潘靳成功的方法），也是解除困境的良策（见第三十图 近代大河形成图、第三十二图 民国二年濮阳决口形势图、第三十五图 民国二十四年董庄决口灾区图和第三十六图 民国二十四年董庄堵口工程图）。

此外，铜瓦厢改道以来，河南、河北、山东境内历次决溢的情况选择主要的附列于后，以便查考。其中最值得注意的是，决口多在下游，尤以尾闾为多。下游堤卑河窄，是症结所在（见第二十九图 清咸丰河徙图、第三十图 近代大河形成图、第三十五图民国二十四年董庄决口灾区图、第三十七图 孟津至海口黄河略图、第三十八图 民国二十五年海口乱荆子寿光圩裁湾工程图和第三十九图 民国二十七年郑州中牟决口灾区图附郑州中牟决口流向变迁图）。

## 第四节 河 防 行 政

黄河自大禹治水以来，经常决口与迁徙，前文已经介绍了其梗概。虽然历代名贤辈出，在历史上做出极大的功绩，而黄河始终未能长治久安，除了大河的本性多变外，人为的失误也是主要原因，从以往历史记载中可以找到结论。自古重视河防，明清都设总河，专门负责。咸丰铜瓦厢迁徙以后，直隶、山东两省河防改归直隶总督、山东巡抚兼管。光绪二十八年，裁撤河东总河建制，改归河南巡抚兼管，中华民国继承这一体制。民国二十二年，成立黄河水利委员会，而河防之责仍然分属于河南、河北、山东三省河务局，黄河水利委员会仅处于指导与监督的地位。三省“河防”各自为政，不是好

办法。

河南、河北、山东三省河务局的组织系统及工段划分极不一致。河南省河务局隶属省政府（民国二十四年以后，改称河南省水利处，隶属建设厅），局长简任[1]，局以下辖四个分局，分局辖汛，汛辖堡，为四级制。河北省黄河河务局，隶属建设厅，局长荐任，局辖段，段辖堡，为三级制。山东河务局隶属省政府，局长简任，局以下辖三总段，总段辖分段，分段辖汛，汛有工汛、防汛之分，防汛辖堡，为五级制。各省管辖堤段分述如下：

河南省南堤，自广武保和寨向东经郑县、中牟、开封、陈留各县境，至兰封边界为止，工段长约一百四十公里。上南分局辖荥泽汛、郑上汛、郑下汛、中牟上汛、中牟中汛；下南分局辖中牟下汛、祥河上汛、祥河下汛、陈兰汛及新设的兰考汛。北堤自孟县、逯村向东，经温县、孟县、武陟、原武、阳武、封丘、开封至陈留之西坝头，即咸丰五年铜瓦厢决口处为止，工段长约一百七十五公里。上北分局辖孟县汛、温县汛、武陟汛、武荥汛等；下北分局辖原阳汛、阳封汛、开封汛、开陈汛等。每汛所辖工段，长短不一，视险工多少而定。

河北省南堤，自河南、河北交界处的娄寨东北行，经长垣、东明、濮阳县境，至河北、山东交界处的刘庄为止，工段长六十余公里。娄寨至谢寨为南一段，谢寨至蔡寨为南二段。蔡寨至冷寨为南三段，冷寨至刘庄为南四段。北堤自长垣大车集接筑旧太行堤，经河南滑县、濮阳、山东濮县，至耿密城为止，工段长约九十二公里。自大车集至长垣、滑县交界处的高桑园为北一段，自此入滑县境，河南省筑堤一段，名老安堤，长八公里。自老安堤北端的小渠集，到西魏司马为北二段；自西魏司马至马屯为北三段；自马屯至河北、山东交界的耿密城为北四段；其中中段梨园附近堤长约一公里属濮县，也归河北省修防。

山东省南岸，自菏泽朱口向东，经过鄄城、范县、郓城、寿张、阳谷县境，暂止于寿张十里堡，工段长一百一十五公里。其中双合岭至董庄一段十余公里，属河北境，划归山东省修防。十里堡以下河流经过东平、东阿、肥城、平阴各县，其南岸接近山麓，无堤。再起于长清宋家桥，经过历城、章丘、济阳、齐东、青城、滨县、蒲台，至利津宁海庄为止（宁海庄以下两岸

[1] 民国官员职级分为特任（省部级）、简任（司局级）、荐任（县团级）和委任（科股级）四类。

尚有民埝约三十里），工段长二百二十公里。北堤自濮县高堤口向东，经过冠县、范县、寿张、阳谷，至东阿陶城埠，是为金堤。再自陶城埠经平阴、肥城、长清、历城、济阳、惠民、滨县，至利津盐窝村为止，工段长四百十五公里。山东河务局仍按从前上游、中游、下游地段，划分为第一、第二、第三总段，总段管辖两岸分段，分段管辖工汛和防汛。第一总段（设在十里堡）南岸第一分段（设在董庄）自朱口起，至十里堡止，管辖工汛二、防汛四；北岸第一分段（设在范县）自高堤口起，至东阿张秋镇止，管辖防汛二。第二总段（设在济南）南岸第二分段（设在历城小青庄）自宋家桥起，至齐东田家拐子止，管辖工汛二、防汛三；北岸第二分段设在长清官庄，自张秋镇起，至长清韩二庄止，管辖工汛一、防汛三；北岸第三分段（设在齐河）自韩二庄起至历城鹊山止，管辖工汛二、防汛三；北岸第四分段（设在济阳东关）自鹊山起，至济阳桑家渡止，管辖工汛二、防汛三。第三总段（设在惠民清河镇）南岸第三分段（设在滨县蝎子湾）自田家拐子起，至蒲台董家止，管辖工汛一、防汛三；南岸第四分段（设在蒲台王旺庄）自董家起，至宁海庄止，管辖工汛二、防汛三；北岸第五分段（设在惠民归仁镇）自桑家渡起，至滨县张肖堂止，管辖工汛二、防汛三；北岸第六分段（设在利津宫家坝）自张肖堂起，至盐窝村止。

三省每年修防费数目也不一致。河南二十七万元（民国十九年后，仅发十万元，兼管沁河），河北二十一万元（民国二十二年，实收、实支十六万元），山东三十一万元。河南堤防工程长四百二十五公里（内有沁河九十公里），河北堤防工程长一百五十六公里；山东堤防工程长七百五十公里。平均计算，河南每公里二百三十五元，河北每公里一千三百四十余元（依民国二十二年实支约合千元），山东每公里四百余元。虽险工多寡不同，不好做固定比例，然而河南、山东两省经费应适当增加（以上据黄河水利委员会《黄河概况及治本探讨》）。

河北、河南、山东交界，犬牙交错，往往堤在此而决溢之害在彼；此方不关痛痒，彼方坐失时机，造成决溢之灾，最为惨烈。今后河防应不分区域，通力合作，尤为急不容缓之事（见第三十七图 孟津至海口黄河略图）。

# 第十章

# 黄河利病及治法

## 第一节　河　性　通　论

子在川上曰：“逝者如斯夫，不舍昼夜。”孟子曰：“水性就下。”又曰：“盈科而后进，放乎四海。”这是一般的河性，而不是黄河所独有的。新莽时，长安人张戎，熟习灌溉的方法，说：“水性向下，流速快了就将河床刷空、挖深，河水浑浊，号称一石水中有六斗泥。如今百姓都引黄河、渭水灌溉，使河流速变慢，产生淤积，突然涨水时则产生溢决，用数条堤阻挡，高于平地，如同筑垣居水。应当顺从水性，不要再引河水灌溉，则水道自然通畅，不会产生溢决的灾害。”宋朝苏辙说：“黄河之性，急则通流，缓则淤淀，不可能在东西两方向都流得快，怎么会有两条河并行的道理?”前者说黄河挟泥沙，后者讲河不分流并行，这就是黄河的特性。明代潘季驯进一步阐述了这一思想，说：“黄河流动汹涌澎湃，质地浑浊，一石河水含六斗泥，以四斗水载运六斗泥，非有极为湍急、突发旋转的水流不可。水分则势缓，势缓则沙停，沙停则河饱，河饱则水溢，水溢则堤决，堤决则河流变成平地，而百姓遭受水灾。”又说：“河性宜合不宜分，宜急不宜缓。合则流急，急则荡涤而河深。分则流缓，缓则停滞而沙塞。”所以他平生规划，以筑堤束水、借水攻沙为第一要义，世人评价其万世不易。靳辅说：“天下最柔和的是水，然而如果不能使水流平直，则即使天下最强硬的事物也不能阻挡。使水流平直的方法是什么？量入为出而已。如使上游河身又宽又深，而下游河身不及其一半，或者减少到四分之一，势必洪水泛滥，而产生溃决的灾患。”又说：“河决于上游，必在下游产生淤积；而淤积在下游，必然在上游决口，这是必定的。”量入为出的论述，尤其精透，实际上开创了近代科学治水之先河。他的幕友陈潢之说：“黄河的本性简单说是向下，细一点说就是要避逆流而趋向顺流，避壅堵而趋向疏导，避远而趋近，避险阻而趋平坦。涨则气聚，聚不能泄，于是河性为怒。分则气衰，衰不能激，其性又沉。”这番言论更为严密，他又说：“治河必顺水性，必考虑形势。如有河患在下游，而产生河患的原因在上游，则势在上游，应当追溯其根源而堵塞。如果河患发生在上游，而产生河患的原因在下游，则势在下游，应当疏通水流进行泄放。如不知大势，则事倍功半，如果审查水势来控制水流，则事半而功倍。”这是通常的道理。治水大师对河性的论述是凭多年的观察体验，大都能得到深刻的要义。但是黄河河源万里，观察体验的范围，终属有限。例如黄河挟泥沙，久为人所习知，但是沙的来源是何处？沙的去路在哪里？却不容易知道。知道来源与去路，然而来源于塞外的有多少？来自汾、渭、洛、沁诸支流的有多少？更不容易知晓。知道去路，沉淀于中游的占多少？输送到下游的有多少？达到海口的有多少？就更不容易知道了。水量出入有多少，也是同样的道理。水的来源，除上游的支脉的流量外，还有天空降水量，地下的泉水涌出量。至于水的去路，除地面的径流，还有大气的蒸发，地面的渗漏，不容易知晓。可谓上游、中游、下游，过去人们所说的区域实际上指河南、河北、山东的区域，如今更考虑上到昆仑，下至大海，都与大河息息相关，而不可忽视。大河的本性虽不必分古今，而古人、今人认识的范围，有广、狭、精、粗的不同，则今人治河，当在古人所得之外，百尺竿头，更进一步。

## 第二节　水　　流

黄河决口迁徙无常，号称难以治理，不外乎水流迅猛，泥沙太多，前人知道的很详细。而还没有长治久安的对策的原因是人们的认知还有限。今人继续研究用科学方法，从事水文气象观测，新的知识日益增长，更为精确和严密。然而，时间还不长，所得资料还不足以作为根治的依据。这里先讲述

水流，然后论及泥沙。

河水来源于降雨，降雨成灾多发生在夏季。黄河水利委员会《黄河概况及治本探讨》指出：“黄河流域雨量来源是由于旋风进行时大气的震荡。例如夏季大陆与太平洋之间高低气压的交汇。夏季的时令风有时也能降雨，其雨量的多少，决定于时令风受旋风影响的程度。沿东海岸的台风一旦侵入内地，则暴雨洪水随之而来。从秋季到春季，中国西北部气候极其干燥，西伯利亚高压产生的时令风不再带有降雨。有雨，必来自西北或西南方向的大陆性低压。此低压的产生或远在大西洋，或由印度洋或东京湾与西藏高原大气的交换。所以在没有到达中国之前，在太平洋上，风速过高，无充分时间吸收水分。而干燥的西北风，有时带走水蒸气，即使能降雨，雨量也不大。然而，在四月以后，有时也发生轻度的洪水。四月末，大河源头积雪消融，水流量增加，不过不会造成灾害。此处积雪不多，而且气候干燥，蒸发量大于融化为水的量。黄河水利委员会想在开封或西安设立一等气象站，直接接收远东各处气象信息。希望于几年以后，研究有结果，能先期预测洪水的发生，使保障数千万人生命财产的八百公里长堤能提前戒备。”河水形成于天空气象，此为治河症结之一。

雨量降于地后出路有三：蒸发、渗漏、径流。据中外水利专家经验，径流与雨量的最大比例不超过百分之四十。地面的水，汇流于溪涧，归宿于江河。所以江河流量与其流域面积成正比。黄河流域面积，郑州以上为七十五万六千平方公里，潼关以上为七十一万二千平方公里，禹门口以上为五十一万五千平方公里，兰州以上为二十一万六千平方公里。假如黄河郑州以上普遍降雨十厘米，除蒸发、渗漏之外都成为径流，总量应有三百亿立方米。以每秒三万立方米流量下泄，预计历时十一天半，才能泄完。所幸历史上没有这么大面积的同时同强度降雨。因此，有记录以来，黄河流量从没有到过每秒三万立方米。若果然发生如此情况，下游灾害之惨重不堪设想。以民国二十二年大水为例，据吴明愿对民国二二年黄河水灾之成因的分析：“这年七月中下旬，上游各省暴雨。七月十七日，暴雨前锋入绥远，十七、十八、十九日三天，在河套一带，下了二百零五毫米的雨量。暴雨前锋继续从绥远南下入陕西。二十日夜及二十一日，一昼夜间下雨三百多毫米。暴雨前锋再向东移，二十四日晚，蓝田大雨，平地水深数尺。雨线转向东北，入山西，二十六日晚，太原大雨，山洪冲毁公路桥梁。在受雨区域的渭河、泾河、汾河、洛河四大支流与干河同时涨水，以致创造八月十日晨二时陕州流量每秒二万三千立方米的最高纪录。”河水来自广大的降雨区，此为治河症结之二。

黄河流量的涨落都很突然。例如民国二十二年八月大水。据安立森（Sigurd Eliassen）勘查河南孟津至陕州间拦洪水库地址报告：“八月七日正午，陕州流量仍为每秒二千五百立方米。以后逐渐上升，到九日夜十二时，及十日晨二时，已涨到每秒二万三千立方米。然而最高峰仅保持一刹那（十日二时，每秒二万三千立方米；四时，降至每秒一万九千立方米；六时，降至每秒一万七千立方米；八时，降至每秒一万五千立方米）。十三日晨，又落到每秒六千立方米。洪水所经时期不足六日。而最危险的洪水为每秒一万立方米，所占时间不足六十小时。”又据万晋防止土壤冲刷为治理黄河之要图说：“民国二十四年，董庄决口。七月七日以前，中牟县的流量，未曾超过每秒二千一百立方米。但到次日上午十二时，忽然涨至每秒三千零八十立方米。这还不足为奇，到同日下午三时，又涨至每秒六千六百立方米；夜间十时，到每秒一万五千二百立方米，到夜间十二时，到每秒一万六千六百立方米，一天增加了每秒一万三千立方米。退落的速度也很快。九日上午十二时，退至每秒一万一千五百立方米；夜间十二时，至每秒六千九百六十立方米；到七月十一日下午八时，仍继续退落至每秒四千零六十立方米，几乎如普通流量。前后仅历时四天。”河水涨落均很突然，水灾顷刻间就可形成，这是治河的症结之三。

黄河暴涨成灾，固然是因为水量过多，而过多水量的来源，不在黄河干流本身，而在其支流的贡献。黄河水利委员会估计的黄河洪水量如下：来自河套绥远的占百分之十五，来自汾河的占百分之二十，来自泾河、渭河的占百分之六十，来自伊河、洛河、沁河等河的占百分之五。以民国二十二年为例，张光廷《汾洛渭泾四大支流与黄患之关系》一文说：“八月七日，太原汾河流量为每秒六千立方米。八月八日，大荔洛河流量为每秒二千三百立方米。同日张家山泾河流量为每秒一万一千二百立方米。渭河虽未实测，依照八月七日咸阳水位及断面估计为每秒六千立方米。合计已经达到每秒二万五千立方米。”而据张含英《黄河答客问》记载：“来自包头以上的，仅为每秒二千二百立方米。来自山西、陕西山谷地区的，仅为每秒二千三百立方米。合计仅每秒四千五百立方米。”可见正河水量远小于支流。由于支流水量过多，造成河水暴涨成灾，是治河症结之四。

黄河之水，出山西、陕西省，过孟津，行于河南、河北、山东省境内，全靠两岸大堤设防。大涨出槽，溢决堤岸，即成大灾。所以水位的高低，与河防的安危有密切关系。据张含英《黄河志　第三篇　水文工程》及吴明愿《黄河之泛期及其六级水位》记载："向来黄河水位最低为十二月，一月凌汛至，二月桃汛起，汛期一过水位就下落。五月暴降，六月涨发，到八月到达最高峰，到十一月中旬退尽。历年最高水位，陕县为二百九十八米二三（民国二十二年八月十日）；泺口为三十米三五（民国二十二年八月，受当年泺口上游石头庄决口影响，水位大减，否则水位应当高于此值）。最低水位，陕县为二百八十八米八九（民国十七年十二月十二日）；泺口为二十三米五（民国八年五月三日）。高低之差，自七米至九米三，然历时均较短。河水的长期水位，陕县为二百九十米，平均约达六个月之久；泺口为二十五米，平均约达六个半月之久，称此为常水位。"河水涨落，有一定规律，这是治河症结之五。

黄河发源于巴颜喀拉山，海拔一万四千尺。会洮、湟二水，出桑园峡，降为五千八百尺。到了宁夏降为三千三百尺，接近河曲时折向东南，降为二千尺。到潼关降为一千三百尺。至孟津，突然降到三百余尺。从此向东开始有决溢之患。黄河水流速度，据吴明愿《二二年黄河水灾之成因》一文："根据民国八年至十八年陕县、泺口之间的水文观测，平均为每小时四点三公里。欧洲塞纳河流速为每小时三公里半，与鲁亚河相同。黄河上游坡较陡，假定流速为每小时四公里半，则皋兰至陕县，共一千九百零二公里，需时十八天。宁夏至陕县，一千五百一十公里，需时十四天。包头至陕县，一千零二十公里，需时约九天。河曲至陕县，七百三十二公里，需时约七天。陕县至泺口，六百二十公里，需时约六天零六小时。"黄河流速有一定的规律，此为治河症结之六。

黄河水文测量始于民国八年。因国家多变故，时断时续。仅陕县、泺口两站有稍久的记载，作为研究设计的依据，是远远不够的。黄河水利委员会计划广设水文站，做长期观测，研究从根本上治理黄河，时机尚未成熟。

## 第三节　泥　　沙

要探讨黄河泥沙的来源，应研究地理演变。据张含英《黄河改道之原因》及吴明愿《黄河下游之泥沙》，简略介绍如下："中亚细亚及中国北部，自进入草原时代，便与海洋隔绝。北太平洋湿风被东部高山所阻，不能吹入内地，致使内地空气干燥，缺少雨泽。河流干涸，岩石风化，分解为细沙。每到风起沙飞，遮天蔽地，是为沙漠时代。经过亿万年后，地壳发生较大变化。东部山脉陷落，海风吹入内地，雨量增加，不毛之沙漠，渐生草木，是为黄壤时代。就形成今日的黄河流域。黄壤的分布，兰州以西有六万平方公里，兰州至宁夏有五万五千平方公里，汾河、渭河、泾河、洛河四水流域五万三千平方公里，零星散见者二万平方公里，总计十八万八千平方公里。”据恩格斯《制驭黄河论》，“黄壤层积之厚，恒在数百米。”在沙漠时代，风携沙行，散布各处，风为改造地形之主力。到黄壤时代，沙随水下，淤积下游，黄河又成了改造地形的主力。黄河泥沙来源深广，此为治河症结之七。

中国古代文化发源于黄河流域。那时水草丰美，物产富饶，无异于今日的长江流域。大地之上，到处皆见丰草长林。除洪水时期外，水流长清（《诗经·魏风》说：“河水清且涟漪。”“河水清且沦漪。”）在洪水时期，携带泥沙，是冲刷河床的正常现象。到汉族人西进，垦殖生息，不遗余力，可耕之地日益减少。迫使人们开发森林或山坡，大量垦拓。耒耜犁锄，横施交加；牛羊牲畜，啃食践踏。漫山遍野的草地树林渐渐被摧残荒废。土地失去覆盖层，土壤暴露于烈日、疾风、暴雨之下，水不能存蓄，土壤也随水流而去。这样剧烈的冲刷，十倍百倍于正常冲刷。每当大雨之后，随处都可发现无数水沟，俨然如蛛网，深自一寸至数寸，大量土壤，随水沟被冲走，逐渐形成深沟。下土暴露，草木不生，满目凄凉。西北土地逐渐尽为沟壑所分割。而此无数沟壑，彼此结合，成为广大山谷。一遇大雨，山洪暴发，奔腾四溢，就形成巨灾（参见万晋《黄河流域之管理》及防止土壤冲刷为治理黄河之要图）。黄河流域，因为滥施垦殖，由繁荣到衰落，而水势迅猛，多挟泥沙。此为治河症结之八。

泥与沙性质不同，泥细而浮于水中，随水而行，其来也远，其去也远，直到入海为止。沙粗而沉于水底，被水挟持，顺河底旋转，其来非遥，去亦甚近，往往滞留河床。所以俗语有“勤泥懒沙”的说法。绥远一带，地势平凹，水流宽放，沉重之沙，便留滞其间。河南境内也多沙，山东境内则少。由下而上推，河南之沙难达山东，河套之沙也难达河南。黄河上游含沙量，自从有华洋义赈会绥远水文站观测，才知道该处上游含沙量很少能超过重量

的百分之二。泾惠渠灌溉工程处观测泾河水文，其春季含沙量稍涨，沙重可达百分之三十，夏季更涨至百分之五十。洛河情况也相同。大略地讲，渭河流域实际上是潼关以下黄河含沙的主要来源。龙门到包头之间各小支流含沙量比渭河流域小得多，最高含沙量可达百分之十八。潼关以下，也有含沙较多的入黄溪流。沁河与洛河含沙量较少，洪水来时增加到百分之七八，平时常不到百分之一。黄河水利委员会主任、工程师安立森估计洪水时期黄河流域各省输沙量占比为：甘肃西部、宁夏及青海约占百分之十，绥远约占百分之五，陕西及甘肃中、东部约占百分之六十，山西约占百分之二十，河南约占百分之五。虽然不十分精确，已知道大体情况（据《黄河概况及治本探讨》及《黄河水利月刊》等）。这就是黄河泥沙的来量。至于黄河泥沙的去量，黄河水利委员会计算黄河平汉路铁桥下每年平均流量为每秒一千二百一十立方米，含沙量为流量的百分之三点三，即每秒输沙量为二十五立方米❶，每年计九百四十六兆立方米。平汉路铁桥以东，泰山南北的广大平原，就是黄河所创造的，计算其到海平面以下十米的积沙，应当有七百万兆立方米，历时七千四百年之久，在大禹治水前便已有三千六百年。当时泰山周边的山不过是海上的群岛。黄河水利委员会计算，泺口每年平均流量为每秒一千二百立方米，与平汉路桥下平均流量相近，而含沙流量仅为百分之一点五，相差一半以上。证明黄河上游挟带的泥沙有一半沉淀于平汉路铁桥与泺口之间，有一半注入东海。到黄河海口滩地，平均半径二十五公里，每年扩展半公里，也是泥沙的贡献（据《黄河概况及治本》探讨）。由于沙毁田而泥肥田，沙留于上游，泥浮于下游，所以，汉代大河经过的河南延津，距今二千年，现在仍有没过脚踝的积沙，田地不能耕种（据韩紫石《随轺日记》）；而山东河水所淹没地区成为沃土。沙行于河底，泥浮于水面，所以决口的水多沙，而漫溢的水多泥。因此，都是黄河水，决口与溢流的利害不同；同是决口，上、下游所蒙受的后果也不同。泥沙的性质不同，来量与去量又相差悬殊。这是治河的症结之九。

现在对黄河水流与泥沙虽有粗略的了解，然而要靠这些不充分的资料就拟定根治黄河的大计，仍然是奢望罢了。

---

❶ 此数据有误。所述含沙量与输沙量数据可疑。如每年输沙量九百四十六兆立方米，年平均流量每秒一千二百一十立方米，对应含沙量为2.4%，输沙量为每秒30立方米。

# 第四节 治 法 （上）

对于黄河河患的症结，已经有大概了解。如果进而对症下药，进行根本性地治理，可杜绝水患。无奈资料并不完备，不同时期的著名治黄者，仍然各自根据自己的经验创建学说。他们着眼之处，或在上游，或在中、下游，以下依次列举，也是重要的参考。

先说上游。古人谈治水，必然先治下游，现代人则更注意上游，这是古今治水理念的大变革。《永定河续志》记载，同治十二年知县邹振岳在上游设坝节制水流，报告说："地势西北高而东南低，奔流湍急，势如建瓴。往往下方溃岸，上游已经扬尘。所以黄河难治理，根源在上游的水，来势太猛，并非下游不能容纳，是下游来不及宣泄。若是在上游段段设坝，层层留洞以节制水流，使一日之流分作两日、三日宣泄，两日、三日的水流，分作六日、七日宣泄，来水缓进，堤坝可以不溃决。"永定河水流之暴，泥沙之多，与黄河相同，故有小黄河之称。黄河没有湖泊作存水的回旋余地，仅靠一线河槽，水涨不能容纳，则漫溢溃决；水落又一泄无余，难以为继。永定河的表现最为典型。邹振岳的观点如果用于治理黄河，更为确切。他是发现治水应先治上游的先觉者。黄河为患的症结，既然在于水猛沙多，水与沙的来源又在上游，所以主张治理黄河上游的人提出开避沙之道、恢复沟洫、防止冲刷、建筑水库等多种措施，都是以此来正本清源，节制来量，这里分别论述如下。

**（一）开避沙之道**

主张这种办法的以田桐为代表。他认为："研究各种史书，沙漠有逐渐南移的趋势。晚唐、五代以前，阴山之南，河套地区，绝无沙漠，所以黄河水不挟泥沙。以后沙漠南移，河水开始浑浊，才有黄河之名。所以治沙的根本在于改变河道，远离河套的沙漠。"田桐主张"黄河自宁夏开口，东行出花马池，沿长城内行，经过定边、靖边，平地开河六百里，分为二支。南支接周水，入北洛，至华阴入河。东支接杏子河，入延水，至延长入河。"又说："如此可变浊流为清流，河患就减了一半。然后开辟支渠，引水灌田，中州风尘，将化为江南烟雨。"除田桐外，又有主张于狄道[1]、渭源，凿山移河，沟

---

[1] 即临洮。

通洮河、渭河，远避塞外沙漠。现在看都不可行。黄河流域黄壤分布区域很广，不限于河套地区，避不胜避。而黄河之沙来自河套的本不很多，也不必避。况且开河六百里，谈何容易。狄道高出洮河约四百米，人力完成不了。这一论点没有实行的可能，此处仅作列出，就不必讨论了。

**（二）恢复沟洫**

沟洫制度，起源于周代。清代沈梦兰著有《五省沟洫图说》，对此大力提倡。近代李仪祉、张含英等人均赞成。张含英说："世界上讨论治河的人很多，潘季驯束水攻沙的理论是方法之一，但不如沈梦兰主张恢复沟洫之说切合实际。因为前者可以治理下游的淤垫，而后者可清泥沙之来源。所谓沟洫，据《周礼》'工匠制沟洫（田间水沟或河道），使用翻土的工具（今铁锹形状）宽五寸，如两人并行两次向下翻土，则形成的坑宽、深均加倍，连续后退操作，则形成宽、深各为一尺的沟，称为甽。如在田头位置上使挖土宽度与深度再加倍，则形成宽、深各二尺的小水道，称为遂。九百亩地的面积称为井，一百亩称为夫，使井之间的宽度、深度达到四尺，则形成沟。十里见方的地称为成，成之间的宽、深均为八尺的沟称为洫。百里见方称为同，同之间的宽度和深度均为十六尺的沟称为浍。（寻、仞各为八尺长）（周代的尺等于营造尺的六寸六分）'按沈梦兰《五省沟洫图说》的计算，以面积而言，每亩只占地四十七平方尺，不及千分之八，对农田影响极小。而沟洫之容水量，每亩为一百二十四立方尺，可容纳（即二点五厘米）的降雨量二分的，假定径流为雨量的三分之一，则二十厘米（合六分）的暴雨都不会导致水流入河中，防洪能力不小。若沟洫增加，占地百分之二，则五厘米的雨水可以完全纳入沟洫之中。"张含英又引施氏《近思录》，说："'以堤束水，水无旁分，淤泥亦无旁散。冬春水消，淤留沙垫，河身日高，地势日下，加岸之外，更无别法。筑垣居水，岂能长久。如使淤泥散入沟洫，每亩一年挑三十尺以肥田；则以五省之地，容五省之水，水无弗容；以五省之人，治五省之水，水无弗治。'恢复沟洫，几乎可以解决黄河的洪水与泥沙问题。"然而，井田制早已废除，沟洫制如何能恢复。李仪祉提出变通的办法："分田为若干水沟与田埂，田边做畔，高于水沟和田埂。水沟宽五尺深一尺，田埂宽二至三丈，顶面做成弧形，易于耕耘。水沟中可以植树，并可以栽种庄稼。雨雪水可以储蓄在水沟中。田面土壤，不致冲刷。对农田河道都大有益处。这可以命名为沟田制。"恢复沟洫，理论虽极圆满，但只适宜于黄河上游实行。若中游以下，堤身高于地面。武陟以下，很少有入黄河的支流。即使有沟洫，对黄河的防洪防沙不会有作用。

**（三）防止冲刷**

黄河水与沙来自广大区域，因此防止土壤冲刷为防水防沙的根本措施。《黄河水利月刊》多次刊载万晋的防止土壤冲刷理论，扼要说明如下："防止土壤冲刷的主要原则为控制水的湍急流动，以减少土壤的移动，使大部分雨水雪水渗入地层或附近地面之下，减少径流，增加地下水。办法为：其一，种植丛密草类，用适当方法与农作物打成一片；其二，挖深沟大壑，利用工程设施拦河蓄水；其三，凡是险峻或过于受冲刷的土地，停止耕种农作物，以草木代替。近来各国多设防止土壤冲刷局，专职管理，成效卓著。根据试验结果，草地上层土壤，须经三千九百年之久才能被雨水移走；苜蓿地则须五千五百年，而其径流可减少至百分之三强。其保持土壤效力之大，可见一斑。我国广大土地被侵蚀的情况极为严重，不仅黄河流域存在。此种现象，习以为常，坐视国土剥蚀荒废，同胞因灾荒而流亡，河道变迁，灾患不断。"他的话十分沉痛，这是亟待研究解决的问题。至于森林可以阻止山洪，保护土壤，已为人所共识，不必多说。但是，据专家罗德明的论断，"二十年内，可使淮河流域森林恢复；对于黄河流域，二百年也没有把握。"用造林治河的方法未必能很快见效。

**（四）修建水库**

黄河水利委员会计划在中上游黄河支流山谷中分设水库，停蓄过多的洪水，如果下流河槽只容纳每秒六千五百立方米，其余部分都蓄在上游，渭河至少蓄百分之三十，泾河至少蓄百分之四十五，北洛至少蓄百分之十五，汾河至少蓄百分之十，此外沁河、洛河也蓄一部分。民国二十四年，黄河水利委员会主任工程师安立森《查勘河南孟津至陕州间的拦洪水库地址报告》说："建筑拦洪水库以防洪的方法由来已久。数百年来，欧洲各国多用此法，其作用与有出口的湖或者坝相仿。大水来时可暂储库中，并很快自动流出。这种防洪水库，截至今日，仅适用于流域不超过一万平方公里的较小河流。黄河流域，在平汉路铁桥之上，为七十三万平方公里，其最大流量，可至每秒二万五千立方米。但流域面积大约相等的长江，最大流量可达每秒七万立方米。美国密西西比河最大流量可达每秒八万立方米。黄河最大流量小于两河的三分之一，问题本来不严重。但黄河洪水涨落突兀异常。而最危险的洪水，约

每秒一万立方米，所占时间不足六十小时。黄河全部水量不过十一亿立方米[1]。假设在宽六百米、坡度千分之一的河上建高六十二米的水坝，可以全部容纳存储，而流量可节制到每秒一万立方米。”（又说：“民国二十二年大水，由陶城埠直到海口，流量足有每秒一万立方米，未导致决口。民国二十四年大水，来自河南经河北到山东境内的临濮集，足有每秒一万六千立方米，也未导致决口。如果将临濮集到陶城埠之间两岸堤防再加宽加厚，即可容纳每秒一万五千立方米的流量。现在如果在陶城埠开徒骇河作为引河，让它容纳每秒三千立方米的流量，同时整理陶城埠到海口之间的堤身，让它容纳每秒一万二千立方米的流量，不会有危险。那么拦洪水库所蓄的经过孟津的流量，可达每秒一万三千立方米。加上，孟津以下到平汉路铁桥间的沁河和洛河所增加的每秒二千立方米流量，共为每秒一万五千立方米。但黄河与支流涨落可能不同时，所以流经平汉路铁桥的流量较少超过每秒一万五千立方米。再加上水库上游建节制闸门，这样全河流量总在可能范围以内，不超过每秒一万五千立方米。”可知黄河流量，能节制到每秒一万及一万五千立方米，中下游就无危险。）民国二十四年，黄河水利委员会计划在孟津以上七十五公里的八里胡同建筑水库（孟津以上三十公里的小浪底及一百二十余公里的三门峡两处均有缺点，不如八里胡同适合），认为：“该处石床无落层线，作为库址，极为适合。如建筑长二百五十米、高五十米的水库，可节制库内流量到每秒一万三千立方米。假如库高增至六十米，则可节制库内流量到每秒一万立方米。例如民国二十二年的大水，经拦洪水库储存，流量从每秒二万三千立方米减为每秒一万三千立方米，水库的存水为七亿立方米。工料费约需三千万元，虽然数目巨大，但是考虑到对下游水流的节制，堤岸获得安全，以及田亩村落得到保障，这个花费非常值得。”（安立森的报告又说：“拦洪水库与滚水坝不同之处在于，拦洪水库的坝下设置为一些空洞，不设立闸门。因为黄河情况特殊，建造设计的空洞越大越好。”）至于黄河的支流，汾河、渭河为大。渭河的支流为泾河，据李仪祉的《陕西泾惠渠工程报告》，“泾河上游，分为两股。西股名为泾，北股名为环。泾清环浊，环河流域黄土层的厚度为西北之冠。该处屡次经历地震，高原的土层崩裂，泥土壅塞山谷中的河道。夏季水涨，泥土随水流冲下，而泾河最大的洪水量，由计算推测可达每秒一

---

[1] 此数据有误，应为 21.6 亿立方米，约为计算水库容量值的一倍。

万五千至一万六千立方米。黄河洪水与泥沙的问题，多是由此造成。”黄河水利委员会派员于郃县上游勘察水库地址，认为石桥头为最佳。该处河床狭窄，石质坚硬，如果建筑高百米的大坝，可蓄水七亿立方米。则其效果与黄河干流的八里胡同水库相当。此等工程，如果付诸实施，似乎黄河洪水与泥沙问题，将全部解决。

## 第五节　治　法　（中）

黄河中下游，自孟津出山，到利津海口，长七百余公里，两岸均有堤防。被保护面积三十余万平方公里，人口八千多万。历代名贤殚精竭虑的不外乎是如何固堤与分水。前几章已大致概述，不同时期的专家所筹划的大体也不会超过这个范围。在这里选择要点阐述一下。

**（一）以河南省的黄河为蓄水库**

张含英主张此论点，他说：“陕县以上，既然没有蓄水设施，不能拦束洪水暴涨，只有依赖下游广阔的河身，产生制约洪水的作用。平汉路铁桥以下，到河北省高村间，长约一百七十公里，以堤距平均二十公里计算，其间面积为三千四百平方公里，即三十四亿立方米。若能平均增高一米，则容积相当可观（可增加三十四亿立方米）。”还提出：“在陕县，假定此处以下河槽，不让它超过每秒八千立方米的流量，以民国二十三年来说，其上游必须有一个一亿八千五百万立方米[1]蓄水能力的水库才行（民国二十三年八月十日左右，陕县流量在每秒八千立方米时，陕县以上总流量为此值）。又以民国二十二年大水来说，其上游必须有一个十七亿一千九百万立方米蓄水能力的水库才行（民国二十二年八月八日至十二日，陕县流量在每秒八千立方米时，陕县以上总流量为此值）。所以如能将沿河堤身加高，有规律地增加，也可以起到拦洪的作用，费用可能比在上游建水库要节省。然而，两岸的河滩，经过一次漫流，必然淤高一次，而堤顶也必然随之而增加，仍然不是根本的解决办法。”实际上，河南省河身宽阔，无形之中已成黄河的蓄水池和澄清池。每年停留于陕县至山东省泺口之间的泥沙，多达二亿九千四百万余吨。张含英的观点，与其说是把它列为治黄的办法，倒不如说讲出了黄河的问题所在。



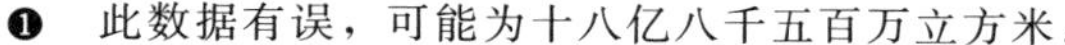

[1] 此数据有误，可能为十八亿八千五百万立方米。

### （二）一岸筑堤束水攻沙

主张这一观点的是山东河务局，并发表了《冀鲁豫三省黄河根本修治办法》。大致观点为："由河南孟津附近起，到山东防守下界止，共长约一千二百里。就现有堤防只用一边河堤，另一边另筑新堤，务必使两堤间的河槽足够容纳最大水量。原有防护工程如果是用砖石修筑的均设法留用，如果是秸秆材料修的则改用石块堆砌平整，做到一劳永逸。到河口一段，长九十余里，为全河的尾闾、宣泄的关键。过去没有堤防，任水散漫。加以潮汐顶托，淤垫日益严重。每逢大汛，宣泄不畅，影响上游流水，绝不是小问题，亟须依照上述办法，修堤束水，并堵塞支河，逼迫水流冲刷泥沙，使河口的泥沙全部入海，则全河通畅。各项工程需款七千六百六十二万余元，二十年修筑完毕，年需三百八十三万一千余元。三省河滩荒地四万顷，修治后可以及时耕种，除了土质不良及种柳枝以备修堤的一万顷外，其余每年每亩收河工地租一元，可收三百万元。三省河工每年维护经费一百三十二万元，除去开支外，尚有盈余。"束水攻沙理论，由来已久，最近常常有人质疑（《黄河概况及治本探讨》一文说：民国二十二年大洪水时，平汉路铁桥上游河床的冲刷严重，只有开封附近反而有多处淤淀。兰封以下，淤淀更多。黄河水利委员会水文观测足以证明龙门、潼关河床渐淤、有恢复洪水前状况的倾向。当时龙门以下河床宽度仅六百米，两岸陡峭尚且如此，可知流量、含沙量与河床的坡度均与河床的高度存在一定相关性，不仅仅是河宽而已，仅仅筑高堤身，是否就能长期保证大河输沙入海，维持河防于不败，是存疑的）。而且新筑的堤，遇到涨水，水位触及堤身，或升得更高的时候，基础是否稳固？完工需要二十年之久，那么在未完工前，旧河如何处理？新堤在建工段如何防守？均是不易解决的问题。所以这个说法还未成定论。

### （三）陈桥改河

与前说相似而较为切实的，有宋澎的陈桥改河说，他说："降低黄河洪水的最佳方案是决陈桥大堤，引河水东北行，经过封丘灾区，沿着民国二十三年黄河分流的故道，沿金堤下达陶城埠，复归于黄河。如此，则陈桥上游的河槽，必然因为下游改道而刷深，洪水水位会骤降一丈五尺以上，再没有出槽漫滩的危险（陈桥现在的河床高度为七十三米，而堤外地面高度为六十七点五米，即使改道后，平地不冲刷成槽，河床高度也降低至五米以上）。陈桥至陶城埠之间，水行低地，南岸为已经淤高的故道，北岸则有金堤，地势也比较高。这一方案如果施行，不仅此后陶城埠以西千里间南岸所有险工都离开河岸，不必修守，而且河防经费人力，专门集中于北岸，三十年内，河南、安徽、江苏三省以及河北、山东的一部分，可以免除决口的忧患。”与李仪祉也有提议类似主张，虽然是直截了当，但考虑社会民情，还是难以很快付诸实施。

**（四）杜截串沟**

黄河入河南、河北两省境内之后，两侧堤坝相距甚远，河水在两堤之间奔腾，本来无一定的轨道可循。所以洪水的趋向，早晚情况不同。当河水出槽外流时，泥土被水冲化，形成串沟。串沟的水直冲堤身，随后发生溃决。所以从前每到春季修河季节，必须将串沟一个个堵塞，以免伏天和秋天引出洪峰，成为大患。而近几年，仅考虑守堤，置串沟于不顾，河北、山东相交处，常发生决口，是有原因的。河北省情况尤为特殊。张含英对于堵截串沟是这样说的：“河南省兰封以下，直到山东菏泽，大堤间的黄河分为三股，如川字形状：一为大河本身，蜿蜒于两堤之中，是主河道：一为顺南堤的串沟，从阎潭延伸到霍寨入正河，长三十余公里，以下又有串沟，忽断忽续，一直到刘庄；另一为顺北堤的串沟，上起大车集，下到老大坝，长六十公里，宛如泄水副道。主河道与这条沿北堤的串沟之间，又有横列串沟相通，形如树叶上的脉络。其中大的比如北岸起自河南省封丘贯台的串沟，注于与河北省交界的大车集，往下依次为：双王、东沙窝、吴寨、大张寨、郑寨、五间屋等处，都有串沟，直冲北大堤的东了墙、九股路、香里张、孟岗、石头庄、小苏庄等。也有从南岸起自兰通集注入阎潭的串沟，这是主要的一条。再往下，又有直冲南大堤的小李庄、韩庄、樊庄、大庞庄、小庞庄等地。每遇洪水，主河道不能容纳，则由横串沟分泄而下，直注大堤，势如建瓴。凡受到正面直冲之处，总形成险情，往往成灾。民国二十二年及二十三年的连续决口，都是因为这个原因。”所述意见，深刻明了，值得警惕。主张两堤虽然不临河，应有护岸工作，以免汛期发生险情。而串沟施以堵截，尤为刻不容缓。至于堵截串沟的方法，张含英主张密植芦苇以护堤根，修筑土坝或透水柳坝以缓溜落淤。根本办法，仍应当根据两岸地势，对筑长五百米或一千米的土坝（或称为翼堤），则河水不冲击大堤，串沟不至于堵而又生。这是河防制度性的工程，无疑应当被采用（参见第四十图 豫冀鲁三省接界黄河详图）。

**（五）冀鲁交界开渠排水**

李仪祉提出这一主张，说：“封丘、长垣、滑县、东明、濮阳、濮县、范县、寿张、东阿九县，为古魏郡、东郡地区。濮、滑、澶水所流经地，汉朝以前未见水患。当今各条河流湮废，五千平方公里的土地上没有一条水道；即使没有河患，也难免水灾，况且河水泛滥没有停止（据张含英考证，长垣、东明、濮阳、菏泽、濮县一带，旧河的遗迹极多。例如濮河从封丘流经长垣县北，又向东流经东明县南，又向东流经濮阳县东南，进入濮县境内，是其一。灉河从东明县南，折向东北，入菏泽境内，是其二。漆河在东明县北门外，向东合濮水，是其三。过去的浮水，一种说法就是澶水，在观城县南，从濮阳流入，是其四。古济水北支流，在东明、长垣二县南，流入菏泽。南支流自仪封流入曹县、定陶，是其五。瓠子故渎，自濮阳县南流入濮县南，是其六。魏水自濮阳县流入濮县南，是其七。洪河自东明县流入濮县南，是其八。小流河自菏泽流入濮县东南，是其九。赵王河自考城流经东明，入菏泽，是其十。这类河道，或塞或通，或湮或存，一遇大水，必然在装满容量之后分流下泄。而河槽越乱，串沟横流的态势越容易形成）。如今要减轻水患，唯一办法是顺着几个县的低凹地势，开一条深而广的排水道，由长垣之东，经过濮阳之南，沿金堤出陶城埠到达黄河。排水道的容量，达到能容每秒五百立方米为准，使平常的雨水不致聚积；万一黄河北岸决口，则泛滥的时间可以缩至最短。洪峰一过，则水可归槽，不危害农田。具体方案为：长垣以北至塚头，长约五十公里，开渠出土，移填西岸低地，培厚大堤。塚头向北到金堤，留一缺口无堤，用途有两个：一是用以泄长垣西境及滑县全境平时的雨水；二是用以使塚头西北，金堤以南，人烟稀少的低凹区，化盐碱为良田。排水道的东岸及濮阳以下，到范县南岸，可以不筑堤，而采用护岸方法，固定河槽，使滩地不多的地区，逐渐淤高。关于开工的程序，最好自范县以下至陶城埠开始。范县以下已经通水，排泄方便。濮阳、范县之间，稍加整治，即可排水。然后再在濮阳以上部分施工。封丘东部之水，本可以凿太行堤，同归于排水渠道而下。但为了避免长垣人的疑虑，可以在太行堤上留一涵洞，由长垣人控制开关，控制水流，估计需经费一千二百七十万元。以每次泛滥淹没二百五十万亩，每亩田损失十元计算，则每次损失二千五百万元。加上政府赈济，损失应当在二千八百万元。开渠的工程款还不到其一半，而且长期有利。”这一意见，防灾兴利，双方兼顾，有可行性，无弊端，真是好策略。

**（六）徒骇河分水**

主张此说者为安立森。简述方案为："黄河洪水流量的处理，在于挑挖分水河与建筑滚水坝。徒骇河也是黄河故道，由陶城埠附近分出，沿黄河北岸，平行入海。四女寺河的高岸在徒骇河之北，黄河正流在徒骇河之南。如黄河意外决口，只会局部被淹，损失很小。欲使陶城埠以下正河容纳每秒一万六千立方米的流量，则要求徒骇河能容纳每秒四千立方米的流量。陶城埠以下，河身渐狭，巨量洪水到此一分为二，两河都尽量容纳流量，含沙不致淤淀过多。水流不足时则关闭徒骇河水门，使水量尽入正河，借以刷深河床，以免因分水而流速降低，加剧河身的淤淀。假设正河下游发生险情，则两河俱开，以减少决口流量，堵口工程也容易进行。要使徒骇河可容纳每秒四千立方米的流量，第一段的十五公里，必须凿深加宽，最好其下也凿深，使水流通畅。入口处建闸耗费约百万元，挖河耗费约数百万元至千万元。准确的数目，必须在测量完毕后才能予以估计。"自北宋以来，治河的人都说河不两行，几乎成为定论。最近也有不少人主张徒骇分河。安立森主张分河，并于入口处建筑分水设施，防止产生的负面作用，还说："分水应当与上游拦洪水库相辅而行，则水大时水流澄清（有洪水时，因库内沉淀，库出水澄清，足以冲刷下游河床及河岸），水小时关闭闸门，则徒骇河无淤塞之患。"分水能防止灾害，比前人的想法更胜一筹。

**（七）建筑滚水坝**

这是安立森的又一主张，大概是："于山东临濮集下，金堤、官堤之间，建坝于民堰之上。洪水时由滚水坝外引水量约二亿五千万立方米，使水平漫于一千六百万平方公里的面积之中，计算水深，约为一公寸半或半市尺。近堤与低洼处，水深可达二三米，一星期后又回归到正河。距堤三四公里的村落不受影响，即使附近的村落，如房基为砖制的，也不至于倒塌。仅损失一次秋收，第二年夏秋，仍然有收成。这一类灾害每五年才发生一次，比较因为决口全被淹没、因堵口失败而多年不得收获的情况，得与失有天壤之别。此外，由滚水坝引出的水，多含细沙，还有益于农田，而费用比引河节省。"用滚水坝减水，明潘季驯和清靳辅都曾权衡利害，属不得已而行之，并不是仅有利而无害。当事的村民每每听到要开坝，总是不免大受惊吓。如果实施，应妥善处理，才不会发生意外。

### （八）固定河床

李仪祉谈到黄河小康之策，一在降低洪水，一在固定河床。降低洪水，前文已多论述。固定河床，在于控制洪水流向，不使水流如野马无缰，即过去讲的束水归槽之意。李仪祉曾说："河流就像具有弹性的长钢索，振动一处，则波动传到整体。如果在钢条中选择几点固定，则波动受固定点钳制，而转移到两点之间，波动的距离因而变短，幅度变小。所以如选择三省中几处黄河险工段，先进行改正，再加以固定（此关键点称为'固定点'或'结点'），则河流容易就范。"又说："固定河床最难的是决定两岸的宽度，应当如何确定？这一点可以先从修改或去除有险情的堤着手。减少一个危险工段，就减少一个工段每年守护与修理费用，并且不会发生新险情。如整条河的工段都不发生险情，那么全河的防守修堤的费用将大大节省。改除险工段的方法包括改缓兜湾和裁弯取直。若全力以赴，即可在二三年中，显现出治理的效果。"此外，他还在《黄河概况及治本探讨》一文中讲到固定河床的方法，主张设施固滩工程。他说："此项工程非常简单。只在滩地打木桩，单行或者双行，与河流方向成七八十度角，向上挑起。单行桩上编柳枝篱笆，双行桩间添柳枝用石块镇压，以铅丝牵锁。坝超出堤面不必太高，以半米至一米为宜。这种坝工，上下相距每五百米至一千米一个。固定滩坝设施后，滩地长高，河槽刷深，则继续设施，以达到预定计划为止。坝的两旁及坝间滩面，多种树木，以增加效力。此外，在河槽被冲刷达到目的以后，再加护岸工程，则河床可以永久固定。保滩之法，前人也有主张。吴大澂曾在荥泽汛立一石碑，上刻警句'老滩土坚，遇溜而日塌。塌之不已，堤以渐圮。我今筑坝，保此老滩。滩不去，则堤不单。守堤不如守滩'"李仪祉博洽古今，对守滩之说，推崇备至；黄河下游治导的真谛，思过半矣。

## 第六节　治　法　（下）

黄河海口，自来认为是河患症结所在，应加强治理；而现代有人认为不必治理，或者认为可以缓办。潘季驯、靳辅都主张在海口筑堤，以水治水，不必再讨论。清光绪二十五年，山东巡抚毓贤论疏通尾闾，说："考察尾闾的危害，以铁板沙最为严重。全河挟沙带泥，到此处没有约束，散漫无力。流水不畅则出路堵塞，横向流动多，所以，没有十年不发生灾害的河。考虑建长堤，直到淤积的河滩，防护海风与大潮。虽然不能使河水直接入海，能多向前走一步就多一步收益。”宣统三年，山东巡抚孙宝琦说：“下游到出海口还有几十里无堤坝。南部高则向北迁徙，北边淤积则向南迁，数十年入海区域已经变动多次。长此以往不进行治理，尾闾淤垫日益升高，必然导致上游横决，发生灾患无法设想。我随李鸿章来山东勘察黄河时，比利时工程师卢法耳建议筑堤，深入海洋深处，为最重要的办法，最后因为耗资巨大而未成。如由主治者统筹经费，分年筑堤，用束水方法攻沙。再买挖泥船，往来疏浚，尾闾可望深通，全局均受益。”张含英的主张更为激进，他说：“利津宁海村以下百余里并无堤防。自咸丰五年，大河在铜瓦厢决口，改由如今的入海口以来，已有八十年之久，淤出滩地，每二年半约增加一公里。按照三角洲宽约六十五公里计算，合计有约四百万亩。土壤肥沃，出产多为大豆、小麦及花生。每年种植一次，同时收获果实与草木。整理得法，可以充裕国库、谋生产、筹资金、备专款，进行上游的治理。”以上都是认为海口应当治理的主张。

主张海口可以不治理或缓治理并提出有力证据的是黄河水利委员会，其于民国二十三年派员详细勘查海口，据勘查报告指出：“黄河大堤，止于利津宁海庄，宁海以下，多为民堰，不及上游大堤高。北岸民堰，至双滩以下，即告终止。上离宁海十五公里。南岸民堰的长度应当与北岸相差不多。双滩一带民堰是民国二十二年新修的，但已被洪水损害多处。堰身高出平地一米半至二米，顶宽五米，土质疏松，且少防护，河岸高出水面约为一米。距离此地十五公里以下，岸高只余半米。渐近河口，河岸更低。在河口二三公里以内，遇潮水高时，总会漫没岸地，潮退后则水复归河槽。河口太平湾的水色不很浑浊，河口南十五公里处水变清（与此相比，长江的泥沙，出口百公里尚能见到）。如果以洲滩为中心，则泥沙的沉淀半径可定为十五公里。仅当风浪大作时，泥沙被滨海潮流带到远处时不在此例。又夏季洪水暴发，其半径增大，可至二十五公里。利津以下，洪水比降渐陡。由宁海至河口，其平均比降约为六千五百分之一（泺口至利津约为一万分之一）。其中最下的三十公里，比降更大。距河口二十公里处，比降为五千七百分之一。这是世界河流中的特殊情况，因为一般河流的比降，越靠近海口则越平缓，而黄河流到接近海口处河床反而变得陡峻。河水流到此处，便如同入海。虽然感觉较浅，然而宽度不受局限，怎么会有不通畅呢？至于小庞庄、石头庄等处的决口，

决不能归咎于尾闾的不畅。因为在此处决口时，洪水之前波尚未达到济南，更不用说海口了。就现状而言，若河口进展至更远，比降缩小到影响上游水流，为时至少还要三百年。所以方修斯（O. Franzius）认为海口工程与治河的规划没有多大关系。安立森也持这种意见。海口工程，不需要多投入。”（《黄河概况及治本探讨》认为：“山东人拟在利津以下接筑两岸河堤。此堤如果筑到海潮不到的位置，只需能容纳自上而下的洪水，这是没有问题的。若再延伸到海潮境内，则堤的距离、方式都要研究，不可轻率从事。黄河水利委员会认为利津以下，不必筑堤，而在两岸多种植柽树和柳树，或其他土壤适宜植物，使两岸逐年淤高，也许比筑堤更坚实。”）如果采用以上意见，则海口可以不进行治理（安立森认为：“黄河海口三角洲，每十年可延长二公里半，弧线达一百公里长。设出海点定于一处，则该处延长迅速，每年可达一公里。大河既归于一槽，两岸保护工程也需要迅速完成。不仅实际上不可能，经济上也不允许，而且河身越延长，坡度越平坦，将使上游河槽更难治理，还不如维持现状，让三角洲自由淤垫，将来徒骇河工程完成，淤垫情形更当良好。为了便利垦殖计，不如从盐窝起，建造大堤，至距离海岸三十公里止。用它来约束水流，可垦之地，约有四百万亩。”）

# 第十一章

# 结　论

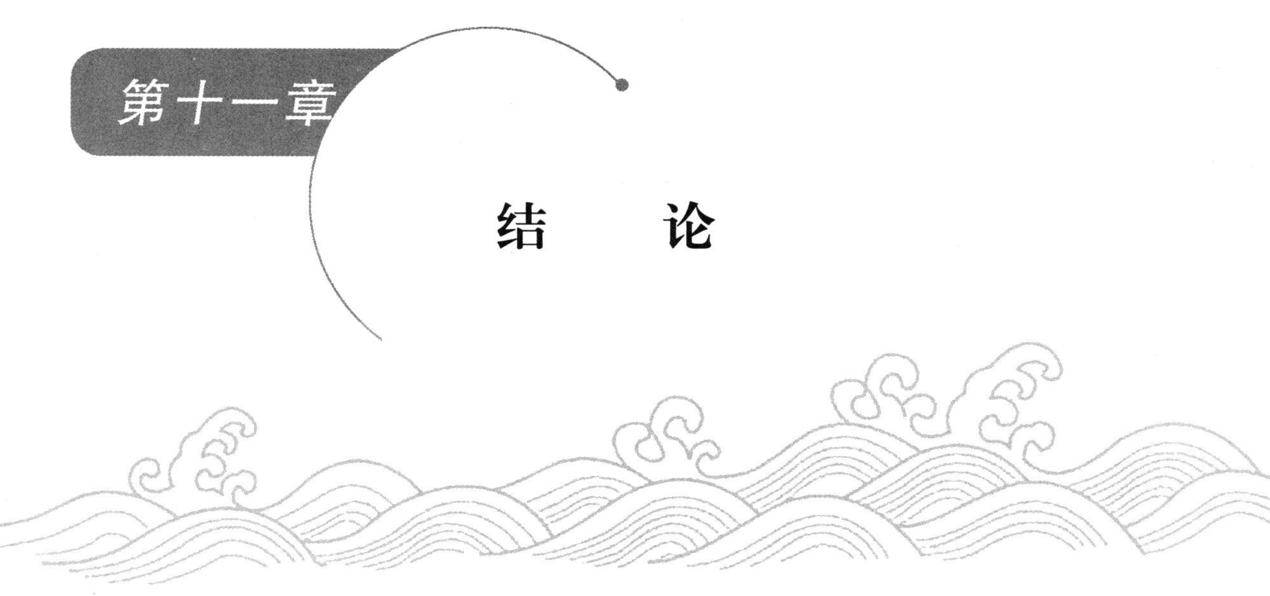

黄河水患有四千多年了，自大禹治水以来，圣哲辈出，他们或是劳作在河岸上，冒着风雨，手足上起了老茧；或是在斗室里苦思冥想，努力研究探讨问题。但是治与乱有一定的重复性。贾让、王景，分水杀势；潘季驯、靳辅，束水攻沙；虽各持之有故，言之成理，然而河流没有百年不变的形态，没有一成不变的治理方法。外国学者参加研究，做黄河治理疏导试验：恩格斯主张固定中水位的河槽，方修斯主张用窄堤，费礼门（J. R. Freeman）主张用丁坝。我国学者认为疑点尚多，不便直接付诸实施。黄河根本治导是太难了，然而仔细研究则可由糊涂到能谋划，付诸实践则可由粗放到精细。治河方略，从不与河争地，到筑堤束水；从防护中下游，到大力治理海口，又进而经营上游……这都是先民积累多年的经验尝试而得到的结果。今日黄河的防灾问题，简略地讲，治本在上游，治标在下游，至于海口的治导，放在最后。而上游的根本治导，目前因为技术、经费、人事等问题，尚未能直接付诸实施。则今日的治黄，仍不外乎维持现状，从事于中下游的治标而已。

对于黄河中下游的现状，黄河水利委员会在民国二十三年派许心安、安立森等进行勘查，写出了详细的报告。虽然现在形势略有不同，但是大体没变，足够作为维持现状的有力参考。附录在后，也是黄河水利委员会一面维持河防、一面进行有效治理之意。

黄河的根本治理，虽然非常艰难，目前不能直接付诸实施，然而终究是中国人不可逃避的责任和事业。对于黄河问题的利害症结，不可不做预先了解和精细研究，并且需要屡次筹划。希望民众都能对此广泛知晓，人人心中怀抱此信念，有此决心，那么治河伟业，终有实现的一天。黄河的上下与古今，历史与现状，本书已作概况介绍，还是担心杂而不纯，繁而少要，于是再附录李仪祉的《黄河根本治法之商榷》一文，放在本章末尾，借以作为全书的结尾。李仪祉此文写于民国十一年，虽然其后相关理论有所发展，然而大体上没有改变。

黄河如果能得到根本治理，过去决口、迁徙、堵口循环往复的惨痛历史将永不重演。河水由人控制，一劳永逸，航运灌溉，造福人类，中州风尘化为江南烟雨，岂不美好而祥和？

附录：黄河水利委员会勘查下游三省黄河报告（见原文）。

附录：李仪祉《黄河根本治法之商榷》（见原文）。

# 勘误表

| 页 | 行（列） | 误 | 正 |
|---|---|---|---|
| 目录七 | 6 | 附徐州近闸坝图 | 附徐州附近闸坝图 |
| 五 | 12 | 遣 | 遗 |
| 二十五 | 4 | 流，即北 | 即北流 |
| 八十 | 15 | 探 | 采 |
| 一一〇 | 10 | 100 | 1000 |
| 一一一 | 7 | 絃（共四字） | 弦 |
| 一一五 | 16 | 灑（共二字） | 漉 |

以上为古文版原附表；以下为新发现的错误，出现在地图中同样的字，则不另指出。其中有不确定的字，加（注）号，在译文每章之末解释。

| 页 | 行（列） | 误 | 正 |
|---|---|---|---|
| 目录二 | 9 | 物 | 初 |
| 二 | 4行 | 1677 | 1676 |
| 三 | 7 | 中河 | 中运河 |
| 六 | 倒2 | 夏书 | 史记·河渠书 |
| 七 | 8 | 夏书 | 史记·河渠书 |
| 十一 | 倒1 | 木 | 水 |
| 十八 | 3 | 口门 | 口水门 |
| 二八 | 5 | 余吕 | 徐吕 |
| 二八 | 6 | 嘉庆 | 嘉靖 |
| 二九 | 倒4 | 黑阳山 | 黑洋山 |
| 三九 | 11 | 入微湖 | 入微山湖 |
| 四一 | 11 | 障微湖 | 障微山湖 |
| 四七 | 倒6 | 光绪三十年 | 光绪十三年 |
| 五〇 | 2行 | 構 | 溝 |
| 六四 | 倒5 | 此下 | 此 |
| 七三 | 1 | 代 | 伐 |
| 七六 | 倒3 | 每方 | 每秒 |
| 七七 | 4 | 除 | 余 |
| 七七 | 8 | 三千零四十方公里 | 三千四百平方公里 |
| 七七 | 9 | 二十万四千万平方公尺 | 三十四万万平方公尺 |
| 七七 | 10 | 二十万四千万立方公尺 | 三十四万万立方公尺 |
| 七八 | 倒1 | 在在 | 存在 |
| 八一 | 5 | 流人 | 流入 |
| 八三 | 8行 | 二公寸半 | 一公寸半 |

# 后　记

本书原著者吴钊（1897—1973），字君勉，幼年丧父，家道中落，依靠母亲含辛茹苦，抚养成人。青少年时期就读于淮安县学和江苏第六师范，受教于江苏名人李更生、武同举，吴君勉不仅在古文字学上有修养，而且博览水利史相关的浩瀚典籍，为后来水利史的写作打下了深厚的基础。青年时代的吴君勉执教于淮安地区的小学、中学，曾任校长，深受学生欢迎。他的学生中最著名的有摄影家吴印咸。

苏北地区水灾频发，治水事业成为重要的民生课题。二十世纪三十年代，吴君勉投身治水工程，是前江苏省省长韩紫石的秘书。抗战爆发后，苏北沦陷，他继续跟随韩紫石在黄灾救济委员会工作。他还是水利处水利文献编纂委员会成员，受武同举的推荐，参加由郑肇经主持的《中国水利史》的编撰，该书于1939年由上海商务印书馆出版，并受到英国汉学家李约瑟的高度评价。1941年，抗日战争中期，武同举从上海迁家南京，邀请正在苏北避难的吴君勉继续参加《再续行水金鉴》的出版工作。如果他仍然留在苏北当一名教师，也能维持生计，可以规避风险。这一行动违背了先夫人崔羽君的遗言，先夫人是在苏北东台因躲避日机轰炸受惊吓而突然离世的。

南京之行满足了年已七十的武同举急于出书的愿望，而对于吴君勉则招致日后家破人亡的巨大创伤。在此期间，生活极度困难，以盐当菜，霉米充饥，家人生病，皮肤溃烂……吴君勉仍伏案工作，生活在字里行间。先后出版了《再续行水金鉴》的一部分："江水编""淮水编""河水编"，而"运河水编""永定河水编"已成定稿，因经费问题未能付印。吴君勉总结了治淮的经历，写出《里下河束堤归海论集》。受武同举的安排写出《古今治河图说》。

抗战胜利后，吴君勉在"扬子江堵口复堤工程总处"当科长。1945年重庆水利部大员来接收，吴君勉认为他们对文献类资产不感兴趣，可能发生丢失，并未交出《再续行水金鉴》书稿。不久，郑肇经从重庆回南京，吴君勉才交出书稿[10,11]，从此《再续行水金鉴》书稿又安全回归文献室。以后，吴君勉回到南京水利实验处文献室当编纂。中华人民共和国成立前夕，这个亚洲最大的水工试验中心成为国民党溃败军队的兵营，1949 年 4 月 23 日南京解放，吴君勉高兴地欢迎解放军进驻。当时的主管郑肇经、赵世暹在上海。在此混乱时期，又是吴君勉保护了文献书稿，还以武氏三兄弟之名将武同举临终托付他个人保存的私纂 100 万字的《江苏水利全书》捐送国家[8]；收到时任南京市军管会水利部部长刘宠光复函致谢，并由水利处处长黄文熙实施整理出版。经过吴君勉一年多的校编，对古代帝王年号及标点符号加标注，百万字巨著在 1950 年 12 月终于面市。中华人民共和国成立之初，吴君勉曾提出编写《近代中国水利史》《淮河近代水利史》《长江下游水利史》，因为种种原因终未成行。1956 年，文献室迁到北京，属水利部水利科学研究院水利史研究室。1958 年“反右派斗争”末期，吴君勉被打成右派并开除公职。去职回南京的吴君勉仍不忘对水利史研究的兴趣，曾协助江苏农学院万国鼎编写《中国农田水利史》，据他自己说已近完成。不久，“文化大革命”爆发，快有结果的史学研究又戛然而止。

1979 年，水利部发文申明“吴钊（吴君勉）属错划右派”，并通过单位人事部门告诉他的儿女。此时，他已经去世六年，再没有机会为自己申辩。吴君勉生前一直写信给他的儿女，要他们申诉，认为是受到同行的打压而受到冤屈，并且与《古今治河图书》及《再续行水金鉴》的写作、出版有关。

吴君勉的《古今治河图说》很大程度上引用了胡渭的观点，以黄河六次大改道为基线，以讲故事的方式，从上古讲到 1938 年（其实这一年人为的河南省赵口、花园口决口称得上第七次大改道，决口处宽度达二三百米，河南、安徽、江苏死亡人数达八十九万人，受灾人数达一千二百多万，1947 年，决口合龙后灾区人口剩下不到四成。对于 1938 年的黄河决口，吴君勉作为水利史学者痛心疾首，特意为小女儿取名为“豫”以为纪念）。这本书的特点是把厚厚的史学巨著变薄，实现了“厚今薄古”。大量的引用资料，多有出处，使初学者可进一步查找，不是空谈议论，还引用近代接受西方教育的专家如李仪祉的长篇文章作为附录。内容上，不仅讲河流迁徙的地理故事，还注意实用技术，有用埽之类的原始方法，也有近代技术。介绍了民国时代的黄河和根治黄河国内外的若干观点。引出四十幅图，用地图描述重要时段文字的内容，这些图或属于首创，或引自未发表的文稿。

在二十世纪末仍屡有作者引用此书，而且发现有对古文的错误理解；在

1969年，台湾出现影印本出版发行。以上种种敦促编译者在大陆首次正式出版古、今合璧本。

本书原构思与写作时间应在1940年之前，已过去八十多年，沧海桑田，人事变迁，历史已翻过这一页。现将1855年后的现代黄河作简要描述，加入若干新的数据，或许有助于承上启下，谋划未来，起抛砖引玉的作用。

46亿年前地球形成后产生固体化的地壳、水和大气。原始大气的组成以火山喷出物二氧化碳为主，其中的水凝结形成海洋，在光合作用下，藻类等原始生物吸收大量二氧化碳，放出氧气，逐渐改变大气成分，变成以氧气、氮气为主。水的流动形成河流，河流的形成、运行与河床的不断变化是地壳运动的结果，与地质条件、大气运动、降水、冰川活动有很大关系。河流又常常是人类活动所需要的水源，历史上的"治河"就是人类用自身的力量干预河的走向，人类对自然干预的能量越来越大，甚至影响到全球气候，从而也影响降雨与冰川活动，形成一种反馈作用，是人类应当高度警惕和预防的。

黄河源头是一个区域（见参考文献［16］），在雅拉达泽山（主峰海拔5202米）之东流出的约古宗列曲过玛多（N35.0 E96.3），入星宿海、扎陵湖（海拔4287米）、鄂陵湖（海拔4285米），夹在北面布青山与南面巴颜喀拉山（主峰海拔5267米）之间，以后到达黄河第一县玛多（N34.8 E98.2）开始上游行程。源头区域与上游龙羊峡（N36.0 E101.1）、贵德（N36.0 E101.4）之间的地质时代属中生代三叠纪（1.9亿～2.25亿年前），为坚硬岩石，河床稳定，水质清澈。以后，流向东偏南行，到青、川、甘交界处，转约180度，过玛曲（卓格尼玛，N33.9 E102.0）向西偏北行，过松潘草地北缘，又入青海，再转约180度，过龙羊峡后接近向东行，过松巴峡，从积石峡（N35.8 E102.6）、积石出青海入甘肃，过刘家峡、桑园峡、红山峡、黑石峡等高山、峡谷、陡坡地区入腾格里沙漠南缘，进入海拔1000多米地区。刘家峡以下的兰州，河水流动平缓，水质比较清澈。兰州以上黄河的比降（水面坡度）达到约1∶537，兰州以下到包头比降突降到1∶2140，包头以下到孟津水流变急，比降为大于1∶1520，孟津以下的平原区比降更降到1∶6375（见参考文献［17］）。

黄河过兰州，越过源头属中生代三叠纪时代并渐显第四纪的黄土层，所以河水略显黄色。进入宁夏后，其东西两侧为巨大的沙漠与沙地，属于第四纪时代，距今200万～300万年，正是沙与黄土发育与传播的源头。过沙坡头（N37.4 E104.9），河道变宽后水流变缓，中卫以后，河水渐偏北行，过青铜峡（N37.8 E105.9）后成南北向走势。银川市是这一区域的中心，其西部为贺兰山（主峰海拔3556米）和广阔的腾格里沙漠，东部为鄂尔多斯高原和毛乌素沙地，从秦汉起建立了网状的人工灌渠，从中卫到石咀山（N39.2 E106.7）连绵200多公里成为著名的农业生产基地。黄河到石咀山河道变狭，入内蒙古境内，经乌海（N39.7 E106.8）西为乌兰布和沙漠，经临河（N40.7 E107.4）转入近东西向的河套区，一直到托克托、河口（N40.2 E111.2）。如前所述，黄河河源区有较长距离是行走在距今约2亿年前的中生代三叠纪时代，以后穿过一段不长的更古老的古生代寒武纪（约5亿年前）地区过兰州后已交替走在新生代第四纪距今200万～300万年黄土覆盖地区。托克托以下，河床渐偏南，最后成南北向行，在时代上变为如同源头地区一样的中生代三叠纪，有坚硬的岩石层，河道较为稳定，河水比降变大，水流更急，有壶口瀑布壮丽景观，禹门口宽度仅100多米，龙门口门仅60米。这个南北条状的地层东西均为厚的黄土层，黄河开始接收从几十米到几百米厚的黄土层上流出的河水。

河床东有管涔山、芦芽山、中条山、火焰山、中条山，主峰多在2000米以上，离龙门口很近的龙门山海拔1122米。这一线的时代属含煤的二叠纪（2.2亿～2.8亿年前），也有更古老的寒武纪（约5亿年前）。汾河从太原以北经过广大的黄土层从龙门南入黄河；山西南部的临汾与运城河谷平原是中华民族祖先活动的地方，与陕西中部渭河口连成一片，成为大禹治水的起点。

托克托以下，黄河以西为大片的厚黄土高原，没有大的山脉，仅南部韩城以西有黄龙山，主峰海拔1196米，对岸就是龙门山。黄土遇水容易被切割，形成条条沟壑，汇合成为小河流，河长一般为约100公里或更短，又接纳更短的支流，形成鱼刺状，有些河口附近已切深到中生代二叠纪的岩石层。陕西侧主要支流有窟野河、秃尾河、无定河、清涧河、延河。较长的渭河在华山北侧接纳洛河，又在临潼接纳泾河，会合后在潼关附近入黄河。

龙门以下，汾河入口处，黄河河床进入黄土层区，流水渐缓，形成一个小平原区，河岸又多有变动，受秦岭、华山的阻挡，在潼关与风陵渡附近急转向东流，在北岸中条山，南岸秦岭东端和崤山夹峙的山区流过，经陕县（N34.7 E111.1），三门峡以后河道狭窄，过孟津（N34.8 E112.4）后，河床离开中条山与南部崤山的约束，进入宽广的平原区，河道变宽，开始了决溢多发，经常游走的中原地区。

为了生存，两岸人民筑了堤坝约束河水，北岸大堤始于孟县（N34.8 E112.7），南岸大堤始于桃花峪（N34.9 E113.5）、郑州，东西向行，过开封，到铜瓦厢（N34.8 E114.8），近代大河改道走中线的转折点，以后转向东北方向。黄河流到山东东阿镇（N36.1 E116.2），受河东古老泰山群（主峰1524米）的阻挡，河床变窄。泰山具有最古老的太古代时期的地层，早于25亿年前。东阿镇地区还有南北大运河通过，以及大清河注入东平湖，再注入黄河。从铜瓦厢起，黄河受大堤的约束直奔山东莱州湾的出海口。

治理黄河最基本的问题是解决水与泥沙的产生、流动、分配与控制的难题。百年以前，西方地质学、水文测量技术传入中国，开始有黄河水的流量与泥沙含量的定量测量，以下为已经积累多年的数据：

**黄河下游水沙来源及组成（1919—1977年）**

| 分段 | 来源及组成 | 项目 | 水量 /亿立方米 | 沙量 /亿吨 | 含沙量 /（千克/立方米） |
|---|---|---|---|---|---|
| 1 | 托克托以上 | 平均值 | 249.5 | 1.43 | 5.73 |
| | | 占三黑小/% | 53.2 | 8.8 | |
| 2 | 托克托至龙门区间 | 平均值 | 70.7 | 9.08 | 128.5 |
| | | 占三黑小/% | 15.1 | 55.4 | |
| 3 | 泾河＋北洛河＋渭河＋汾河 | 平均值 | 102.8 | 5.53 | 53.8 |
| | | 占三黑小/% | 19.3（21.9） | 34.0 | |
| 4 | 伊洛河＋沁河 | 平均值 | 49.9 | 0.92（0.32） | 6.4 |
| | | 占三黑小/% | 9.4（10.7） | 1.97 | |
| 5 | 黄河三门峡＋伊洛河黑石关＋沁河小董 | 平均值 | 468.0 | 16.26 | 34.7 |

编者说明：表中数据是黄河泥沙产生长达59年的平均，显示不同黄河断面巨大差异，表明泥沙问题的严重性，是应当处理的具有世纪性时间尺度的课题。本表取自《黄河水利史述要》（见参考文献［1］第15页），本表中的“三黑小”指在黄河三门峡、伊洛河黑石关、沁河小董三个水文站所测的数据，此三站位于黄河泥沙主要发源地的末端。表中三个数据经推算后与原数据有一定偏差，修正后加括号放在原数据旁。

河口增长、大堤下游河床升高，是泥沙最后归宿的表现，据报道（见参考文献［15］），河口扇形区每年延伸300～500米，为1855年来年平均值（到1982年）。本书有几个数据，分别为：大禹至王莽时期约为每年增100米；1855年以后80年，每二年半增1公里，平均年增0.4公里；安立森测量数据为海口三角洲每十年延长2.5公里。

泥沙在河床上沉积逐步抬高水面，据《黄河水利史述要》记述：“近七十至九十年内，河道平均每年约淤高零点零三至零点零五。近三十年内淤积速度加快，平均每年淤高零点一至零点二米”（见参考文献［1］），河床淤高意指两岸大堤应不断的培高。）

人类在地球上出现，从原始走向现代文明不过数千年，而黄河水流形成华北大平原已数十万年或更久，要求“根治”是不现实的。某些地区做局部处理，已经取得成效，如宁夏与内蒙古河套地区已有千年历史的灌渠，多是利用已有的地形，引水灌溉，形成农业发展区。近代，在河流上游建坝发电，提供电力、饮用水与拦洪并且贮留了一部分黄土高原的泥沙。但是，以上措施均不能根本解决泥沙流失的难题。对于径流量小的黄河，引水与筑坝将引起下游供水减少，又加强了水土流失，使自然生态变差。黄河水量分配，是需要全流域统筹规划、系统管理的课题。

表中数据显示：托克托断面径流为三门峡以下（加上伊洛河、沁河）总流量的53.2%，而托克托前泥沙总贡献占三门峡以下（加上伊洛河、沁河）总泥沙量的8.8%，可见，陕西、山西的泥沙丢失多么严重。

治理陕西、山西两省泥沙的丢失，是根治黄河的出发点。千里之行始于足下，利用历史上前人行之有效的方法，从动员当地人民开始，从每家每户开始减少水土流失。用一切办法蓄留降下的雨水，用于灌溉；努力增加植被，视地形与供水能力选择植被的种类，而不是为了景观效果大量种植耗水量大的树木；研究与建造适合当地土质的大、中、小型水利工程，如历史上建造的都江堰，用最新的技术手段，改善局部的河流状态……这些努力将能够让人们见到黄土高原的沟壑逐渐减少，居民用水不那么困窘，大堤两岸人民不为头上的悬河所焦虑，河口生长变缓。所谓“圣人出，黄河清”，历史证明，只有保持国家的稳定和民族的团结，水利设施的建设和维护才能得到保障，随着科技的进步，传统的治水方法与创新技术相结合，我们相信海晏河清的理想一定能够实现。

吴丰

2016年12月21日初稿冬至日于北京中关村

2020年2月16日定稿于全民抗击新冠肺炎近拐点时

致谢：对本书出版有贡献的梁振梅女士、吴过女士、吴晋女士、吴夷女士。

特别致谢：

本书出版得到了中国水利水电出版社的巨大帮助，在新冠病毒肆虐全球之时，中国水利水电出版社的出版人恪尽职守，严谨负责，无论是内容审校还是版面设计，都表现出优秀的专业素养，作者对相关人员致以特别谢意。

**作者追记**

2021 年 1 月于北京中关村

# 与吴君勉相关的出版物、手稿

(1) 郑肇经总编：1936—1937年，《再续行水金鉴》，历经一年零四个月，初稿（采集本）大致完成[12]。总编下设“水利文献编辑委员会”，成员有：“武同举、姚鹓雏。还有赵世暹、杨保璞、吴钊、陈子霞、刘甲华，以后还有朱更翎。”见参考文献［10］。

(2) 郑肇经著：1939年，《中国水利史》，商务印书馆。吴君勉是唯一在出版“例言”中点名的“多方协助者”。中国内地及台湾多次影印出版。

(3) 武同举总纂：1941—1944年，《再续行水金鉴》，全部采集本的总编纂，成员有：吴向之、殷墨卿、吴君勉。到1943年，已刊印江水编、淮水编、河水三编，尚有运河水编、永定河水编未出版。

(4) 吴君勉手稿：1938—1940年，《饮河集》《大禹之治水》，目前均丢失。

(5) 韩紫石油印稿：1941年，《止叟自订年谱》《永忆录》，为韩紫石临终前赠稿，此件历经战事，日寇敌机轰炸、颠沛流离，至今由吴象、吴雁南保存完整。

(6) 吴君勉：1942年，《古今治河图说》，草印本，水利委员会印。

(7) 吴君勉：1942年，《里下河东堤归海论集》，草印本，水利委员会印。

(8) 武同举：1950年，《江苏水利全书》，南京水利实验处出版。

(9) 吴钊：1945年，《再续行水金鉴·永定河水编》，弁言，8月25日，誊清稿，出现在北京弘艺2018拍卖市场。

(10) 吴钊：1950年，《长江浦口段冲淤问题文献资料》(打印稿)。

(11) 南京水利实验处文献室：1946—1954年，《再续行水金鉴》底稿再整理。主要参加者吴钊、朱更翎[12][13]。

# 参考文献


[1] 黄河水利委员会《黄河水利史述要》编写组. 黄河水利史述要 [M]. 北京：水利出版社，1982.

[2] 胡渭. 禹贡锥指 [M]. 上海：上海古籍出版社，2013.

[3] 江灏，钱宗武. 今古文尚书全译 [M]. 贵州：贵州人民出版社，1992.

[4] 王春瑜. 康熙政风录 [M]. 北京：中共中央党校出版社，1996.

[5] 郑肇经. 中国水利史 [M]. 北京：商务印书馆，1970.

[6] 郦道元. 水经注 [M]. 北京：北京燕山出版社，2010.

[7] 司马迁. 史记 [M]. 北京：台海出版社，1997.

[8] 中国水利学会水利史研究会. 中国近代水利史论文集 [M]. 南京：河海大学出版社，1992.

[9] 中国水利水电科学研究院水利史研究室. 历史的探索与研究——水利史研究论文集 [M]. 郑州：黄河水利出版社，2006.

[10] 郑肇经. 中国近代水利科学研究事业——水利科学研究之回顾（续）[J]. 长江志通讯，1985，2：27－29.

[11] 郑肇经. 中国近代水利科学研究事业 [J]. 长江志通讯，1986.

[12] 朱更翎. 再续行水金鉴・永定河编 [M]. 北京：中国书店，1991.

[13] 孟化. 由藏书题记看赵世暹对水利文献的收藏——兼及个人捐赠对图书馆藏书建设的作用//国家图书馆第八次科学讨论会论文集 [M]. 北京：北京图书馆出版社，2005.

[14] 郑肇经. 河工学（下册）[M]. 上海：商务印书馆，1950.

[15] 李叔达. 动力地质学原理 [M]. 北京：地质出版社，1983.

[16] 地图出版社. 中华人民共和国地图集 [M]. 北京：地图出版社，1984.

[17] 郑肇经. 水文学 [M]. 上海：商务印书馆，1951.

吴君勉 1972 年于南京邮电学院　　摄影：吴象

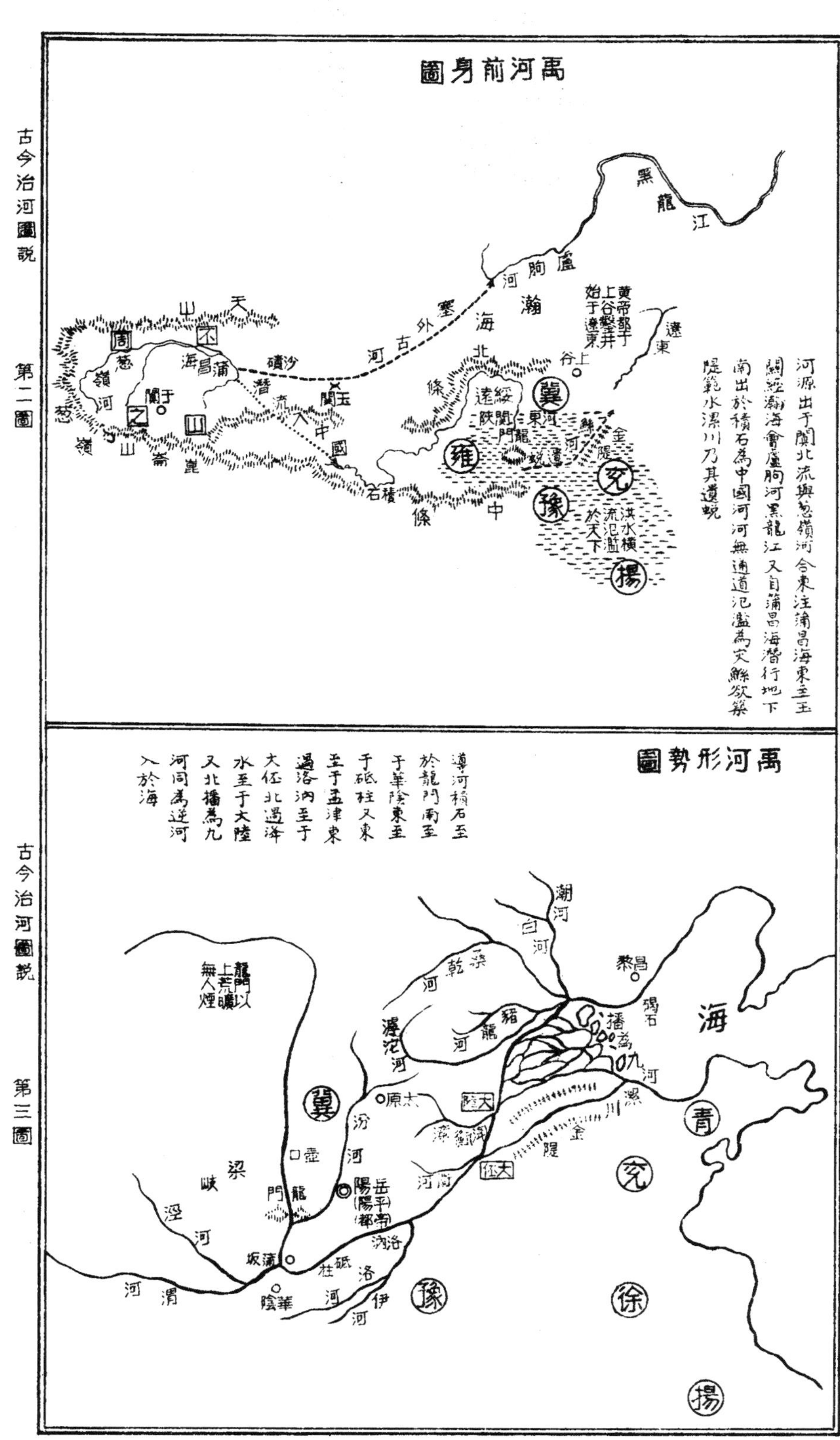
古今治河圖說 第二圖
禹河前身圖
河源出于闐北流與葱嶺河合東注蒲昌海東至玉關經瀚海會盧朐河黑龍江又自蒲昌海潛行地下南出於積石為中國河河無通道氾濫為災鯀欲築隄範水潦川乃其遺蹟
黃帝都于上谷擊蚩尤始于遼東
洪水橫流氾濫於天下
黑龍江
盧朐河
瀚海
塞外古河
沙磧
蒲昌海
潛流入中國
玉門關
于闐
葱嶺河
天山
崑崙山
積石
北條
中條
綏遠
陝西
龍門
上谷
遼東
冀
雍
兗
豫
揚
古今治河圖說 第三圖
禹河形勢圖
導河積石至於龍門南至于華陰東至于砥柱又東至于孟津東過洛汭至于大伾北過洚水至于大陸又北播為九河同為逆河入於海
龍門以上荒曠無人煙
潮河
白河
桑乾河
滹沱河
碣石
播為九河
海
大陸
大伾
太原
汾河
壺口
龍門
岳陽平陽
梁
岐
涇河
渭河
蒲坂
華陰
砥柱
洛汭
洛河
伊河
冀
青
兗
徐
豫
揚

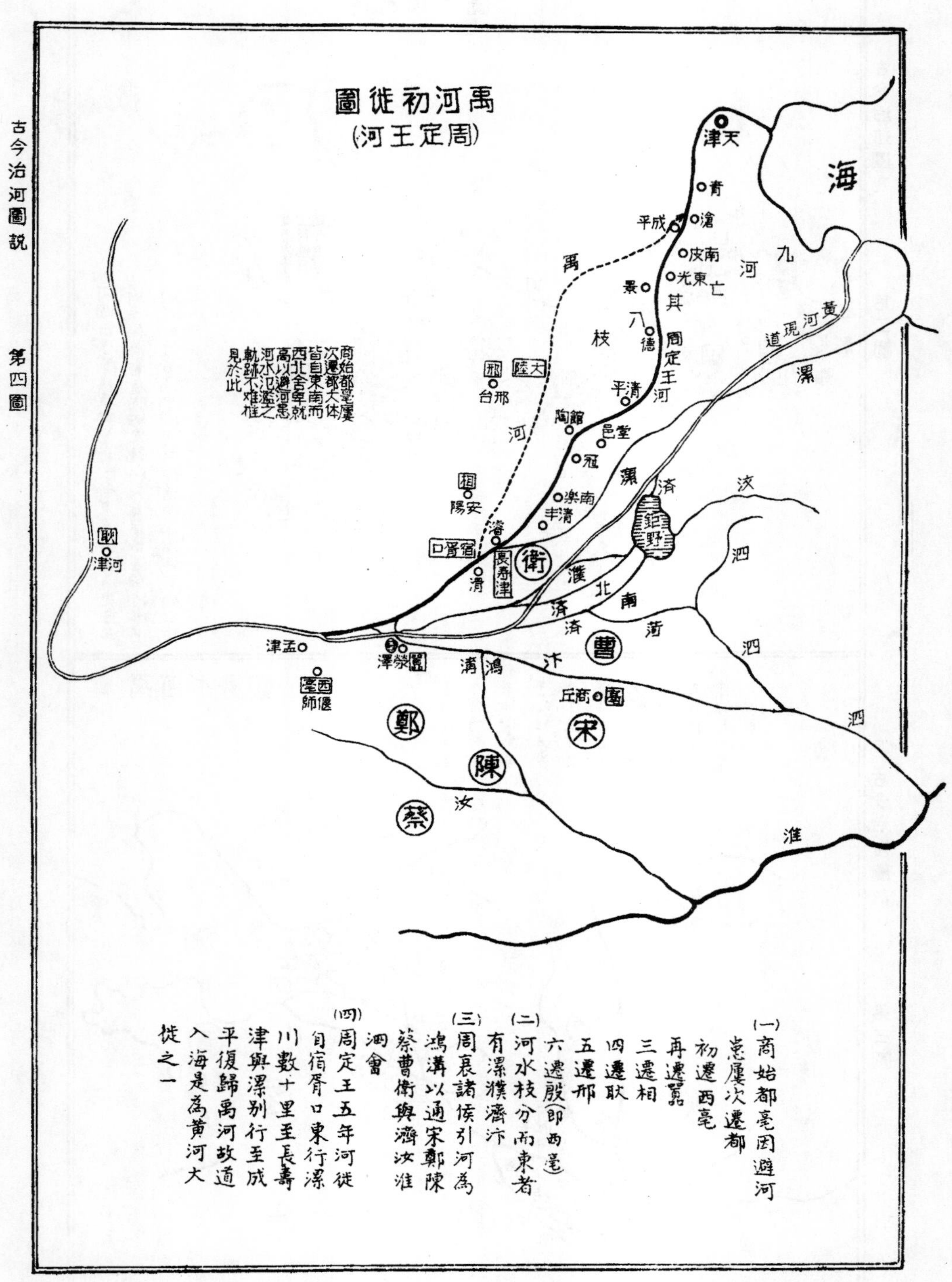
禹河初徙圖
(周定王河)
商始都亳屢次遷都大体皆自東南而西北舍卑就高以避河患河水氾濫之軌跡不难推見於此
天津
海
青
滄
成平
南皮
東光
景
德
九河
亡其八枝
周定王河
禹河
黃河現道
大陸
邢台
清平
館陶
堂邑
冠
南樂
清丰
相
安陽
濬
宿胥口
長壽津
衛
清
漯
濟
汶
鉅野
泗
濮
北
南
菏
河津
孟津
滎澤
西亳
偃師
曹
汴
鴻溝
商丘
宋
鄭
陳
蔡
汝
淮
(一)商始都亳因避河患屢次遷都 初遷西亳 再遷囂 三遷相 四遷耿 五遷邢 六遷殷(即西亳)
(二)河水枝分而東者有漯濮濟汴
(三)周衰諸侯引河為鴻溝以通宋鄭陳蔡曹衛與濟汝淮泗會
(四)周定王五年河徙自宿胥口東行漯川數十里至長壽津與漯別行至成平復歸禹河故道入海是為黃河大徙之一

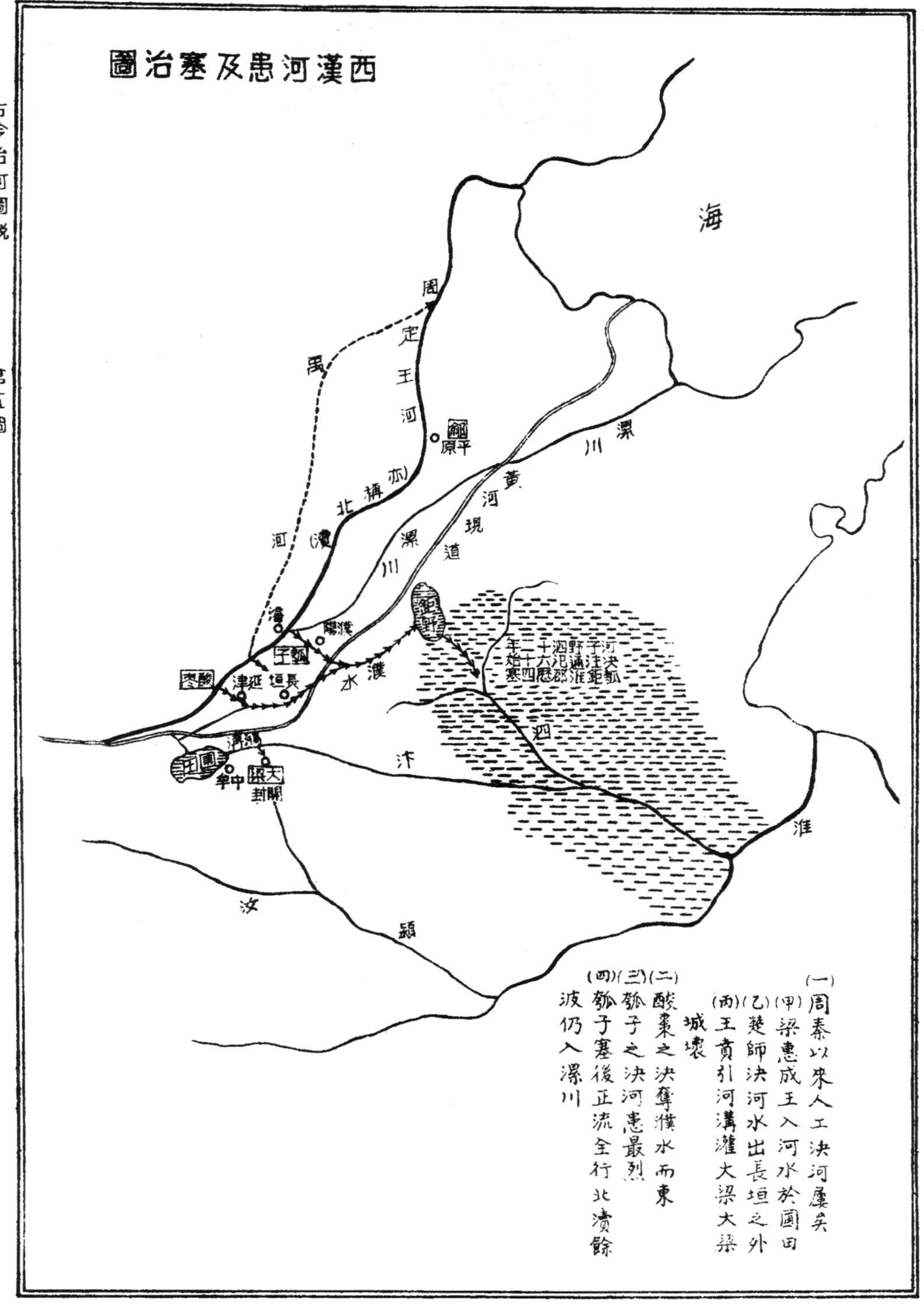
西漢河患及塞治圖
海
周定王河
禹河
濬
濮(亦稱北瀆)
鬲
平原
漯川
黃河現道
漯川
鉅野
河決瓠子注鉅野通淮泗汜郡十六歷二十四年始塞
濬
濮陽
瓠子
酸棗
延津
長垣
濮水
泗
鴻溝
圃田
中牟
大梁
開封
汴
淮
汝
潁
(一)周秦以來人工決河屢矣
(甲)梁惠成王入河水於圃田
(乙)楚師決河水出長垣之外
(丙)王賁引河溝灌大梁大梁城壞
(二)酸棗之決奪濮水而東
(三)瓠子之決河患最烈
(四)瓠子塞後正流全行北瀆餘波仍入漯川

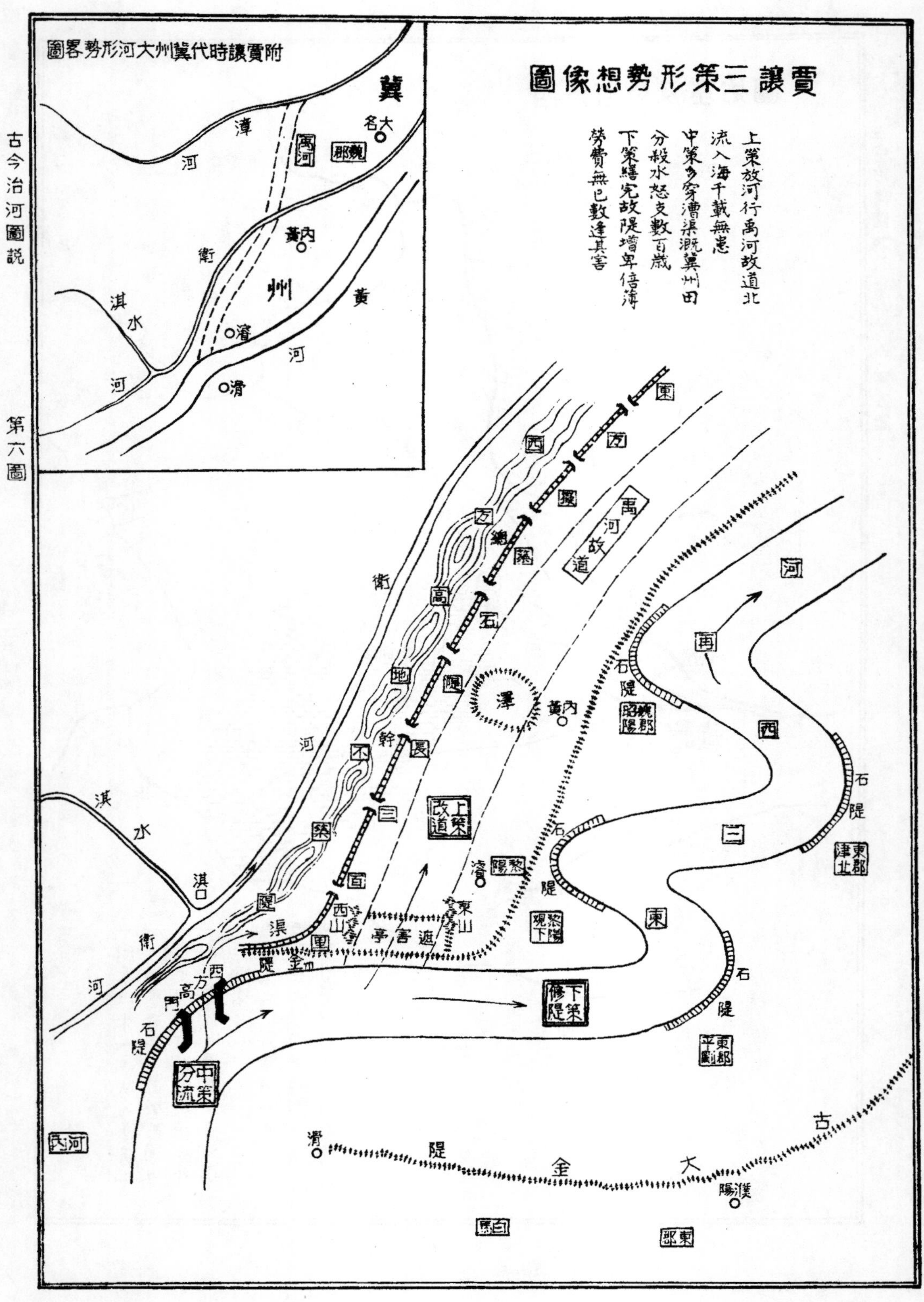
附賈讓時代冀州大河形勢略圖
冀
漳
河
禹河
魏郡
大名
內黃
衛
淇
水
河
州
黃
濬
河
滑
賈讓三策形勢想像圖
上策放河行禹河故道北流入海千載無患
中策多穿漕渠溉冀州田分殺水怒支數百歲
下策繕完故隄增卑倍薄勞費無已數逢其害
東
方
西
方
隄
禹
河
故
道
河
再
石
隄
魏郡
昭陽
澤
內黃
衛
河
淇
水
淇口
上策
改道
石
隄
東郡
北津
黎陽
濬
黎陽
觀下
東
石
隄
東郡
平剛
下策
修隄
中策
分流
高門
西方
石
隄
金
隄
遮害亭
西山
東山
渠
河內
滑
古
大
金
隄
濮陽
白馬
東郡

第六圖

古今治河圖說　第七圖

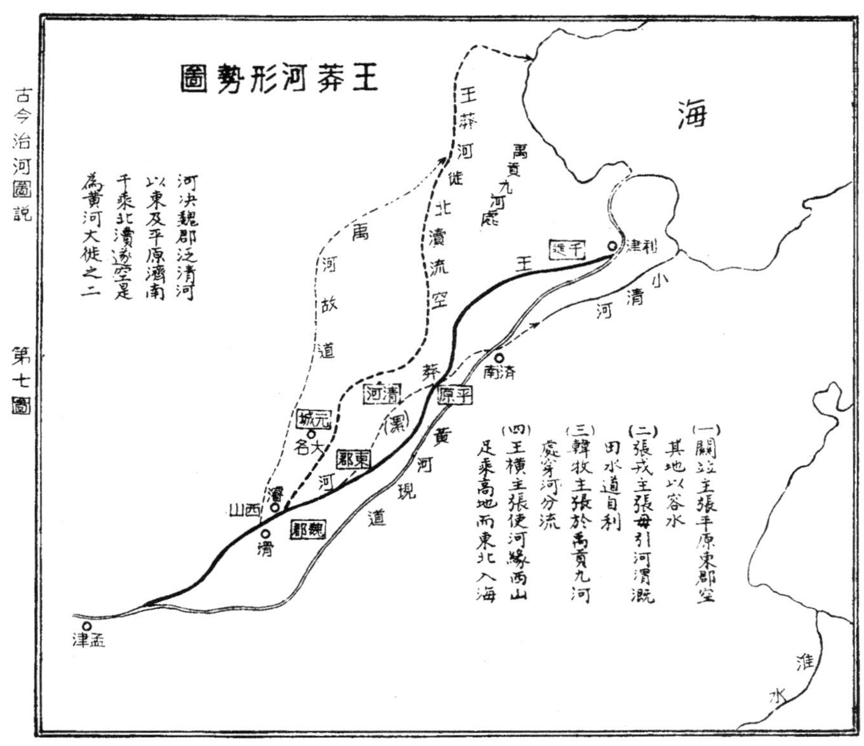
王莽河形勢圖
海
河決魏郡泛清河以東及平原濟南千乘北瀆遂空是為黃河大徙之二
(一)關竝主張平原東郡空其地以容水
(二)張戎主張毋引河溉田水道自利
(三)韓牧主張於禹貢九河處穿河分流
(四)王橫主張使河緣西山足乘高地而東北入海
王莽河徙北瀆流空
禹貢九河處
禹河故道
王莽黃河
大河
黃河現道
小清河
千乘
利津
濟南
平原
清河
東郡
魏郡
元城
大名
(漯)
滑
西山
孟津
淮水

古今治河圖說　第八圖

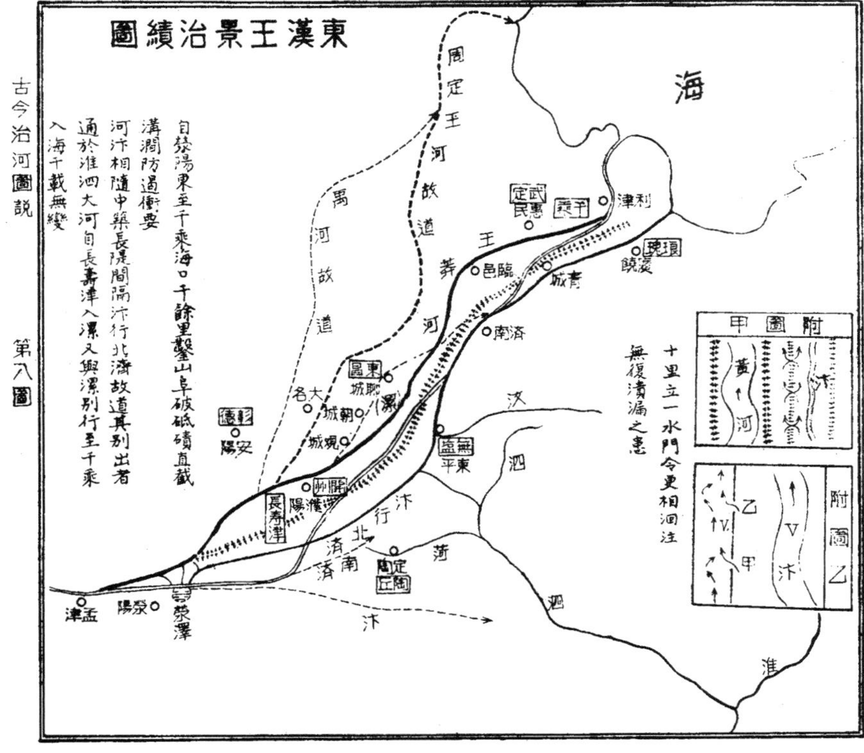
東漢王景治績圖
海
自滎陽東至千乘海口千餘里鑿山阜破砥磧直截溝澗防遏衝要
河汴相隨中築長隄間隔汴行北濟故道其別出者通於淮泗大河自長壽津入漯又與漯別行至千乘入海千載無變
十里立一水門令更相洄注無復潰漏之患
周定王河故道
禹河故道
王莽河
附圖甲
附圖乙
武定
惠民
千乘
利津
蒲臺
霑化
臨邑
青城
濟南
東昌
聊城
大名
朝城
觀城
彰德
安陽
無鹽
東平
長壽津
濮陽
汶
泗
汴
行
北濟
南濟
菏
定陶
滎澤
滎陽
孟津
淮

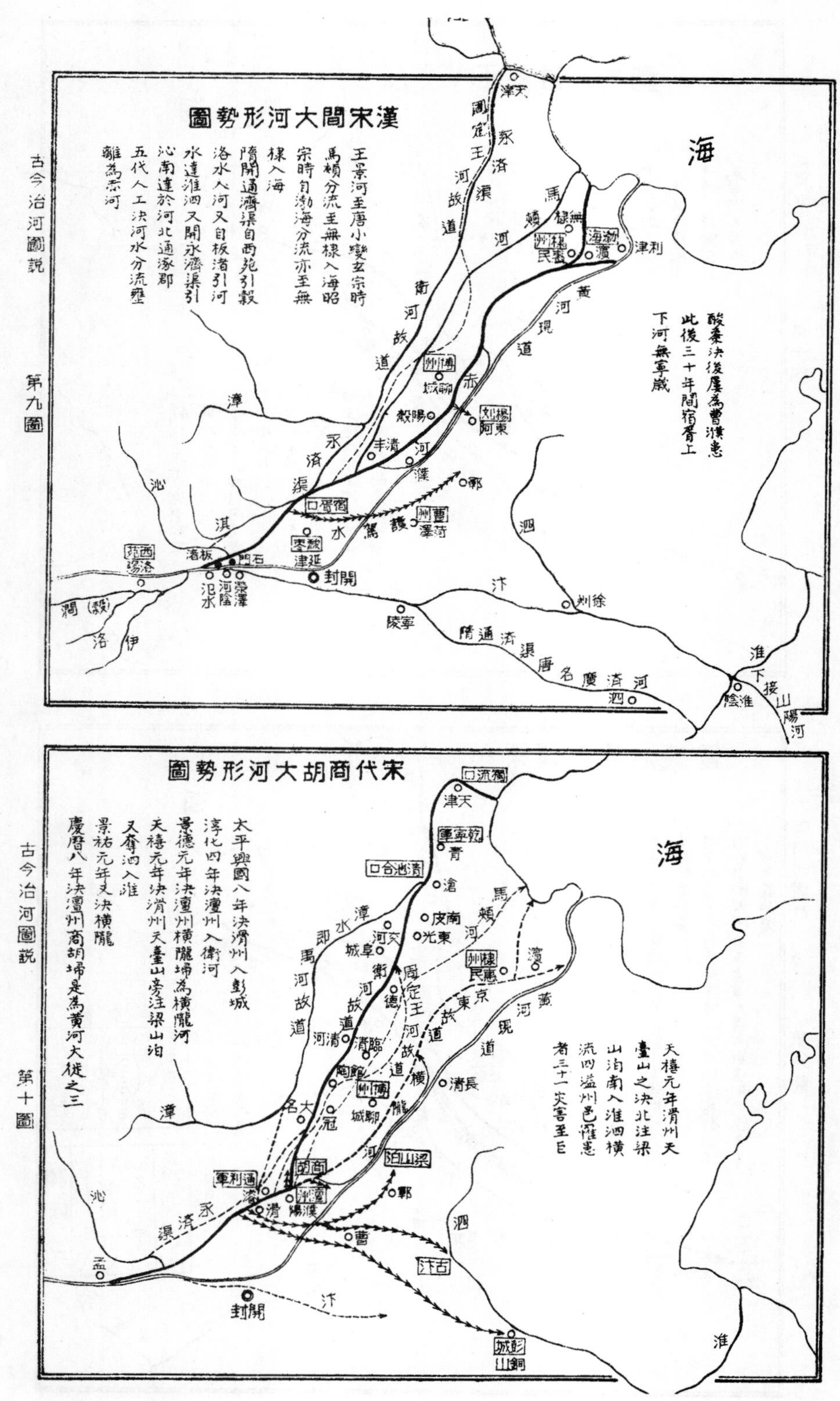

古今治河圖説　第九圖
漢宋間大河形勢圖
王景河至唐小變玄宗時馬頰分流至無棣入海昭宗時自渤海分流亦至無棣入海
隋開通濟渠自西苑引穀洛水入河又自板渚引河水達淮泗又開永濟渠引沁南達於河北通涿郡
五代人工決河水分流壅離為赤河
酸棗決後屢為曹濮患此後三十年間宿胥上下河無事歲
海
天津
王莽河故道
永濟渠
馬頰河
衛河故道
黃河現道
赤河
利津
漳
沁
淇水
洛陽
板渚
石門
開封
汴
徐州
寧陵
隋通濟渠
唐名廣濟河
泗
淮
淮陰
山陽河
伊
洛
古今治河圖説　第十圖
宋代商胡大河形勢圖
太平興國八年決滑州入彭城
淳化四年決澶州入衛河
景德元年決澶州橫隴埽為橫隴河
天禧元年決滑州天臺山旁注梁山泊又奪泗入淮
景祐元年又決橫隴
慶曆八年決澶州商胡埽是為黃河大徙之三
天禧元年滑州天臺山之決北注梁山泊南入淮泗橫流四溢州邑罹患者三十一災害至巨
海
天津
獨流口
清池合口
漳水
馬頰河
王莽河故道
衛河故道
京東故道
橫隴河
黃河現道
商胡
梁山泊
古汴
彭城
銅山
開封
汴
永濟渠
沁
泗
淮

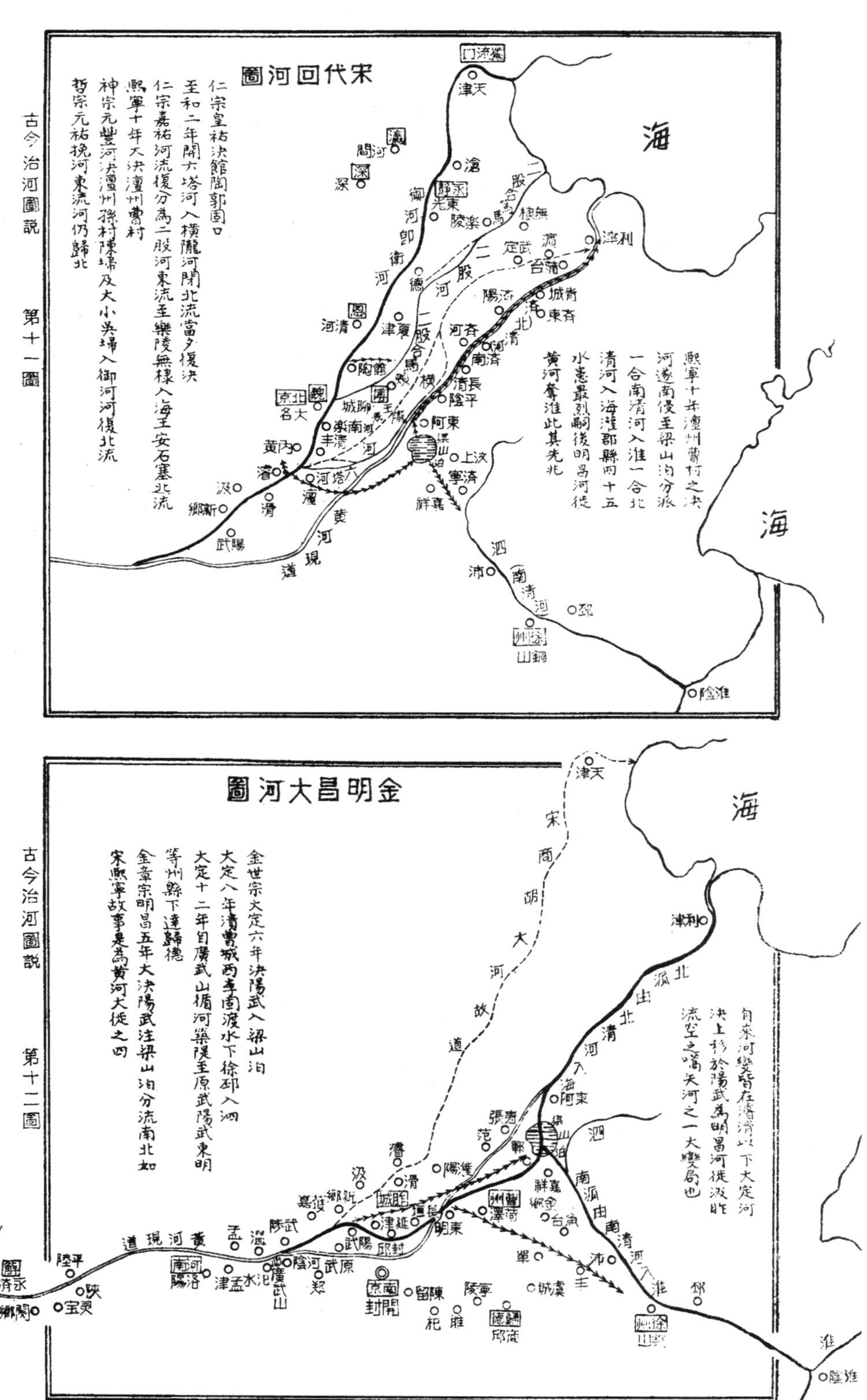
古今治河圖說　第十一圖
宋代回河圖
仁宗皇祐決館陶郭固口
至和二年開六塔河入橫隴河閉北流當夕復決
仁宗嘉祐河流復分為二股河東流至樂陵無棣入海王安石塞北流
熙寧十年大決澶州曹村
神宗元豐河決澶州孫村陳埽及大小吳埽入御河河復北流
哲宗元祐挽河東流河仍歸北
熙寧十年澶州曹村之決
河遂南侵至梁山泊分派
一合南清河入淮一合北
清河入海灌郡縣四十五
水患最烈嗣後明昌河徙
黃河奪淮此其先兆
海
黃河現道
古今治河圖說　第十二圖
金明昌大河圖
金世宗大定六年決陽武入梁山泊
大定八年決曹城西李固渡水下徐邳入泗
大定十二年自廣武山循河築堤至原武陽武東明
等州縣下達歸德
金章宗明昌五年大決陽武注梁山泊分流南北如
宋熙寧故事是為黃河大徙之四
自宋河變皆在濬滑以下大定河
決上移於陽武為明昌河徙汲胙
流至之端大河之一大變局也
宋商胡大河故道
北清河入海
南清河入淮
黃河現道
海

古今治河圖說 第十三圖

古今治河圖說 第十四圖

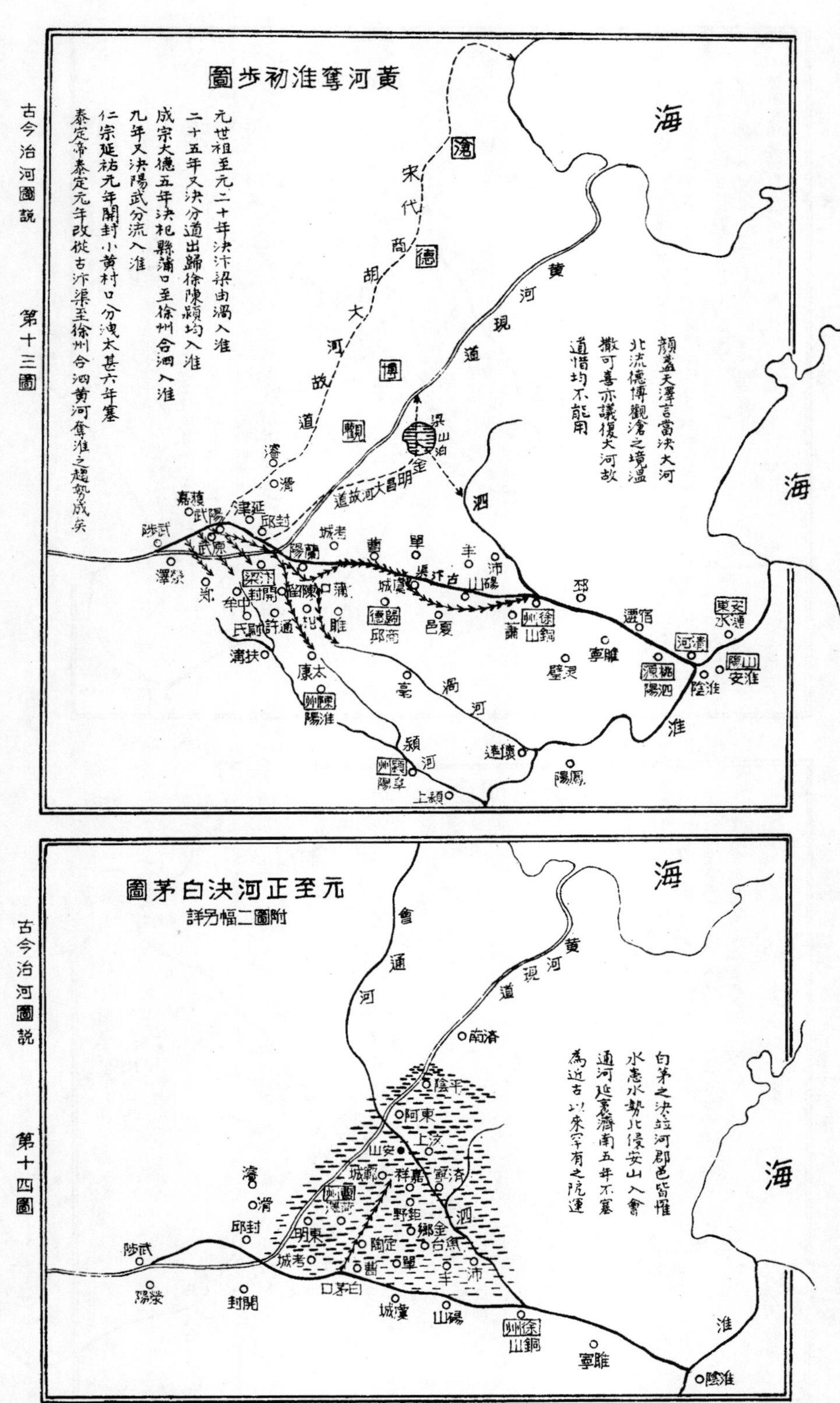

黃河奪淮初步圖
元世祖至元二十年決汴梁由渦入淮
二十五年又決分道出歸徐陳潁均入淮
成宗大德五年決杞縣蒲口至徐州合泗入淮
九年又決陽武分流入淮
仁宗延祐九年開封小黃村口分洩太甚六年塞
泰定帝泰定元年改從古汴渠至徐州合泗黃河奪淮之趨勢成矣
顏盛夫澤言當決大河
北流德博觀滄之境溫
撒可喜亦議復大河故
道惜均不能用
海
海
宋代商胡大河故道
黃河現道
金明昌大河故道
梁山泊
泗
渦河
潁河
淮
元至正河決白茅圖
附圖二幅另詳
白茅之決竝河郡邑皆罹
水患水勢北侵安山入會
通河延袤濟南五年不塞
為近古以來罕有之阮運
海
海
會通河
黃河現道
泗
淮

古今治河圖說 第十四圖附圖一

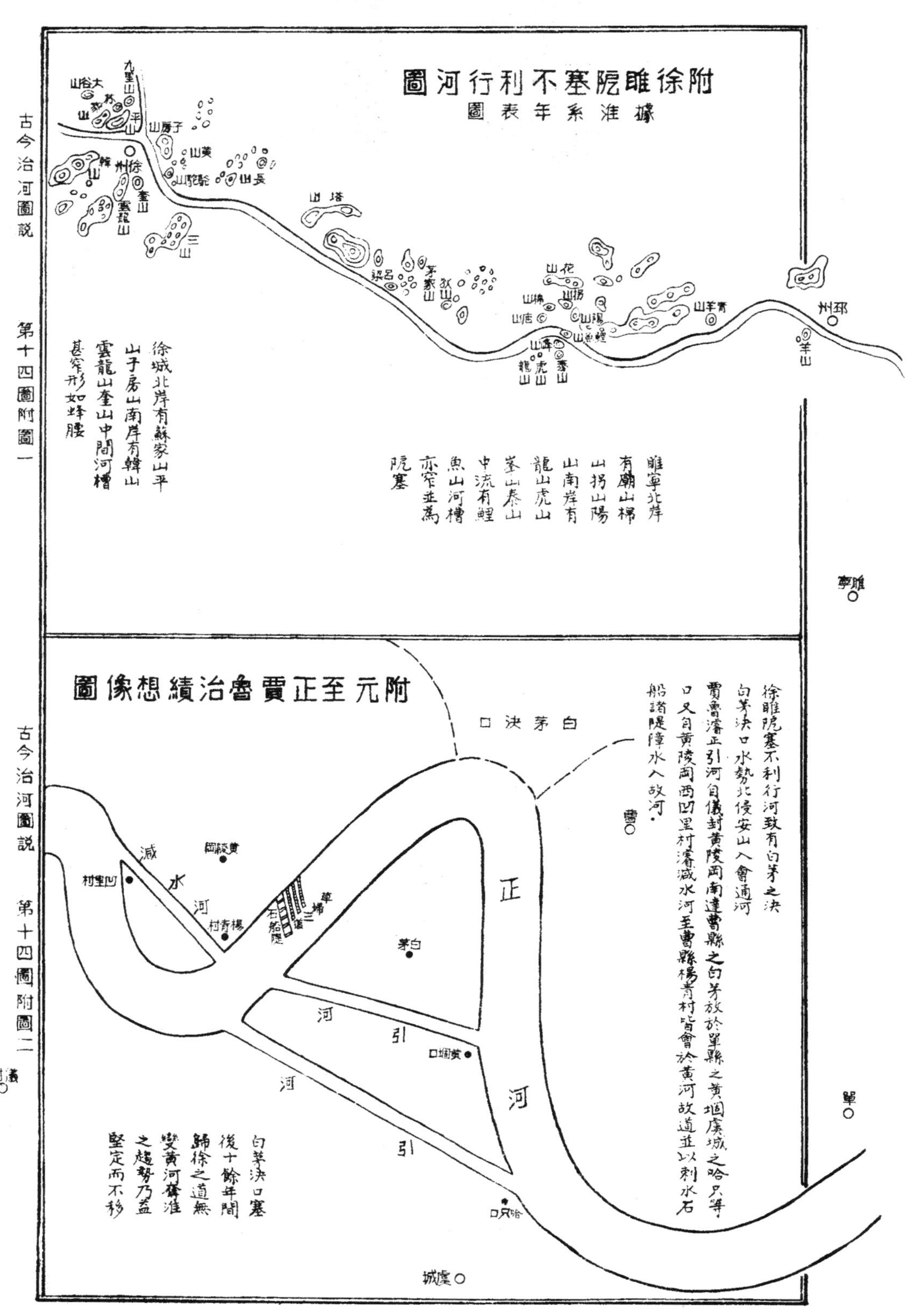
附徐睢阮塞不利行河圖
據淮系年表圖
九里山
大谷山
蘇家山
平山
子房山
黃山
駱駝山
長山
韓山
徐州
奎山
雲龍山
三山
塔山
呂梁
茅家山
狄山
花山
梯山
拐山
峒山
陽山
店山
鯉魚山
峯山
虎山
龍山
泰山
青羊山
羊山
邳州
睢寧
徐城北岸有蘇家山平山子房山南岸有韓山雲龍山奎山中間河槽甚窄形如蜂腰
睢寧北岸有峒山梯山拐山陽山南岸有龍山虎山峯山泰山中流有鯉魚山河槽亦窄並為阮塞
附元至正賈魯治績想像圖
白茅決口
徐睢阮塞不利行河致有白茅之決
白茅決口水勢北侵安山入會通河
賈魯濬正引河自儀封黃陵岡南達曹縣之白茅放於單縣之黃堌虞城之哈只等口又自黃陵岡西四里村濬減水河至曹縣楊青村皆會於黃河故道並以刺水石船諸隄障水入故河。
曹
黃陵岡
四里村
減水河
楊青村
草埽
三道
石船隄
白茅
正河
引河
黃堌口
引河
儀封
單
哈只口
虞城
白茅決口塞後十餘年間歸徐之道無變黃河奪淮之趨勢乃益堅定而不移

古今治河圖說 第十四圖附圖二

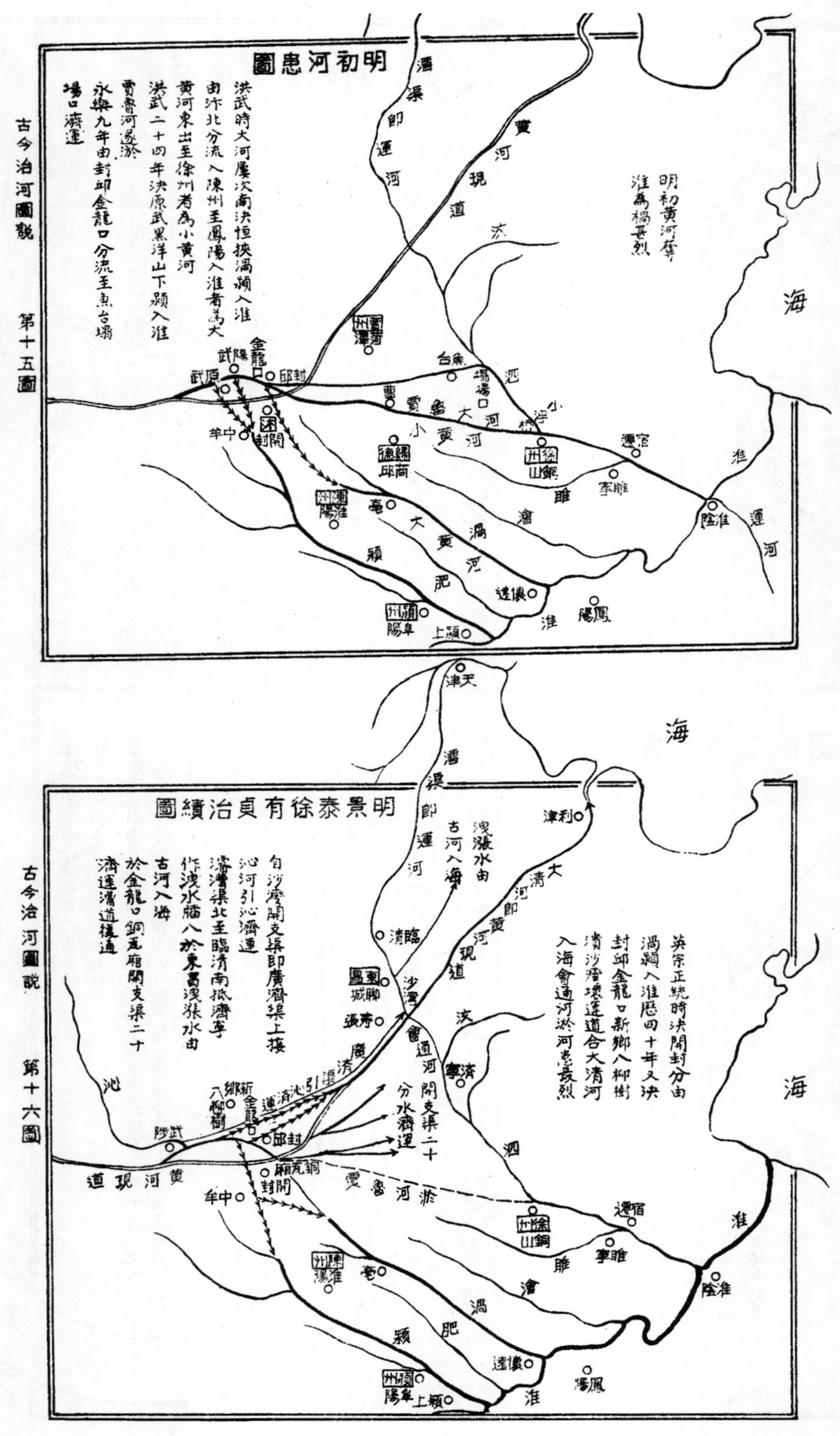
古今治河圖說　第十五圖
明初河患圖
洪武時大河屢次南決恒挾渦潁入淮
由汴北分流入陳州至鳳陽入淮者為大
黃河東出至徐州者為小黃河
洪武二十四年決原武黑洋山下潁入淮
賈魯河遂淤
永樂九年由封邱金龍口分流至魚台塌
場口濟運
明初黃河奪
淮為禍甚烈
漕渠即運河
黃河現道
海
淮
運河
古今治河圖說　第十六圖
明景泰徐有貞治績圖
自沙灣開支渠即廣濟渠上接
沁河引沁濟運
濬漕渠北至臨清南抵濟寧
作減水牐八於東昌減漲水由
古河入海
於金龍口銅瓦廂開支渠二十
濟運漕道復通
英宗正統時決開封分由
渦潁入淮歷四十年又決
封邱金龍口新鄉八柳樹
潰沙灣壞運道合大清河
入海會通河淤河患最烈
漕渠即運河
減漲水由古河入海
大清河即黃河現道
會通河
開支渠二十分水濟運
引沁濟運廣濟渠
黃河現道
賈魯河淤
海

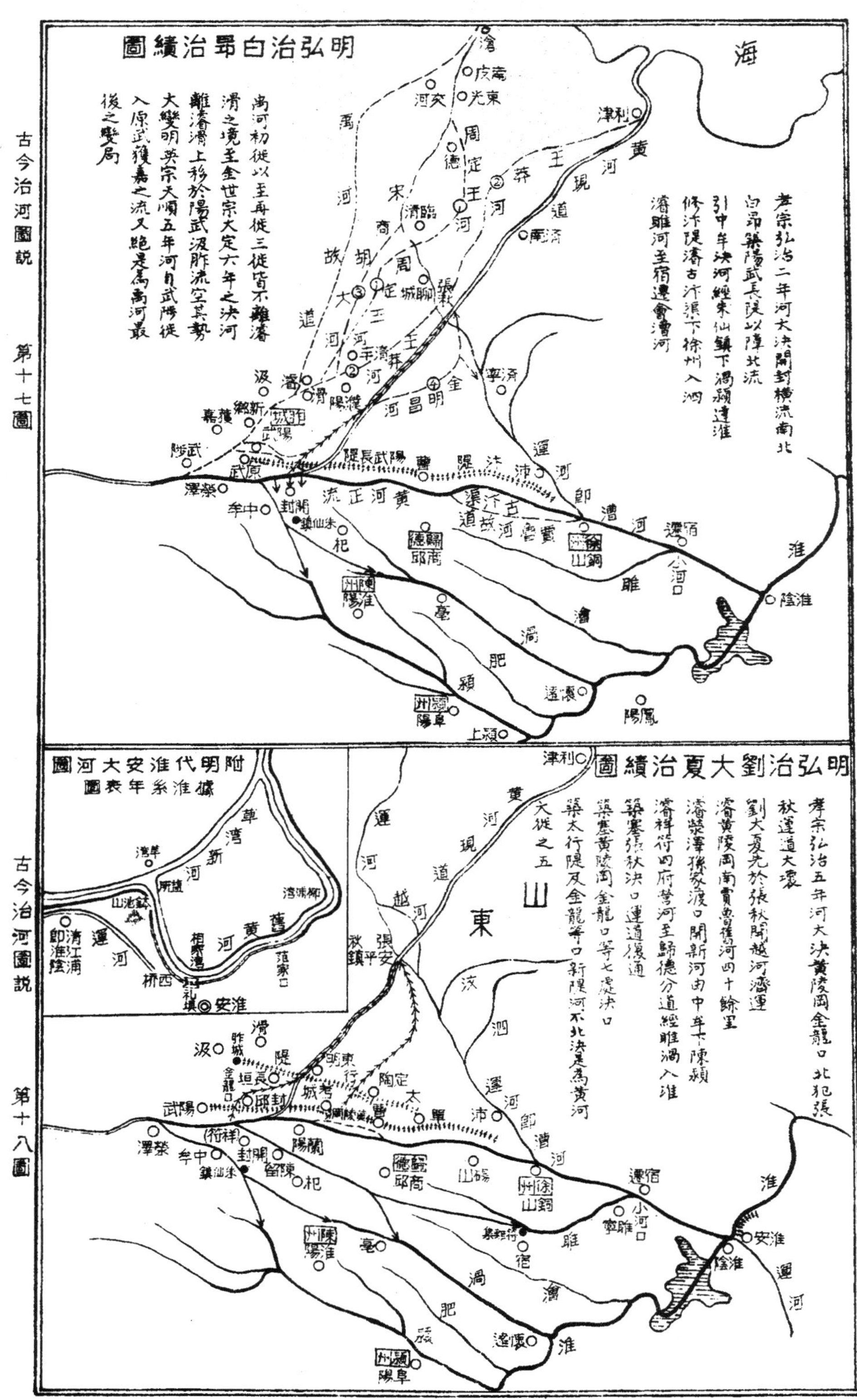
明弘治白昂治績圖
孝宗弘治二年河大決開封横流南北
白昂築陽武長隄以障北流
引中牟決河經宋仙鎮下渦潁達淮
修汴隄濬古汴渠下徐州入泗
濬睢河至宿遷會漕河
禹河初徙以王莽徙三徙皆不離濬
滑之境至金世宗大定六年之決河
離濬滑上移於陽武汲胙流空其勢
大變明英宗天順五年河自武陽徙
入原武獲嘉之流又絶是爲禹河最
後之變局
明弘治劉大夏治績圖
孝宗弘治五年河大決黄陵岡金龍口北犯張
秋運道大壞
劉大夏先於張秋開越河濟運
濬黄陵岡南賈魯舊河四十餘里
濬孫家渡口開新河由中牟下陳潁
濬祥符四府營河至歸德分道經睢渦入淮
築塞張秋決口運道復通
築塞黄陵岡金龍口等七處決口
築太行隄及金龍等口新隄河不北決是爲黄河
大徙之五
附明代淮安大河圖
據淮系年表圖
古今治河圖說 第十七圖

古今治河圖說 第十八圖

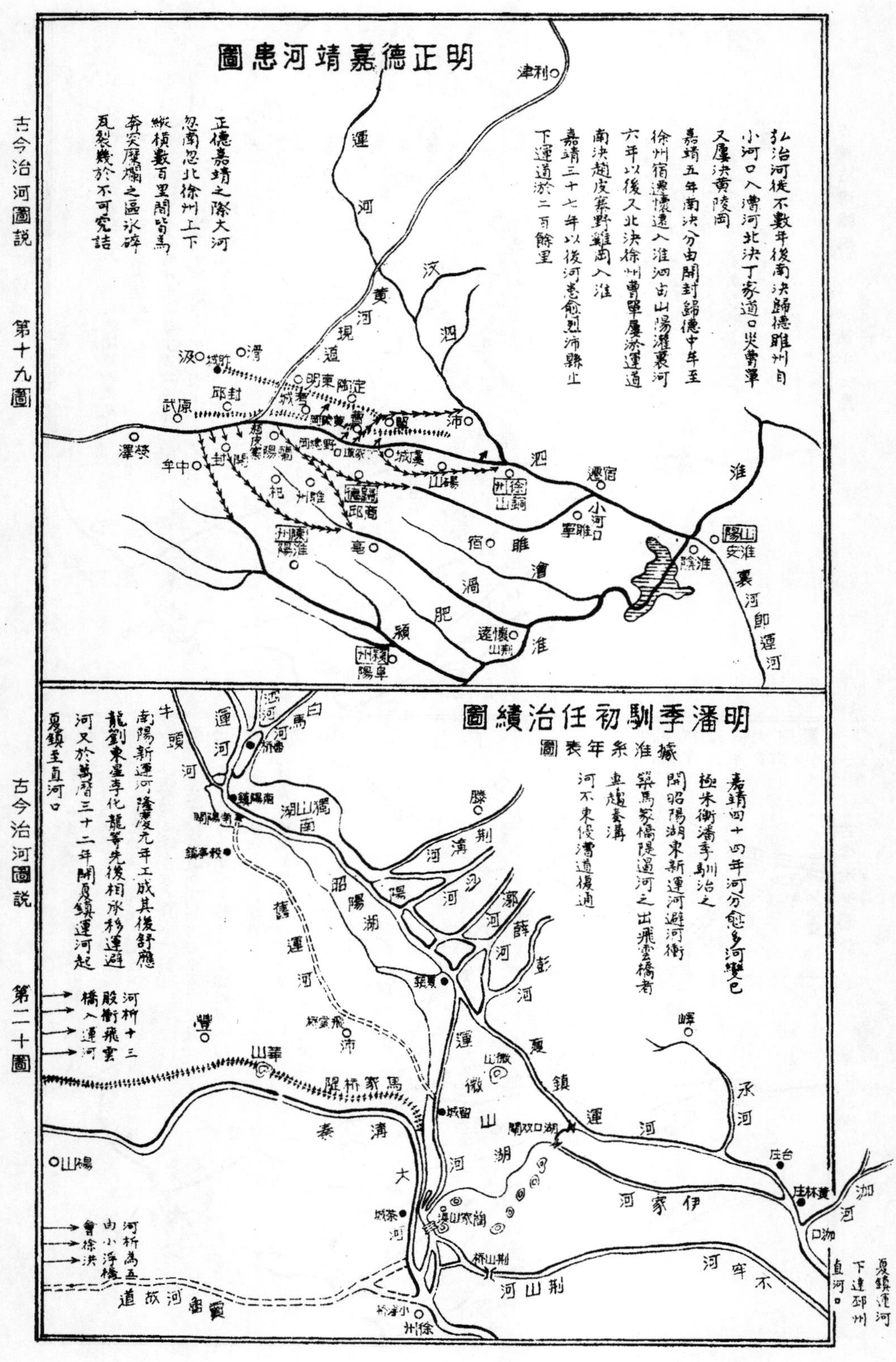
明正德嘉靖河患圖
弘治河徙不數年後南決歸德睢州自
小河口入漕河北決丁家道口炎曹單
又屢決黄陵岡
嘉靖五年南決分由開封歸德中牟至
徐州宿遷懷遠入淮泗出山陽灌裏河
六年以後又北決徐州曹單屢淤運道
南決趙皮寨野雞岡入淮
嘉靖三十七年以後河患愈烈沛縣止
下運道淤二百餘里
正德嘉靖之際大河
忽南忽北徐州上下
縱橫數百里間皆為
奔突壓爛之區氷碎
瓦裂幾於不可究詰
裏河即運河
明潘季馴初任治績圖
據淮系年表圖
嘉靖四十四年河分愈多河變已
極朱衡潘季馴治之
開昭陽湖東新運河避河衝
築馬家橋隄遏河之出飛雲橋者
東趨秦溝
河不東侵漕道復通
南陽新運河隆慶元年工成其後舒應
龍劉東星李化龍等先後相承移運避
河又於萬曆三十二年開夏鎮運河起
夏鎮至直河口
河析十三
股衝飛雲
橋入運河
河析為五
由小浮橋
會徐洪
夏鎮運河
下達邳州
直河口

古今治河圖說　第十九圖

古今治河圖說　第二十圖

古今治河圖說 第二十一圖

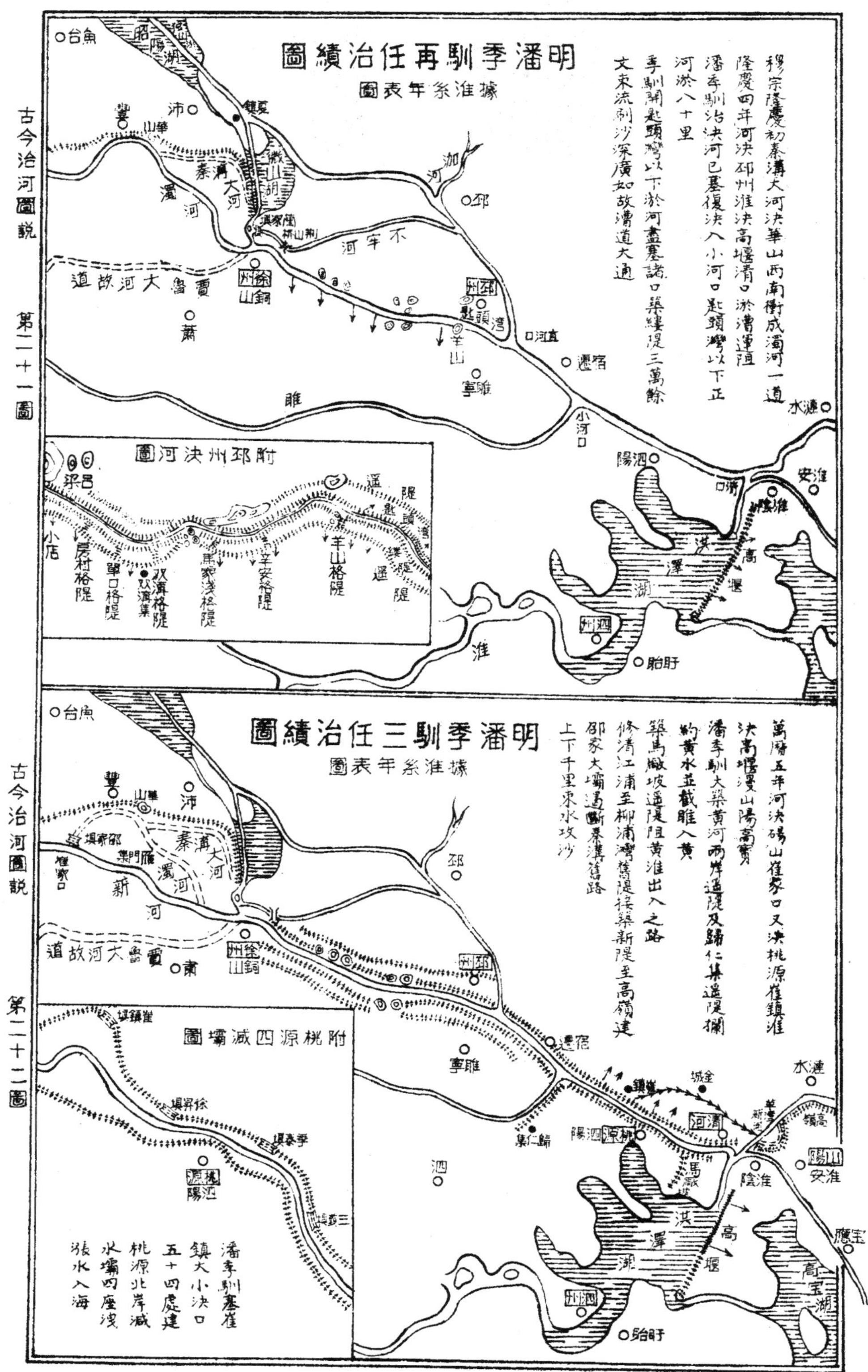

明潘季馴再任治績圖
據淮系年表圖
穆宗隆慶初秦溝大河決華山西南衝成濁河一道
隆慶四年河決邳州淮決高堰清口淤漕運阻
潘季馴治決河已塞復決入小河口匙頭灣以下正
河淤八十里
季馴開匙頭灣以下淤河盡塞諸口築縷隄三萬餘
丈束流刷沙深廣如故漕道大通
附邳州決河圖
明潘季馴三任治績圖
據淮系年表圖
萬曆五年河決碭山崔家口又決桃源崔鎮淮
決高堰灌山陽高寶
潘季馴大築黃河兩岸遙隄及歸仁集遙隄攔
約黃水並截睢入黃
築馬廠坡遙隄阻黃淮出入之路
修清江浦至柳浦灣舊隄接築新隄至高嶺建
邵家大壩遏斷秦溝舊路
上下千里束水攻沙
附桃源四減壩圖
潘季馴塞崔
鎮大小決口
五十四處建
桃源北岸減
水壩四座洩
漲水入海

古今治河圖說 第二十二圖

古今治河圖說　第二十三圖

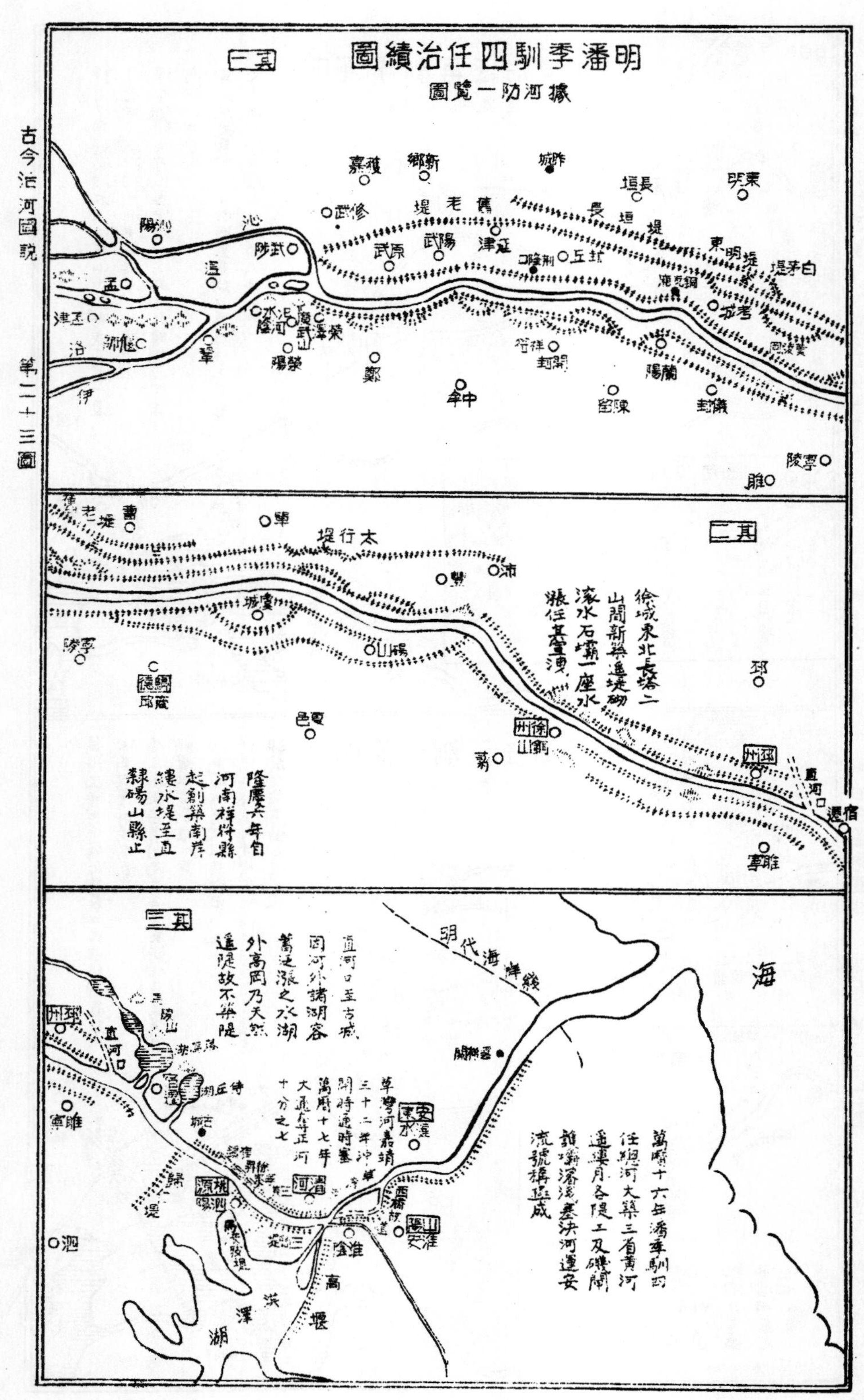
明潘季馴四任治績圖
據河防一覽圖
其一
其二
徐城東北長堤二
山間新築遙堤砌
滚水石壩一座水
漲任其宣洩
隆慶六年自
河南祥符縣
起創築南岸
縷水堤至直
隸碭山縣止
太行堤
其三
明代海岸線
海
直河口至古城
因河外諸湖容
蓄泛漲之水湖
外高岡乃天然
遙隄故不築隄
草灣河嘉靖
三十二年沖
開時通時塞
萬曆十七年
大通今奪正河
十分之七
萬曆十六年潘季馴四
任總河大築三省黃河
遙縷月各隄工及磯閘
龍聮灣溪塞決河運安
流號稱極盛
洪澤湖

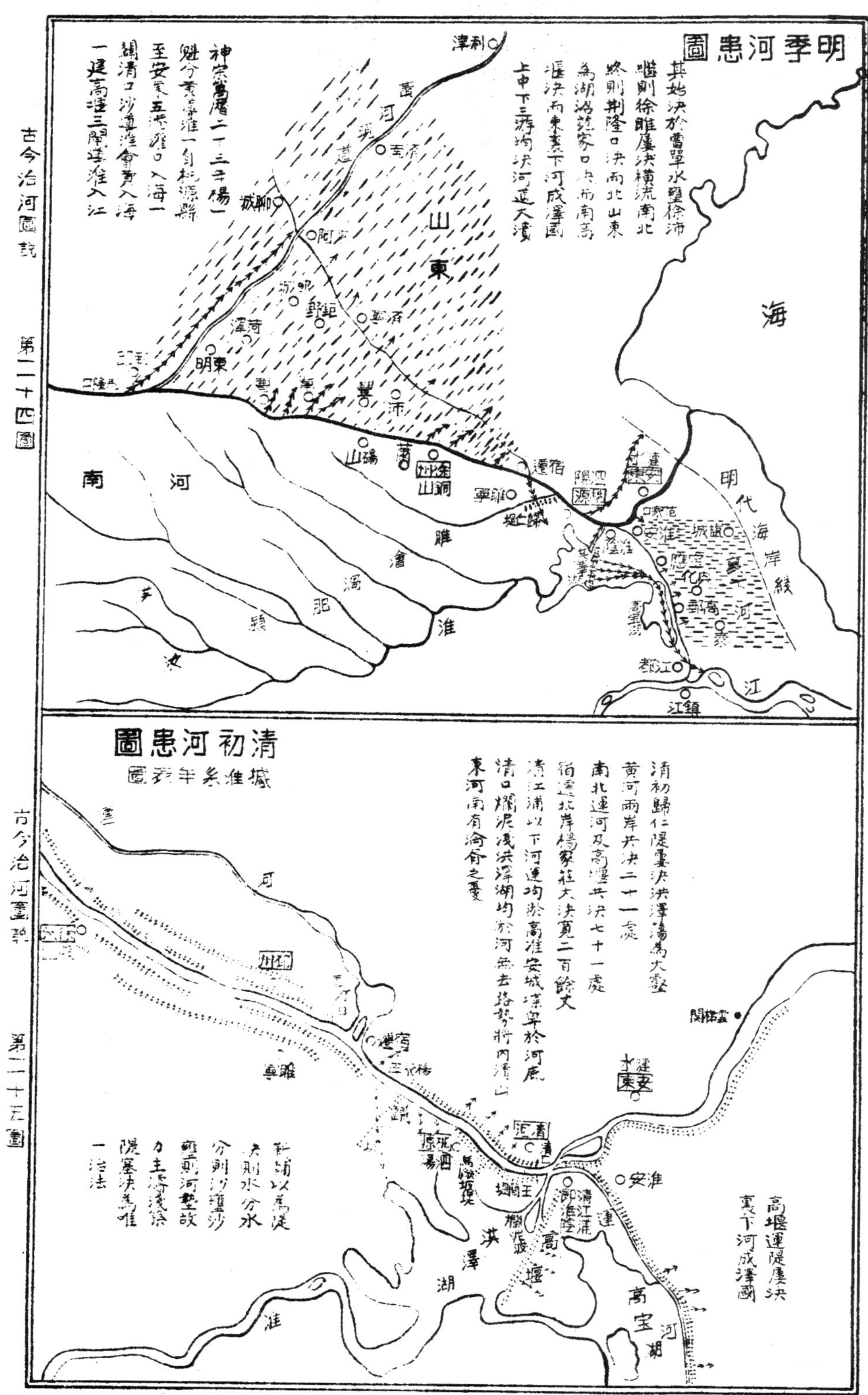
明季河患圖
其始決於曹單水壅徐沛
繼則徐睢屢決橫流南北
終則荊隆口決而北山東
爲湖潴諸家口決而南高
堰決而東裏下河成澤國
上中下三游均決河道大潰
神宗萬曆二十三年楊一
魁分黃導淮一自桃源縣
至安東五港灌口入海一
開清口沙導淮會黃入海
一建高堰三閘導淮入江
利津
山東
海
明代海岸綫
南
河
淮
江
宿遷
銅山
睢寧
淮安
江都
鎮江
清初河患圖
據淮系年表圖
清初歸仁隄屢決洪澤湖爲大壑
黃河兩岸共決二十一處
南北運河及高堰共決七十一處
宿遷北岸楊家莊大決寬二百餘丈
清江浦以下河道均淤高淮安城垛卑於河底
清口爛泥淺洪澤湖均於河無去路勢將內潰山
東河南有淪胥之憂
靳輔以爲隄
決則水分水
分則沙停沙
停則河塞故
力主塞決築
隄塞決爲唯
一治法
高堰運隄屢決
裏下河成澤國
雲梯關
安東
睢寧
宿遷
淮安
洪
澤
湖
淮
高
堰
高
宝
河
湖

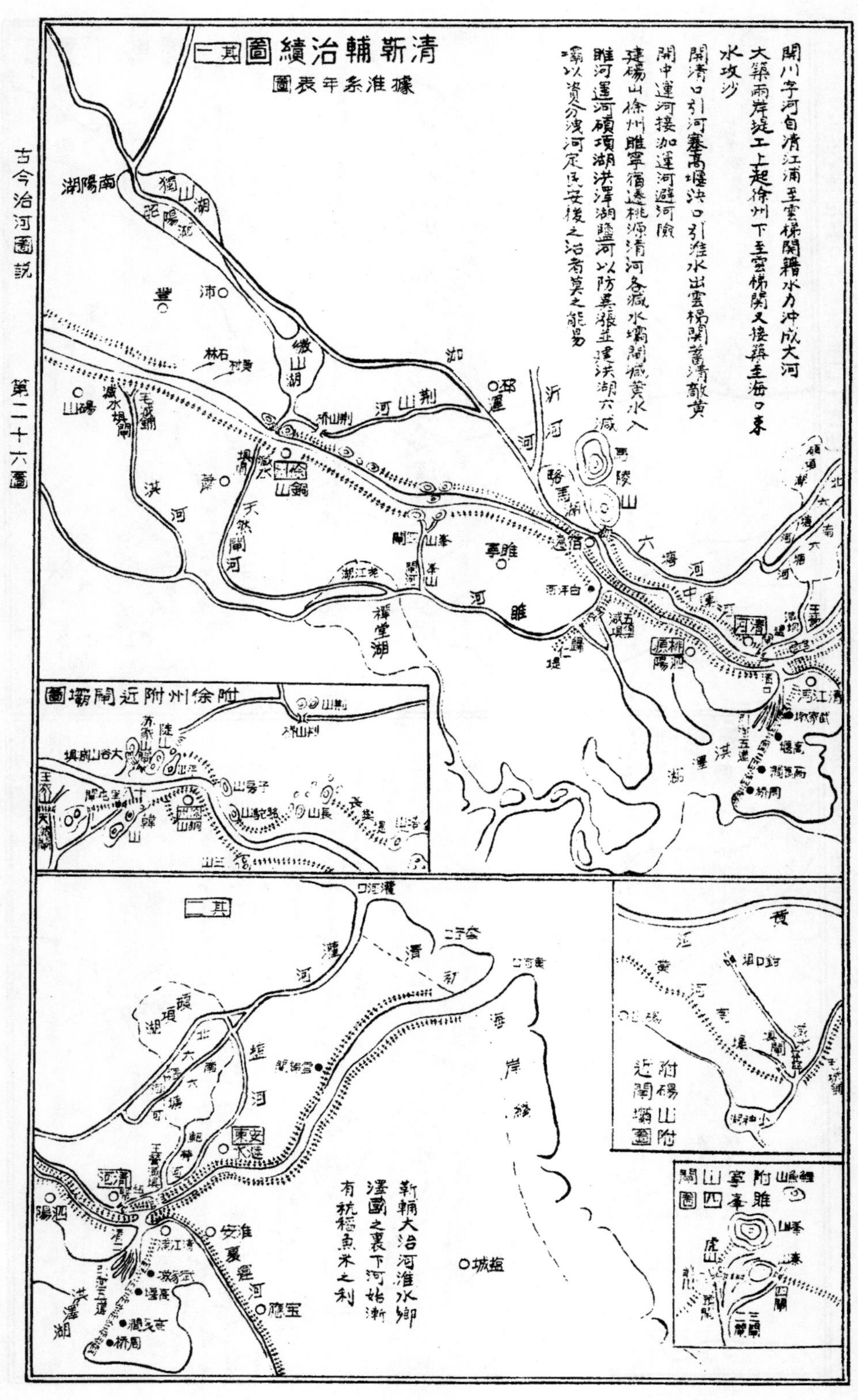
清靳輔治績圖　其一
據淮系年表圖
開川字河自清江浦至雲梯關藉水力沖成大河
大築兩岸堤工上起徐州下至雲梯關又接築至海口束
水攻沙
開清口引河塞高堰決口引淮水出雲梯關蕩滌黃
開中運河接加運河避河險
建碭山徐州睢寧宿遷桃源清河各減水壩閘減黃水入
睢河運河礄項湖洪澤湖鹽河以防異漲並建洪湖六減
壩以資分洩河定民安後之治者莫之能易
南陽湖
獨山湖
微山湖
沛
豐
荊山河
沂河
駱馬湖
馬陵山
六塘河
中運河
邳
徐州
銅山
碭山
洪河
天然閘河
峯山
睢寧
睢河
宿遷
白洋河
桃源
清河
清江
洪澤湖
武家墩
高堰
周橋
附徐州附近閘壩圖
其二
灌河
灌河口
海岸線
鹽城
寶應
淮安
裏運河
清江浦
泗陽
洪澤湖
安東
新輔大治河淮水鄉
澤國之裏下河始漸
有秔稻魚米之利
附碭山附近閘壩圖
附睢寧峯山四閘圖

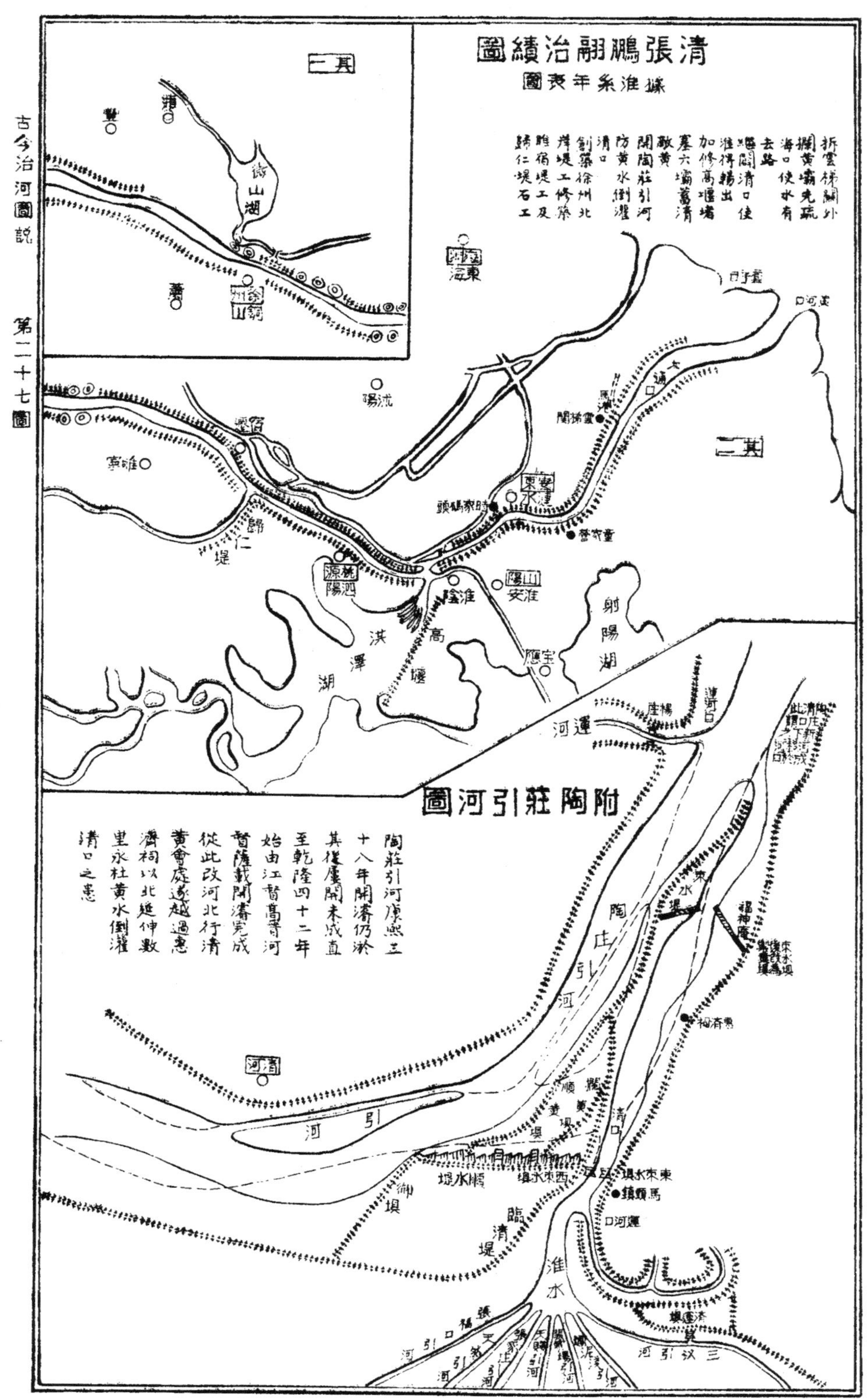

清張鵬翮治績圖
據淮系年表圖
折雲梯關外攔黃壩先疏海口使水有去路
堵閘清口使淮得暢出
加修高堰堵塞六壩蓄清敵黃
開陶莊引河防黃水倒灌清口
創築徐州北岸堤工修築睢宿堤工及歸仁堤石工
其二
駱山湖
其二
歸仁堤
洪澤湖
高堰
射陽湖
運河
附陶莊引河圖
陶莊引河康熙三十八年開濬仍淤其後屢開未成直至乾隆四十二年始由江督高晉河督薩載開濬完成從此改河北行清黃會處遂越過惠濟祠以北延伸數里永杜黃水倒灌清口之患
清河
引河
陶庄引河
御壩
臨清堤
淮水

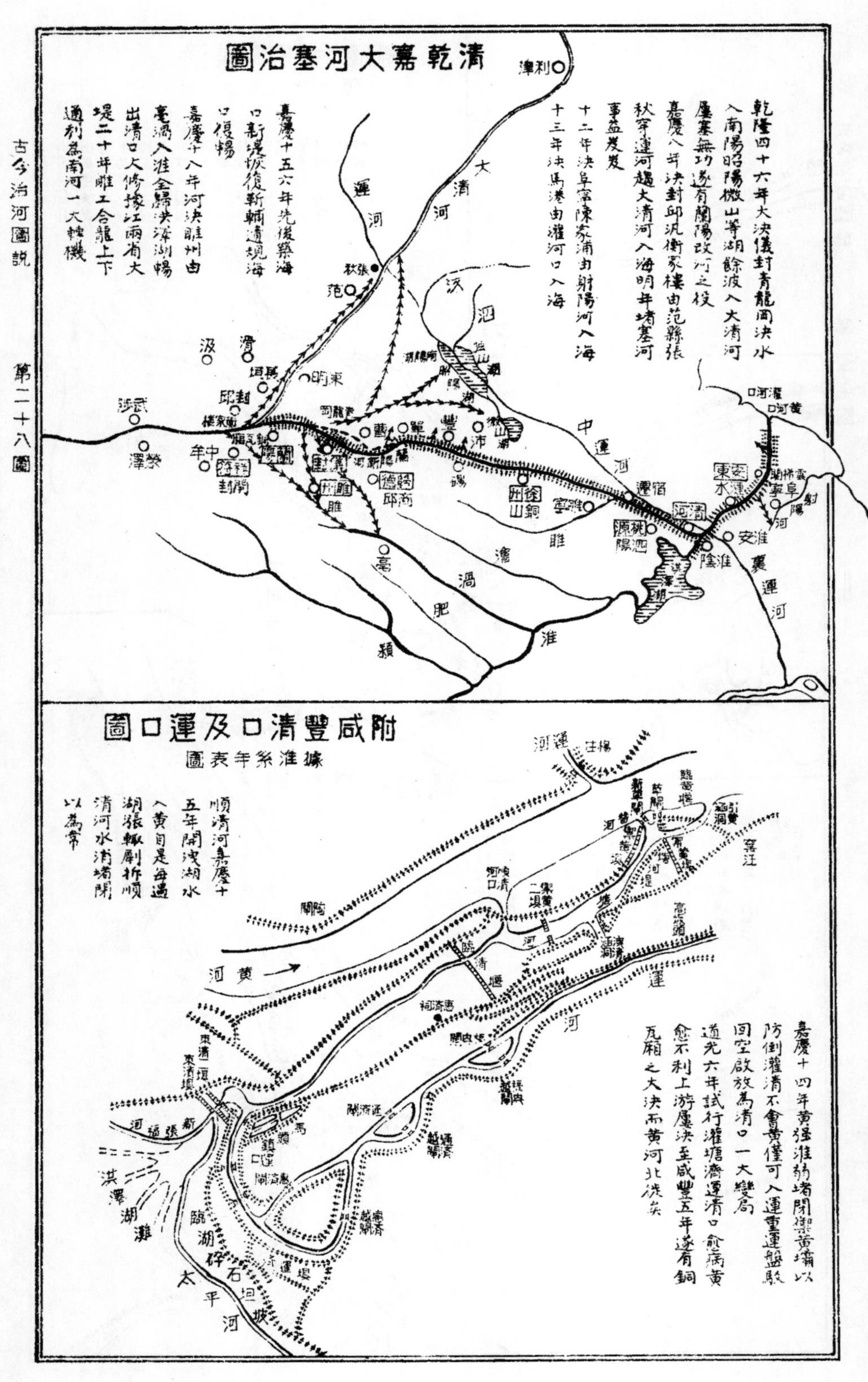
清乾嘉大河塞治圖
乾隆四十六年大決儀封青龍岡決水
入南陽昭陽微山等湖餘波入大清河
屢塞無功遂有蘭陽改河之役
嘉慶八年決封邱衡家樓由范縣張
秋穿運河趨大清河入海明年堵塞河
事益岌岌
十二年決阜寧陳家浦由射陽河入海
十三年決馬港由灌河口入海
嘉慶十五六年先後築海
口新堤放復新輔遺規海
口復暢
嘉慶十八年河決睢州由
亳渦入淮全歸洪澤湖暢
出清口大修揚江兩省大
堤二十年睢工合龍上下
遊利為南河一大轉機
大清河
運河
中運河
裏運河
淮
潁
肥
渦
澮
睢
沁
泗
洪澤湖
附咸豐清口及運口圖
據淮系年表圖
順清河嘉慶十
五年開洩湖水
入黃自是每遇
湖漲輒刷折順
清河水消堵閉
以為常
嘉慶十四年黃強淮弱堵閉禦黃壩以
防倒灌清不會黃僅可入運重運盤駁
回空啟放為清口一大變局
道光六年試行灌塘濟運清口愈病黃
愈不利上游屢決至咸豐五年遂有銅
瓦廂之大決而黃河北徙矣
黃河
運河
洪澤湖
太平河

第二十九圖

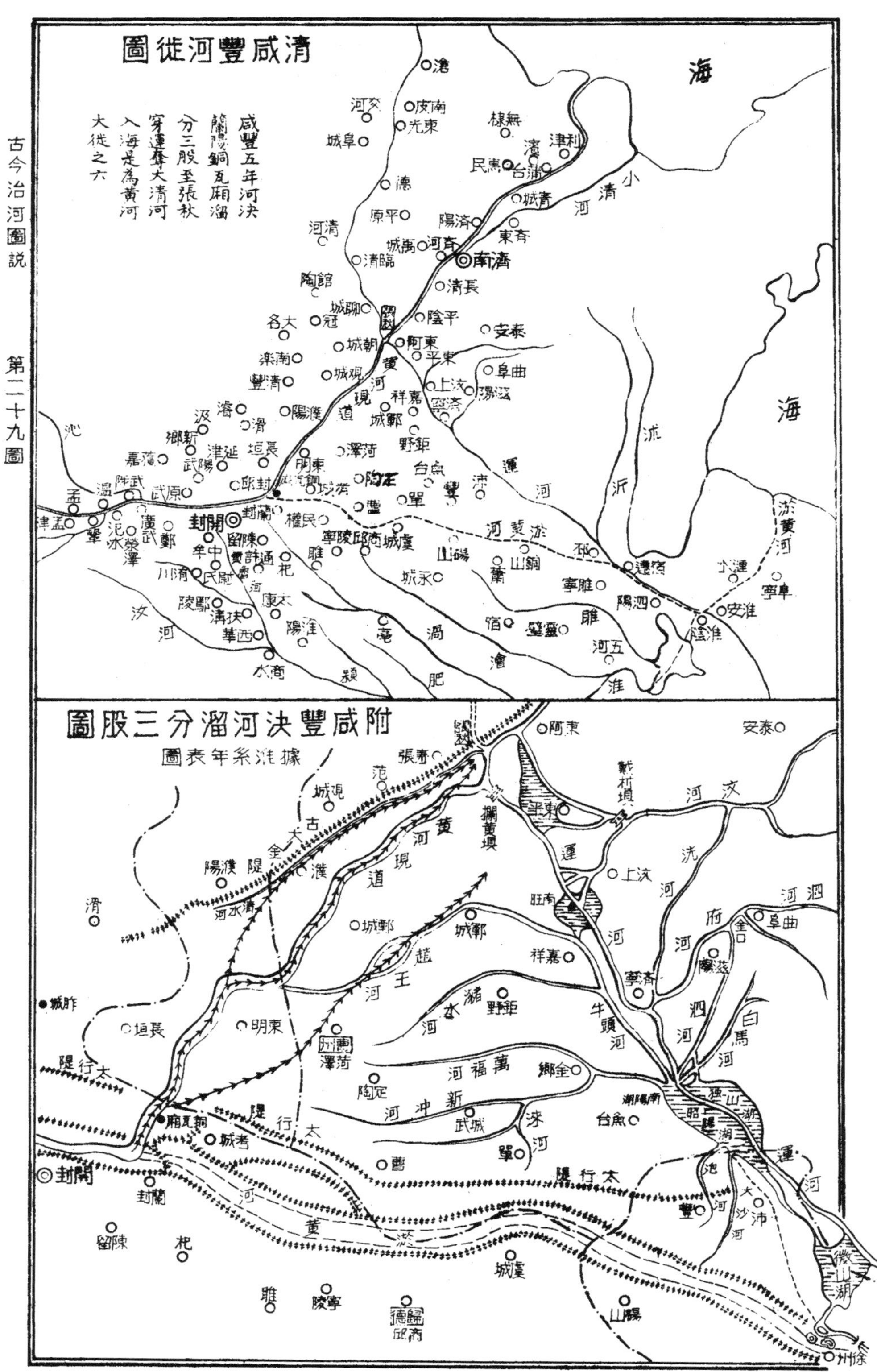

清咸豐河徙圖
咸豐五年河決
蘭陽銅瓦廂溜
分三股至張秋
穿運奪大清河
入海是為黃河
大徙之六
附咸豐決河溜分三股圖
據洪系年表圖

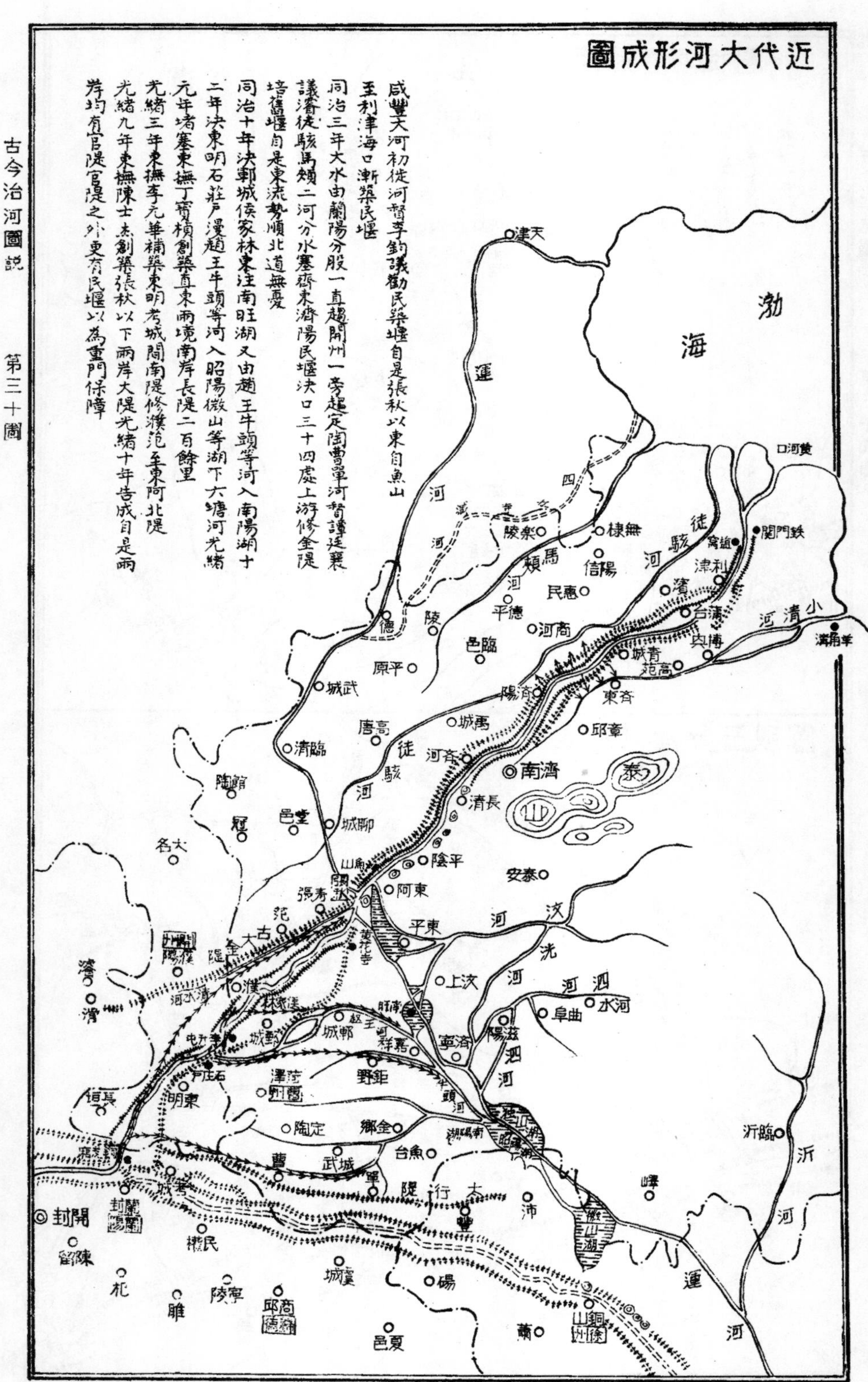
近代河形成圖
咸豐天河初徙河督李鈞議勸民築堰自是張秋以東自魚山
至利津海口漸築民堰
同治三年大水由蘭陽分股一直趨開州一旁趨定陶曹單河督譚廷襄
議濬徒駭馬頰二河分水塞齊東濟陽民堰決口三十四處上游修金隄
培舊堰自是東流勢順北道無憂
同治十年決鄆城侯家林東注南旺湖又由趙王牛頭等河入南陽湖十
二年決東明石莊戶漫趙王牛頭等河入昭陽微山等湖下六塘河光緒
元年堵塞東撫丁寶楨創築直東兩境南岸長隄二百餘里
光緒三年東撫李元華補築東明考城間南隄修濮范至東阿北隄
光緒九年東撫陳士杰創築張秋以下兩岸大隄光緒十年告成自是兩
岸均有官隄官隄之外更有民堰以為重門保障
天津
渤海
黃河口
鐵門關
運河
徒駭河
馬頰河
小清河
濟南
泰山
汶河
洸河
泗河
沂河
微山湖
開封

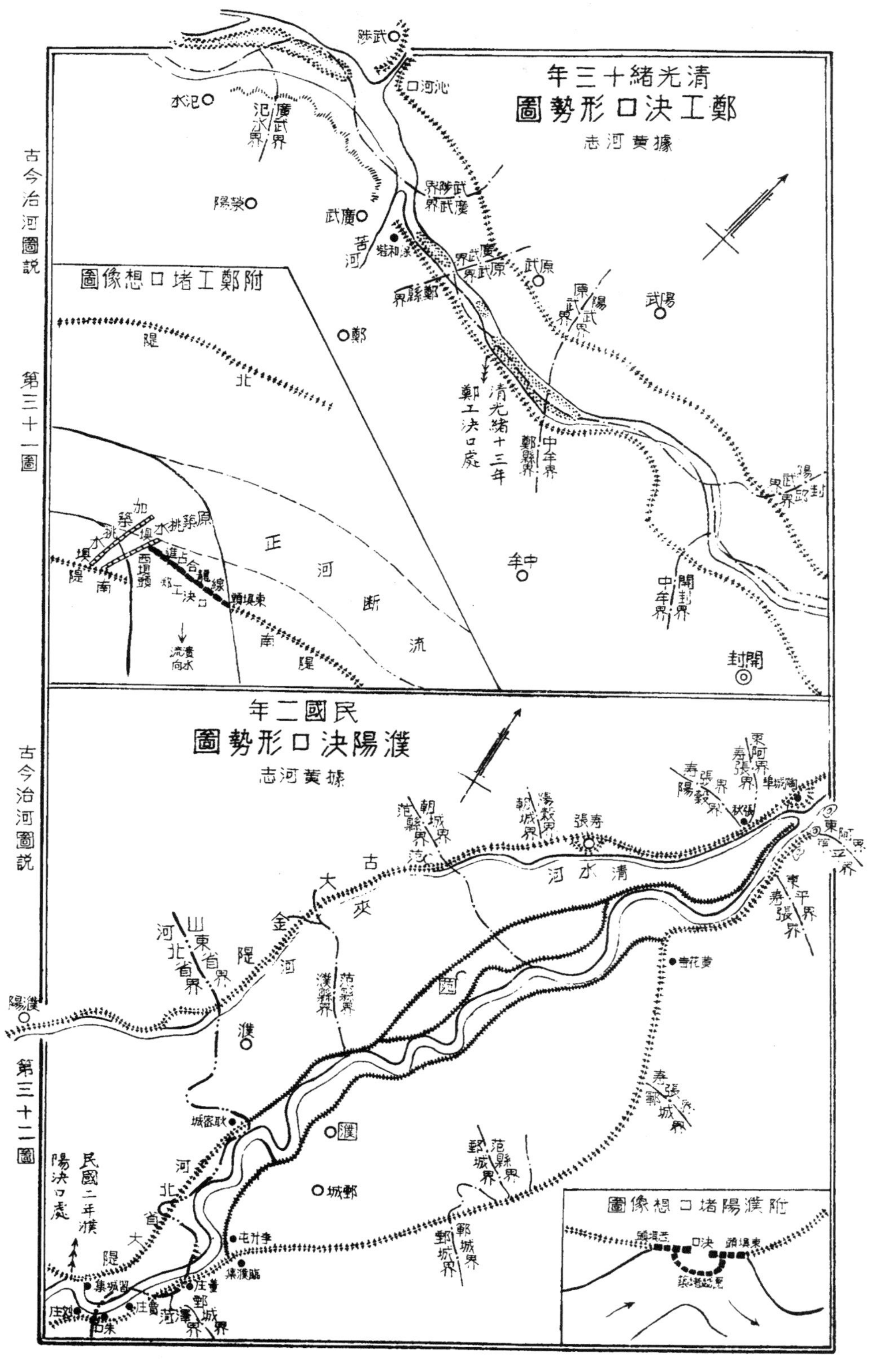

古今治河圖說
第三十一圖
清光緒十三年
鄭工決口形勢圖
據黃河志
附鄭工堵口想像圖
古今治河圖說
第三十二圖
民國二年
濮陽決口形勢圖
據黃河志
附濮陽堵口想像圖

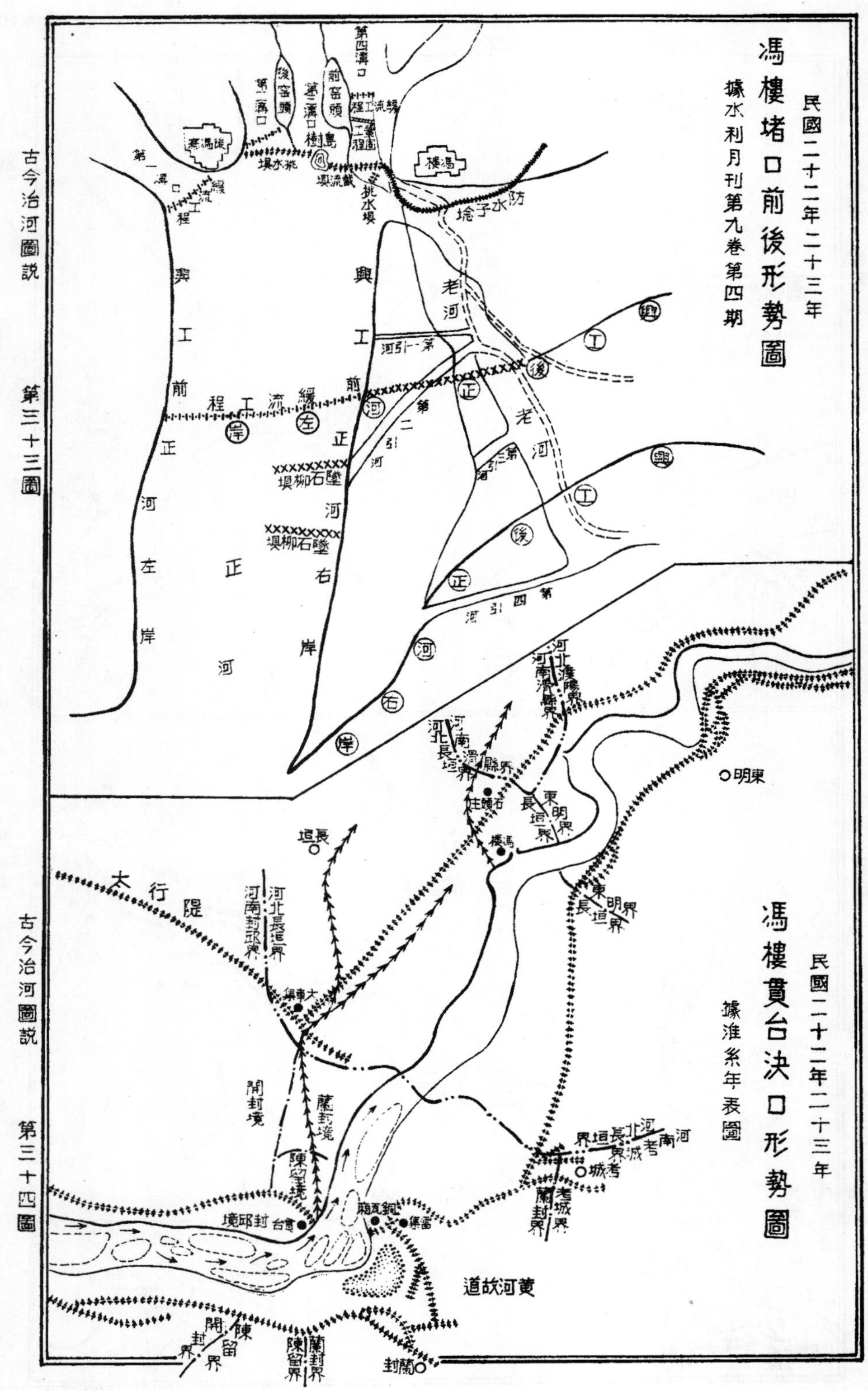


古今治河圖説 第三十三圖

古今治河圖説 第三十四圖

第三十五圖(上)

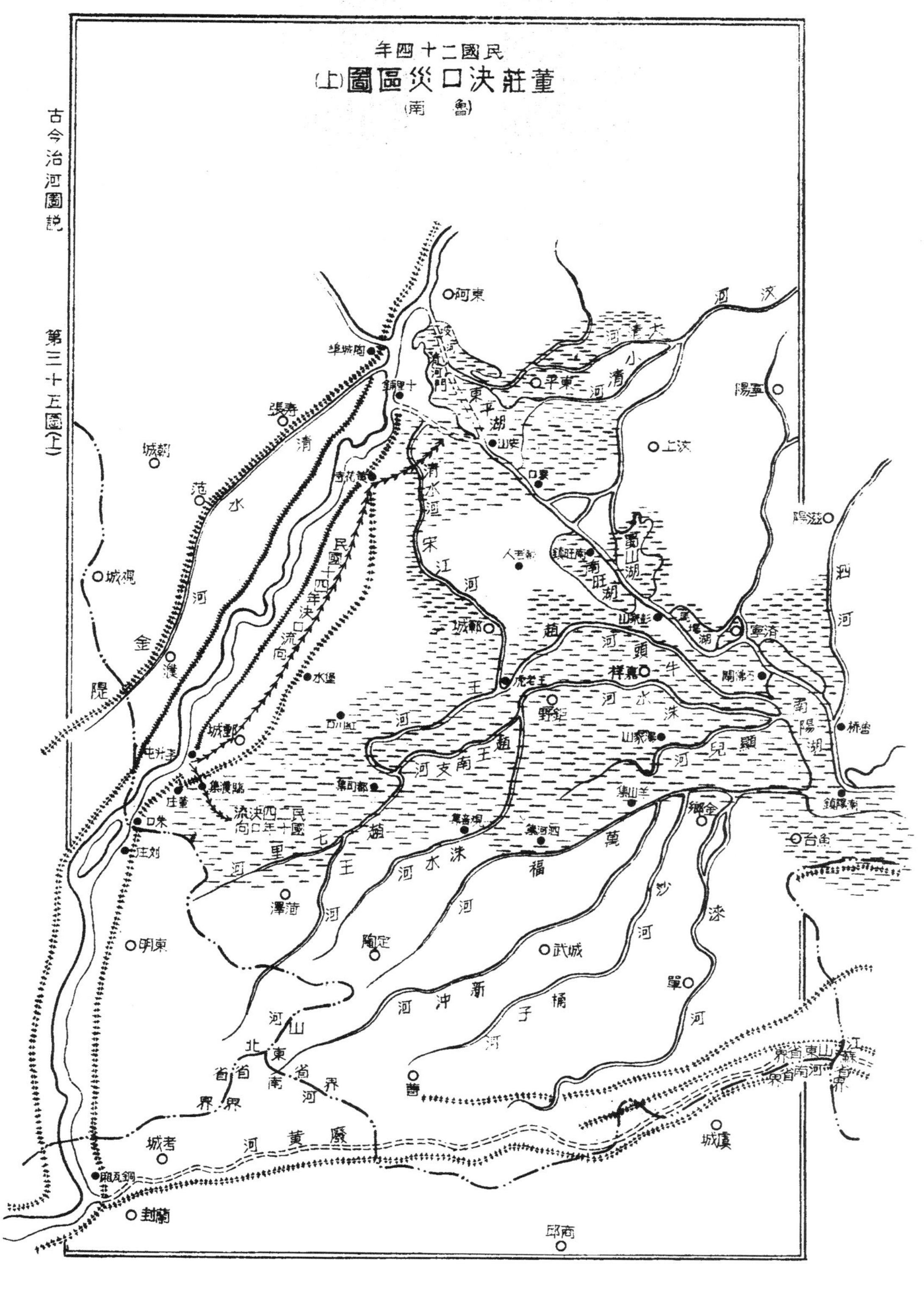

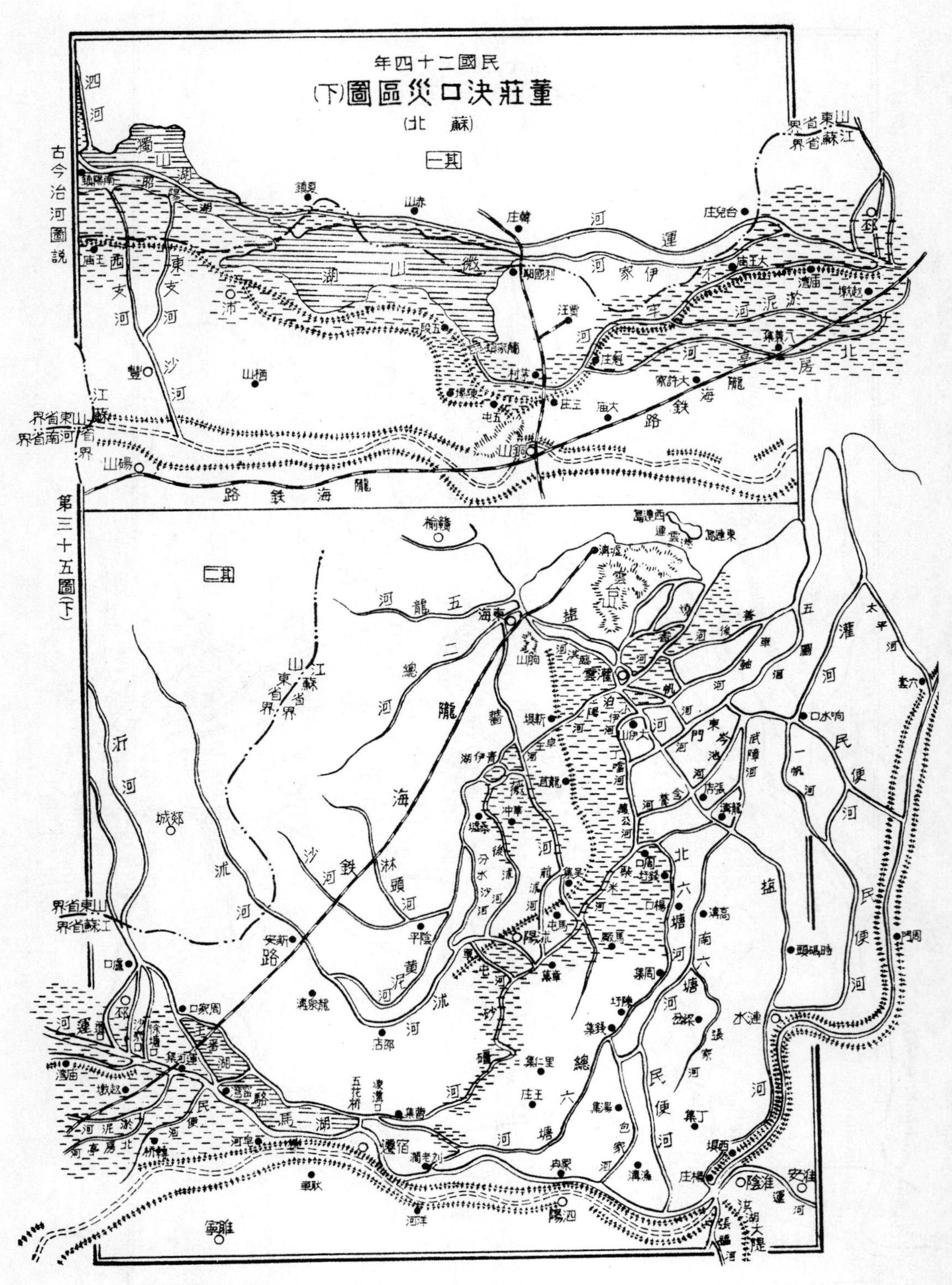


第三十五圖(下)

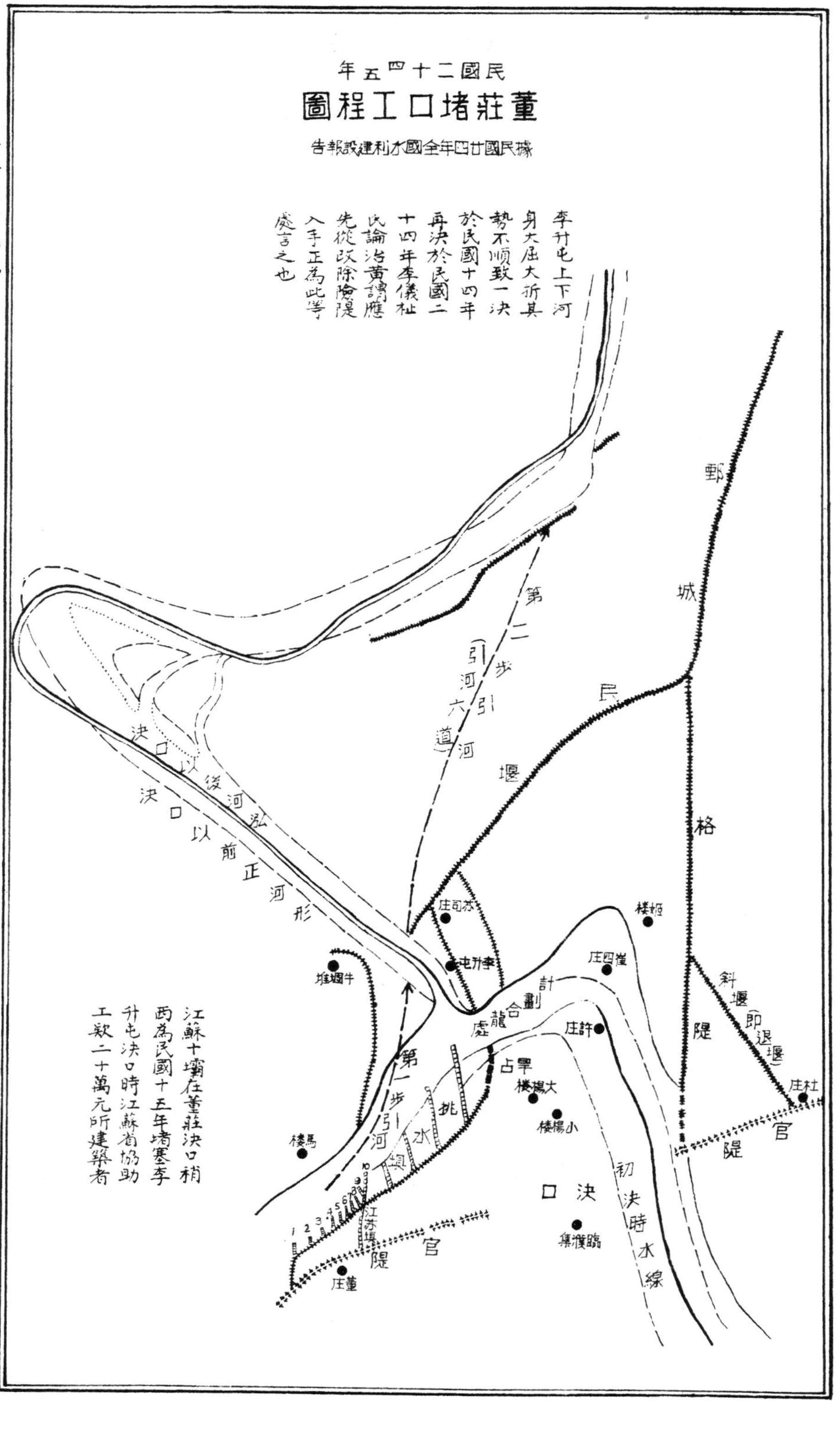

民國二十四五年
董莊堵口工程圖
據民國廿四年全國水利建設報告
李升屯上下河身大屈大折其勢不順致一決於民國十四年再決於民國二十四年李儀祉氏論治黃謂應先從改除險隄入手正為此等處言之也
江蘇十壩在董莊決口稍西為民國十五年堵塞李升屯決口時江蘇省協助工款二十萬元所建築者
鄄城民堰
格隄
斜堰即退堰
官隄
杜庄
第二步引河
引河六道
決口以後河泓
決口以前正河形
蘇司庄
柏樓
李升屯
崔四庄
計劃合龍處
許庄
第一步引河
挑水壩
大楊樓
小楊樓
馬樓
決口
初決時水線
臨濮集
江蘇壩
董庄

第三十七圖(上)

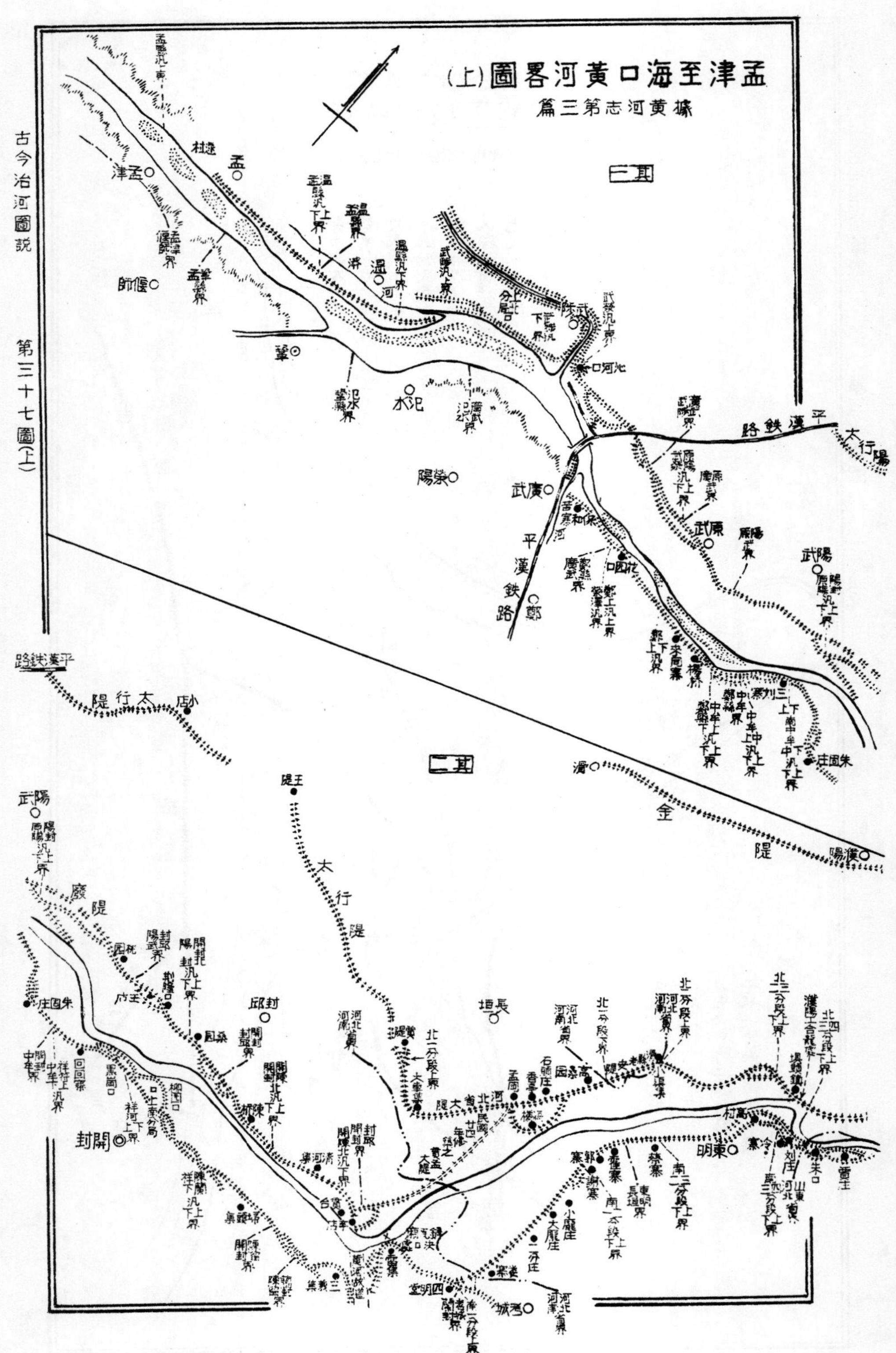

孟津至海口黃河畧圖(上)
據黃河志第三篇
其一
其二
平漢鉄路
太行隄
金隄
廢隄
孟津
溫
鄭
滎陽
武陟
原武
封邱
長垣
開封
東明
汜水
鞏
偃師
滑

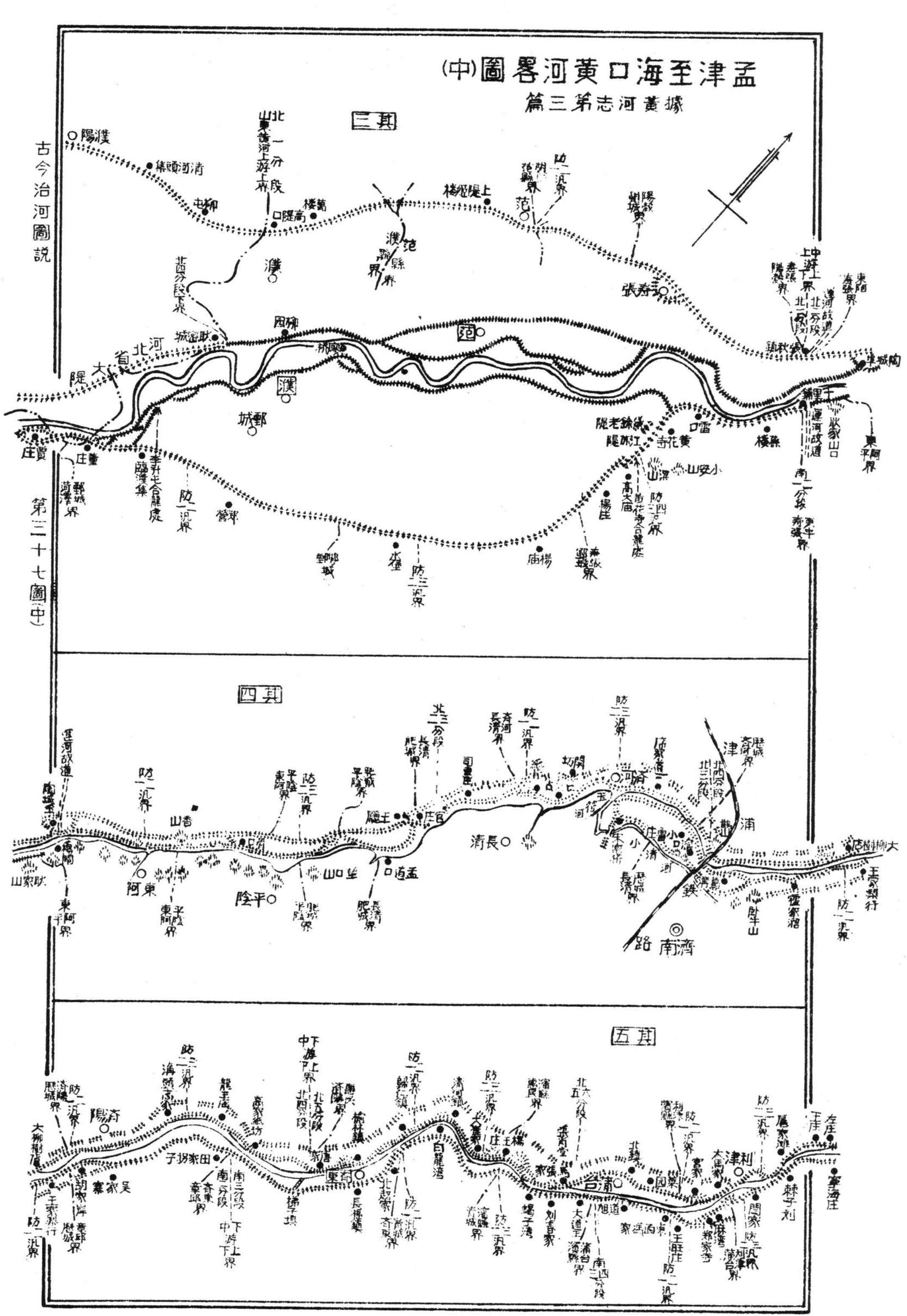


第三十七圖(中)

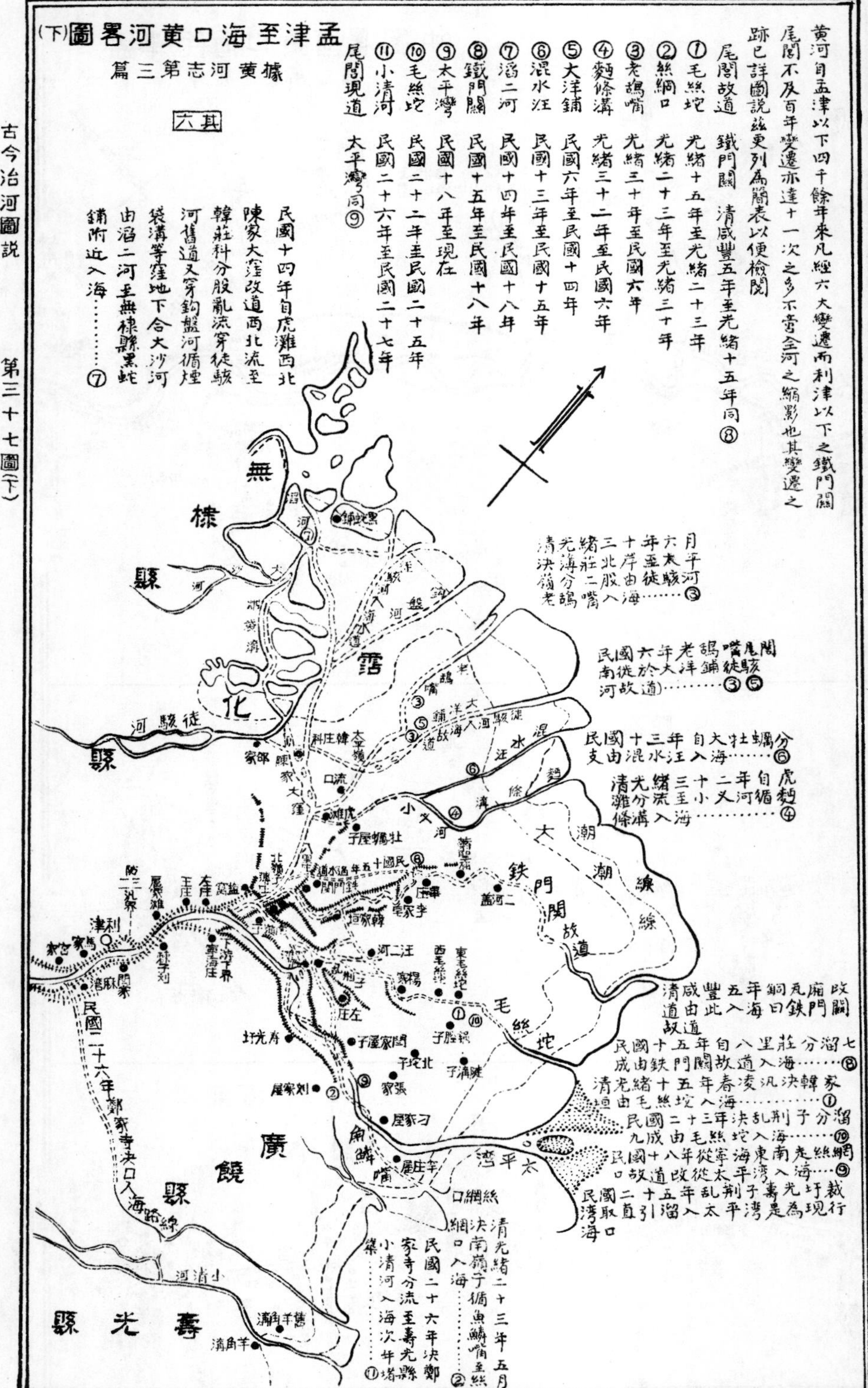
孟津至海口黃河略圖(下)
據黃河志第三篇
其六
黃河自孟津以下四千餘年來凡經六大變遷而利津以下之鐵門關尾閭不及百年變遷亦達十一次之多不啻全河之縮影也其變遷之跡已詳圖說茲更列爲簡表以便檢閱
尾閭故道　鐵門關　清咸豐五年至光緒十五年同⑧
①毛絲坨　光緒十五年至光緒二十三年
②絲網口　光緒二十三年至光緒三十年
③老鴰嘴　光緒三十年至民國六年
④麪條溝　光緒三十二年至民國六年
⑤大洋鋪　民國六年至民國十四年
⑥混水汪　民國十三年至民國十五年
⑦淊二河　民國十四年至民國十八年
⑧鐵門關　民國十五年至民國十八年
⑨太平灣　民國十八年至現在
⑩毛絲坨　民國二十二年至民國二十五年
⑪小清河　民國二十六年至民國二十七年
尾閭現道　太平灣同⑨
民國十四年自虎灘西北陳家大窪改道西北流至韓莊科分股亂流穿徒駭河舊道又穿鉤盤河循煙袋溝等窪地下合大沙河由淊二河至無棣縣黑蛇鋪附近入海……⑦
清光緒三十年六月決溝莊北岸至太平嶺分二股由徒駭河老鴰嘴入海……③
民國六年老鴰嘴尾閭南徙於大洋鋪徒駭河故道……③⑤
民國十三年自大牡蠣分支由混水汪入海……⑥
清光緒三十二年自虎灘分流至小叉河循麪條溝入海……④
清咸豐五年銅瓦廂改道由此入海曰鉄門關故道
民國十五年自八里莊分溜七成由鉄門關故道入海……⑧
清光緒十五年春凌汛決韓家垣由毛絲坨入海……①
民國二十三年決乱荆子分溜九成由毛絲坨入海……⑩
民國十八年從寧海東南老絲網口故道改從太平湾入海……⑨
民國二十五年乱荆子壽光圩裁湾取直引溜入太平湾是爲現行海口
清光緒二十三年五月決南嶺子循魚鱗嘴至絲網口入海……②
民國二十六年決鄭家寺分流至壽光縣小清河入海次年堵築……⑪
民國二十六年鄭家寺決口入海路線
無棣縣
霑化縣
廣饒縣
壽光縣
利津
鐵門關故道
潮線
太平湾
毛絲坨
絲網口
小清河
徒駭河
混水汪
大洋鋪
老鴰嘴

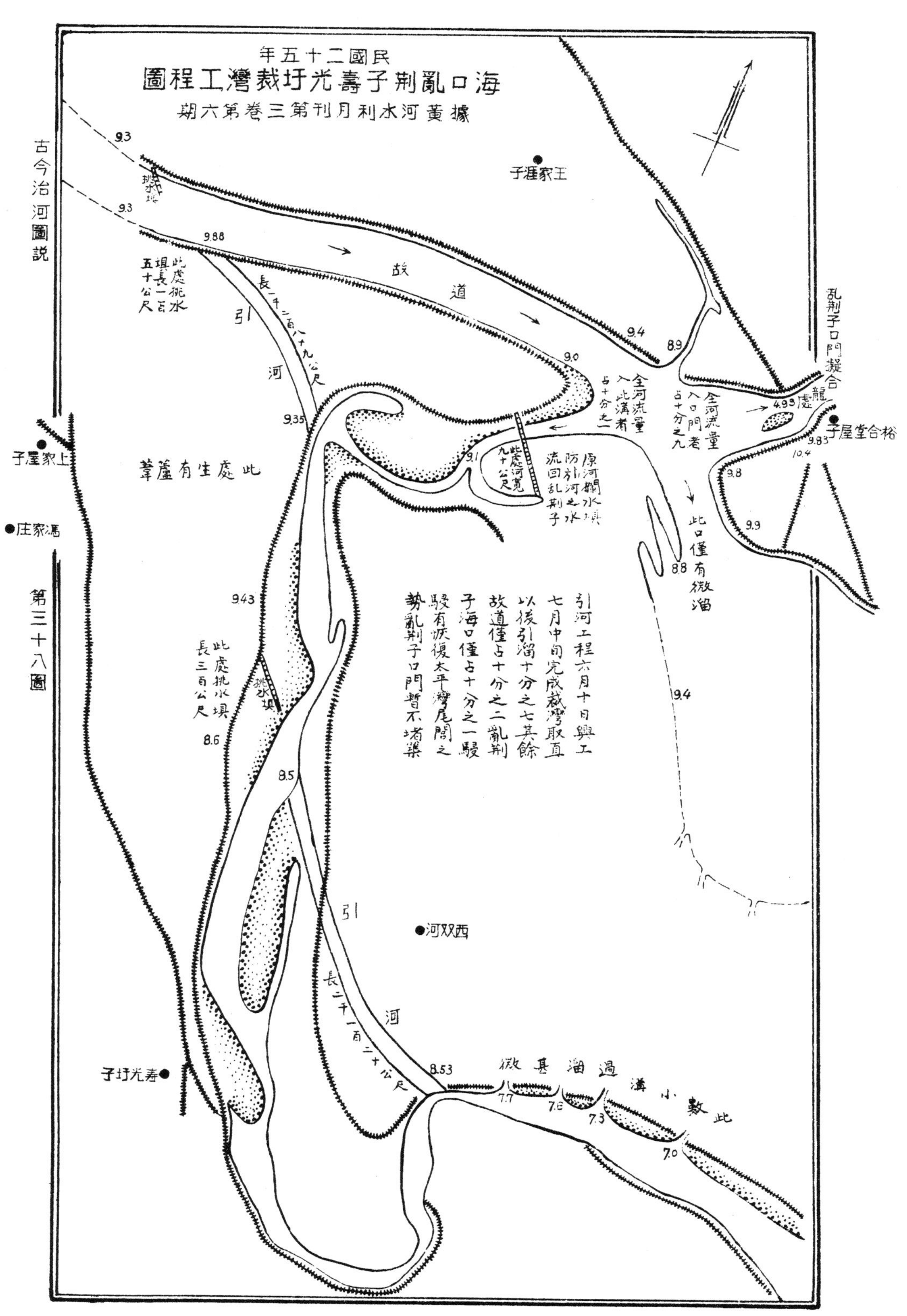

民國二十五年
海口亂荊子壽光圩裁灣工程圖
據黃河水利月刊第三卷第六期
王家灘子
上家屋子
馮家庄
裕合堂屋子
西双河
壽光圩子
故道
引河
長一千二百八十九公尺
此處挑水壩長一百五十公尺
挑水壩
此處生有蘆葦
全河流量十分之一入此溝者
全河流量十分之九入此口門者
原河攔水壩防引河之水流回亂荊子
此處河寬九十公尺
此口僅有微溜
亂荊子口門擬合龍處
此處挑水壩長三百公尺
長二千一百二十公尺
此數小溝過溜甚微
引河工程六月十日興工七月中旬完成裁灣取直以後引溜十分之七其餘故道僅占十分之二亂荊子海口僅占十分之一駿駸有淤墁太平灣尾閭之勢亂荊子口門暫不堵築
9.3
9.3
9.88
9.4
8.9
9.0
9.35
9.1
4.93
9.83
10.4
9.8
9.9
8.8
9.43
9.4
8.6
8.5
8.53
7.7
7.6
7.3
7.0


第三十八圖

古今治河圖說　第三十九圖

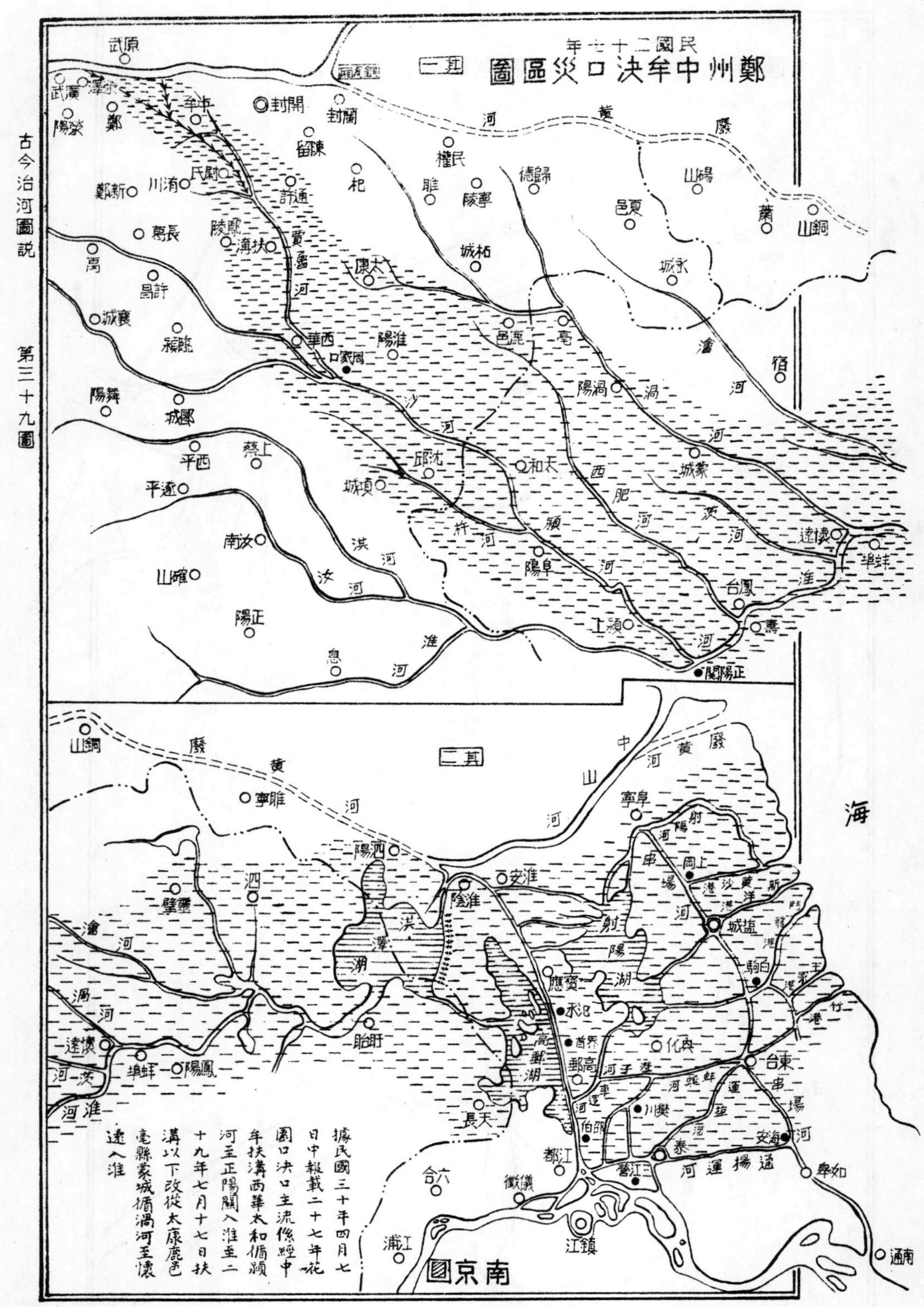

鄭州中牟決口災區圖
民國二十七年
其一
其二
南京圖
據民國三十年四月七日中報載二十七年花園口決口主流係經中牟扶溝西華太和循潁河至正陽關入淮至二十九年七月十七日扶溝以下改從太康鹿邑亳縣蒙城循渦河至懷遠入淮
海

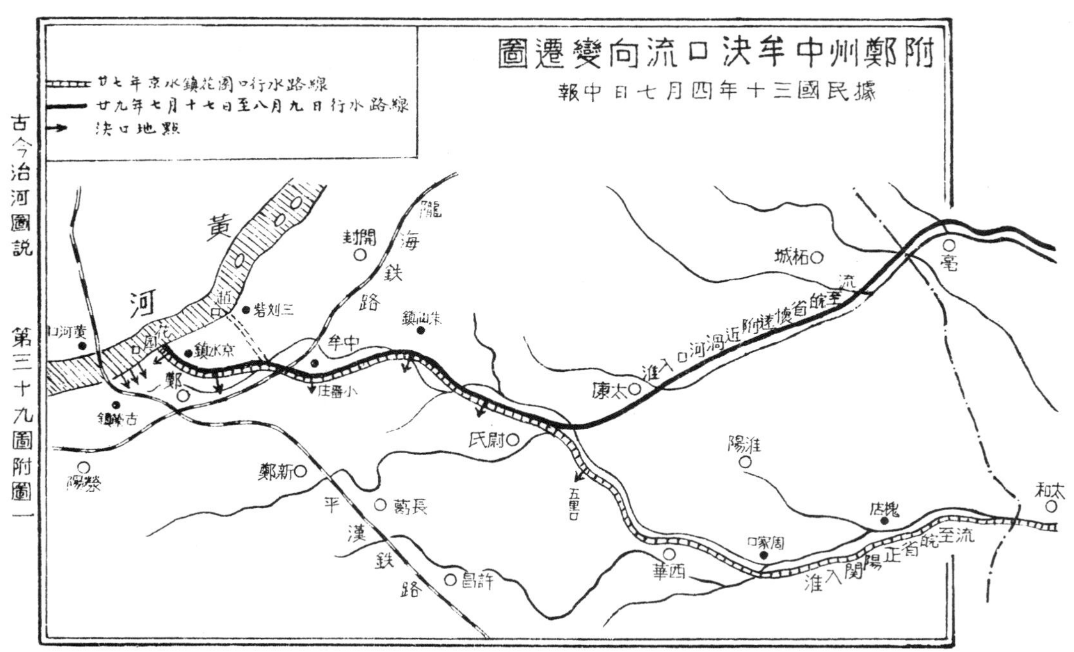
附鄭州中牟決口流向變遷圖
據民國三十年四月七日中報
廿七年京水鎮花園口行水路線
廿九年七月十七日至八月九日行水路線
決口地點
黃河
隴海鐵路
平漢鐵路
開封
中牟
鄭
京水鎮
古滎鎮
滎陽
新鄭
長葛
許昌
尉氏
太康
柘城
亳
淮陽
西華
周家口
槐店
太和
五里口
小潘庄
朱仙鎮
黃河口
三劉砦
趙口
花園口
入渦河口近附亳縣流入皖省境至
入淮陽正陽關流入皖省境



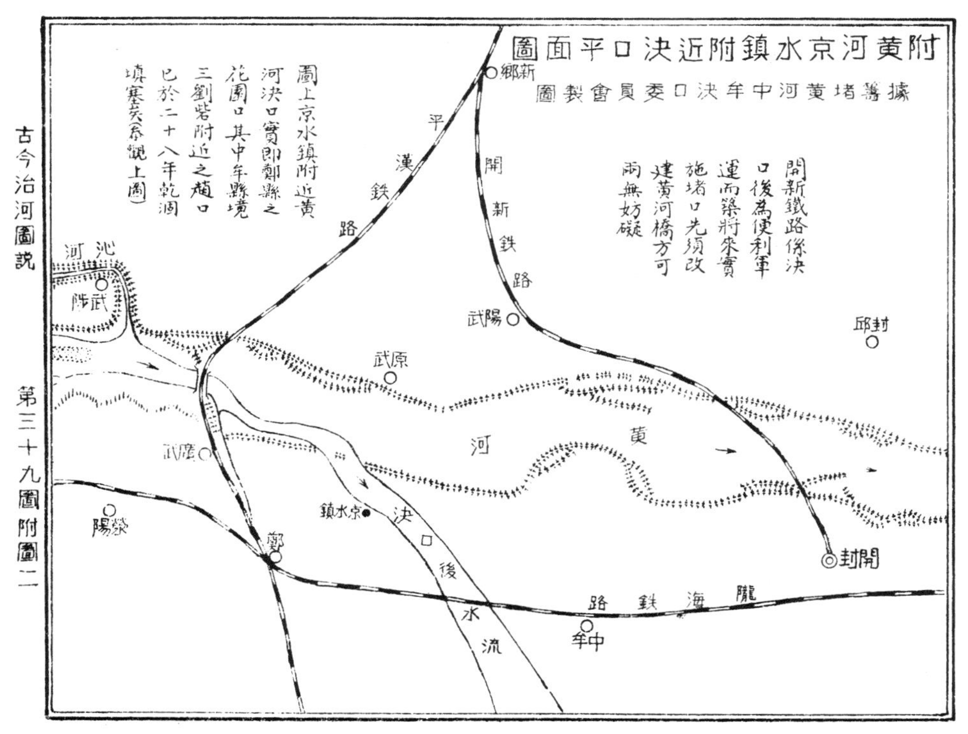
附黃河京水鎮附近決口平面圖
據籌堵黃河中牟決口委員會製圖
開新鐵路係決口後為便利軍運而築將來實施堵口先須改建黃河橋方可兩無妨礙
圖上京水鎮附近黃河決口實即鄭縣之花園口其中牟縣境三劉砦附近之趙口已於二十八年乾涸填塞矣(參閱上圖)
沁河
武陟
平漢鐵路
新鄉
開新鐵路
武陽
原武
封邱
黃河
廣武
滎陽
鄭
京水鎮
決口後水流
隴海鐵路
中牟
開封

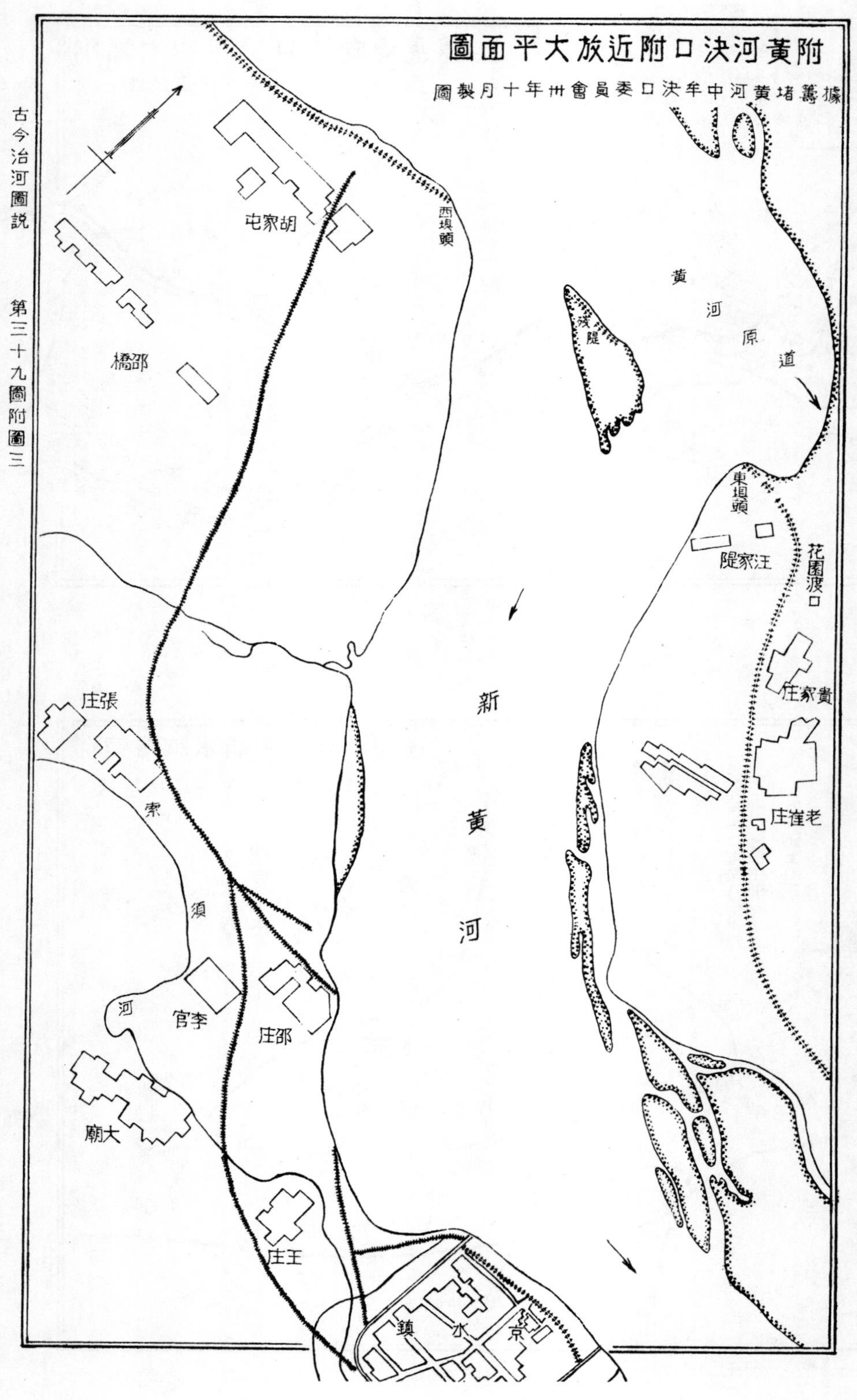
附黃河決口附近放大平面圖
據舊堵黃河中牟決口委員會卅年十月製圖
胡家屯
西壩頭
部橋
黃河原道
殘隄
東壩頭
汪家隄
花園渡口
張庄
新黃河
貴家庄
索須河
老崔庄
李官
部庄
大廟
王庄
京水鎮

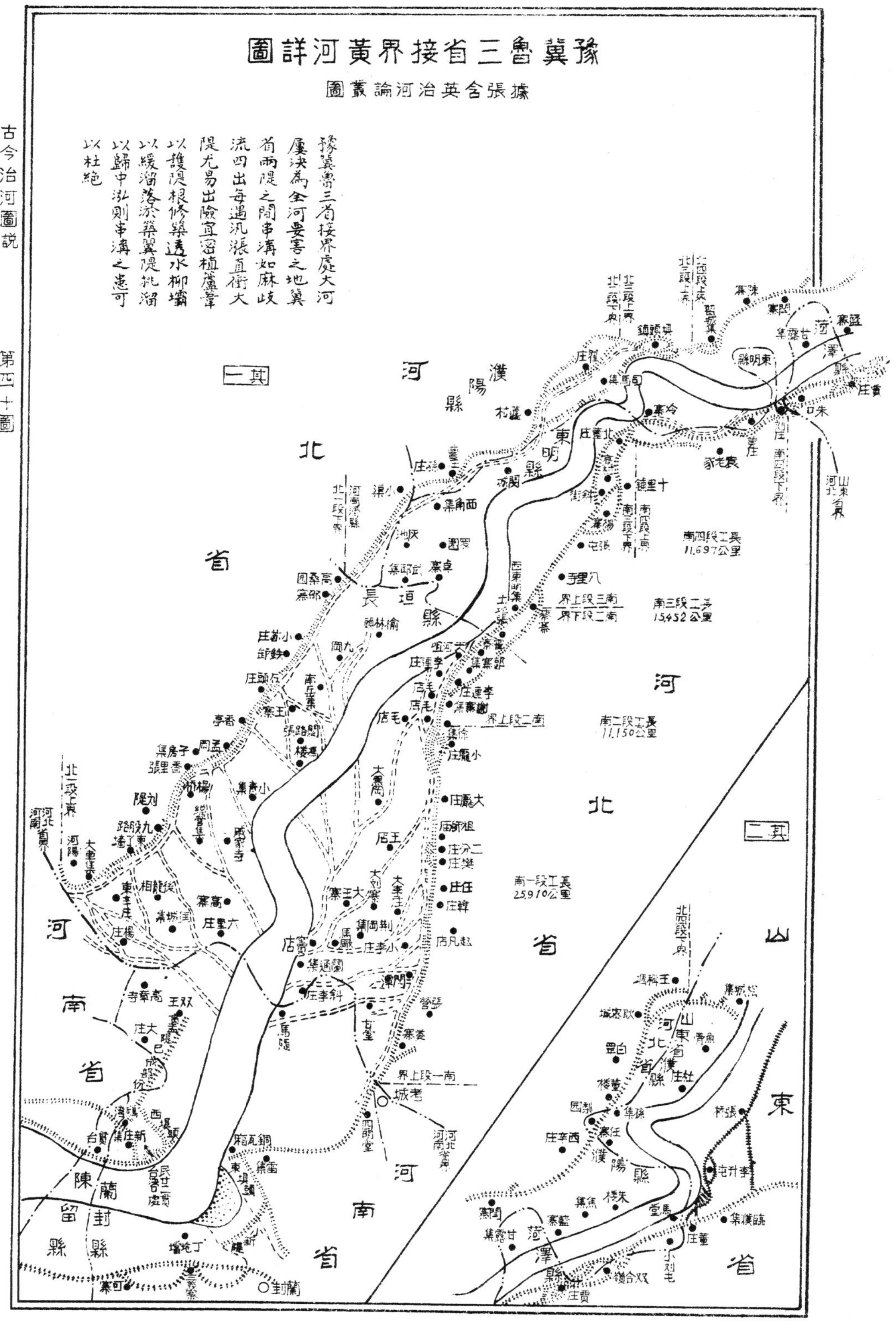
豫冀魯三省接界黃河詳圖
據張含英治河論叢圖
豫冀魯三省接界處大河屢決為全河要害之地冀省兩隄之間串溝如麻歧流四出每遇汛漲直衝大隄尤易出險宜密植蘆葦以護隄根修築透水柳壩以緩溜落淤築翼隄挑溜以歸中泓則串溝之患可以杜絶
其一
其二
河北省
河南省
山東省
濮陽縣
東明縣
長垣縣
陳留縣
蘭封縣
菏澤縣
南四段工長 11,697公里
南三段工長 15,452公里
南二段工長 11,150公里
南一段工長 25,910公里
南三段上界
南二段下界
南二段上界
南一段上界

# 古今治河圖説

原文

吴君勉 著

中国水利水电出版社
www.waterpub.com.cn
·北京·

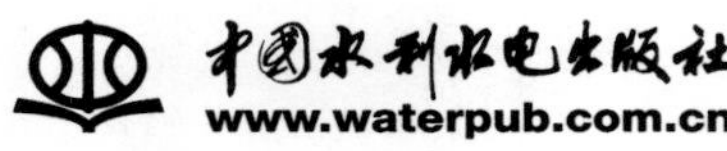

# 自序

余髫齔時夏夜納涼望星河耿耿銀漢迢迢家人詔余曰此黃河也心竊識之已而讀唐人詩至黃河之水天上來及黃河遠上白雲間之句以爲黃河果在雲煙杳靄之間也稍長游北郊見長隄橫亘平沙無垠家人詔余曰此舊黃河也則憬然有悟低回久之余家故當河淮之會前淸道咸間有良田數千畝竟以河淮屢災家業中落及余之身河雖北徙已久鄉里故老道及黃河者猶若談虎色變余於是又知黃河之爲害矣其後從吾師霞峯武先生游讀所著淮系年表關於黃河奪淮之紀載文詞簡約反覆數四猶不甚了了及進而讀正續行水金鑑則又苦過於浩博簿書餘晷窮年累月不能卒業余雖數數關心河事而其所得仍僅一鱗半爪不禁廢書而歎以爲黃河大川變遷複雜欲求上下古今首尾貫澈殆非顓蒙如余所能勝任也又其後吾師出其緒餘著爲河史述要受而讀之綱舉目張引人入勝爲之狂喜曰吾積年所求之黃河其在是矣自是涉獵有關黃河之著錄便覺頭頭是道卽向苦簡約浩博者亦漸有會心甚矣著書難而讀書亦不易有如此者都水諸公靑來深具同感且病水利書無圖爲之左證益難索解曾發願纂輯古今治河圖說俾便初學草創未就面授指要屬爲編次竊維黃河縱橫奔突蹂躪中原大陸蒙其害者何啻萬萬此萬萬人者厝火積薪曾不知根本排除河患安其危而利其災父子祖孫苟安旦夕歷數千年其事甚怪今豫河決口未堵江淮之間危如累卵而懵然罔覺視若星河銀漢者

依然比比皆是可痛已或謂治河專家之學未易責諸人人即進而考諸治水名家如明清潘靳諸公其始又何嘗胸有成竹熟審河之利病而後治之哉潘之言曰季馴生東海之濱不知所謂黄與淮者而功業爛然靳輔以安徽巡撫調任河道總督初固未嘗嫻習河事偶於逆旅邂逅陳潢延爲幕賓贊襄決築治河始有方略此無他經世致用之學與射策甲科欺世盜名有別志在干祿者既不肯絞腦殫精致力於無用之地而有志之士宅心悲憫又以深文奥義圖解不備讀之如墮五里霧中即如賈讓三策至正河防記雖悉心揣摩仍苦難得碻解又或鴻篇鉅著汗牛充棟而人事繁賾吾生有涯則望洋興歎束之高閣於是中國治河大業乃付諸河員汎兵而不可究詰良可慨已古今治河圖説之作青公詔以定義曰舍繁就簡曰避晦求明蓋欲備社會之常識作初學之階梯自慚謭陋難副斯旨乃取淮系年表河史述要爲藍本旁及行水金鑑河渠紀聞黄河年表黄河志歷代疆域沿革圖等兼採近人論著間或參以臆見爲時半稔成圖稿四十幅圖説約五萬言吾師隨時爲之繩正青公更爲之鑑定雖未爲賅備儻初學循此階梯由淺入深進而求之鴻篇鉅著略無杆格而向之視若星河銀漢者忽覺如在堂奥衣帶之間矍然清醒羣起自救進而謀其根治祛害興利則此篇用覆醬瓿可也繪圖者張君安仁例得附書

中華民國三十一年六月吳君勉謹識

# 武序

五六年前余初纂再續行水金鑑時學友吳君勉曾佐鄭權伯輯成中國水利史由商務印書館印成精册定爲中國文化史叢書之一國內大學或取材以爲教本其書范博歸約汰粗取精擷文化之菁華開水學之塗徑不虛作也昨歲余賡續編纂再續行水金鑑約君勉爲助都水諸公以牟鄭黃河決口久久不塞水入江淮隱憂甚大屬君勉特輯古今治河圖說藉供參攷君勉有難色余以爲河事載籍極爲緐賾上下四千年提要鉤玄供我陶冶談何容易作圖更無憑借冥想所及或有乖舛然可藉此以爲讀書之機會吾輩讀書往往雲煙過眼不甚經意至於編著則不容有一字一句輕輕放過旣有所得因事作圖又將擱筆數數鑽研及至了無扞格圖成而說具始可謂真能讀書者余語君勉盍一試之君勉唯唯乃發篋陳書大都昔曾寓目如見故人爬梳搜剔提挈綱要日無暇晷接席商量悉中肯綮爲時六閱月成圖凡四十幅說凡十一章三十節約五六萬言旣脫稿經諸公審定卽將付印適余承纂之再續行水金鑑江淮兩編已先付印約計可同時出版君勉索序爲述其略如右

中華民國三十一年六月　灌雲武同舉

# 諸序

余幼讀四史及資治通鑑等書凡遇古代地名輒覺模糊影響以無適當輿圖爲之左證至於涉及河事無論河溢河決河徙更苦惝恍迷離如墮五里霧中論辨愈繁者讀之神思愈瞀往往廢書而歎曰古人左圖右史良有以也余時尙在幼年智慧未開所不能解者不求甚解而已其後漸有進步終難豁然貫通偶因時會忝筦水政値豫河決口未堵江淮河三瀆合流莽莽神州陸沈是懼於是河溢河決河徙與夫施治之利病得失種種問題不覺縈繞腦際揮之不去遣之復來雖欲不求甚解不可得已乃取舊所研習參證新編困勉求知將以窮其因革損益得失利病勒爲專刊志在創作顧簿書期會爲日不給鈞稽甄錄旋作旋輟行見頭白可期汗青無日深爲愧恨霞峯先生精研水利三十餘年造詣卓絕旣獲共事納交每與論及河事滔滔汩汩如數家珍嗣又介其門人吳子君勉襄助爲理與之語條理井然觀其行悃愊無華誠一績學之士爰以斯事相屬吳子勉爲承諾乃原本師說參以新知從事纂輯每成一圖一說皆經霞峯先生及余爲之鑒定閱半歲脫稿提要鉤玄體用賅備圖說互證朗若列眉不但足資治水者參攷抑亦讀史之一助也余幸觀是書之成得償宿願且喜霞峯先生之絕學將來定有傳人也遂書之以爲息壤

中華民國三十一年六月諸青來

# 古今治河圖說目錄

# 圖目

# 古今治河圖說

## 第一章　概論

諸青來
武兩軒　鑑定

吳君勉纂輯

黃河善決善徙，著聞於世。自神禹大治以來，決徙之數，更僕難數，自古無長治久安之策。河源萬里，孟津以上，山高水深，終古無變。孟津以下，箝束驟解，土疏水肆。或北走津沽，或南出雲梯，或中趨利津。其勢飄忽如怒馬游龍，不可方物。世稱黃河六大遷徙：禹河距今凡四千二百十八年。（公元前二二七八年）閱一六七六年，初徙於周定王五年。（前六〇二）又閱六一三年，再徙於王莽始建國三年。（一一）又閱一〇三七年，三徙於宋仁宗慶曆八年。（一〇四八）又閱一四六年，四徙於金章宗明昌五年。（一一九四）又閱三〇〇年，五徙於明孝宗弘治七年。（一四九四）又閱三六一年，六徙於清文宗咸豐五年。（一八五五）禹河周定王河宋慶曆大河皆行北道，由津沽入海。莽河清咸豐大河，皆行中道，由利津入海。明弘治大河行南道，趨雲梯關入海。金明昌大河，則分行中南兩道，由利津雲梯入海。（參觀第一圖黃河六大變遷圖）北道閱時最久，歷二千四百餘年。中道次之，歷一千四百餘年。南道又次之

，歷六百餘年。河道利病之癥結，亦於是覘焉。茲更列爲簡表如次。

## 黃河大徙簡表

| 大徙 | 時期 | 公元 | 歷時 | 河綫所經 |
|---|---|---|---|---|
| 元始 | 禹時 | 前二二七八年 | 一六七七年 | 積石龍門華陰底柱孟津洛汭（洛水入河處）大伾（濬縣西南）大陸（鉅鹿東北）九河渤海 |
| 初徙 | 周定王五年 | 前六〇二 | 六一三 | 宿胥口（大伾之南山）長壽津（濮陽）成平天津 |
| 再徙 | 王莽始建國三年 | 一一 | 一〇三七 | 魏郡（濮陽）清河（高唐）平原濟南千乘（濱縣） |
| 三徙 | 宋仁宗慶曆八年 | 一〇四八 | 一四六 | 商胡（濮陽）永濟渠（衛河）乾寧軍（青縣）獨流口（天津） |
| 四徙 | 金章宗明昌五年 | 一一九四 | 三〇〇 | 陽武封邱長垣東明菏澤鉅野鄆城分兩派南派奪泗入淮北派奪大清河入海 |
| 五徙 | 明孝宗弘治七年 | 一四九四 | 三六一 | 原武開封蘭封歸德虞城夏邑永城碭山蕭縣銅山睢寧宿遷泗陽淮陰奪淮入海 |
| 六徙 | 清文宗咸豐五年 | 一八五五 | | 銅瓦廂（蘭封北）東明鄄城濮縣鄆城范縣壽張東阿平陰長清齊河濟南濟陽濱縣利津 |

河性善決善徙，吾人研究河史，不惟明其變徙之迹而已；尤當探本窮源，推求制馭之方略。請申四義，以概其餘：

河本北流，其南有漯濮濟汴，綱舉目張；更南有江淮，水脈連貫。九河既堙，河變斯起，河綫每愈趨而南。漯濮濟汴，既因行河而久已堙廢；淮爲河奪，亦成半身不遂；寖假而長江且受威脅。長此以往，伊於胡底！然河之將徙，多由人事之醞釀，致成溢決。既徙而未定局，

又多由人力之迫挾，使之强趨新河。如田蚡王莽，維護先塋；賈魯白昂，拘牽運道；皆强河使南。宋代大河北行，本已安流，當事者欲藉河作封疆之界，限戎馬之足，於是京東故道，橫隴故道，二股六塔諸爭議，紛然而起。拂逆河性，終釀巨變。前事不忘，足爲炯戒。是爲第一義。

河性決徙無常，縱橫奔突，不但漯濮濟汴，故迹堙沒；凡江淮以北，永定以南，百餘萬方里間，千陂摧敗，百脈壙淤；其所牽連者，至爲廣泛。南北大運河，當河水之衝。自來一切治運工程，皆緣河而起。漳衞之通塞，沂泗之演變，會通泇運皂河中河淮揚運河之逐漸溝通，皆受黃河影響。宋明以來，黃旣奪淮，洪澤淪爲大湖，高堰祟爲大陘。淸口運口，鬨墒紛紜，亦皆由應付黃水之侵逼而起。是故黃河無定軌，中原大陸，水禍永無甯日，一切灌漑航運諸水利事業，皆將無從說起。是爲第二義。

河雖善徙，究其實亦未嘗無長治久安之策。四千餘年來，一治一亂，若循環然；未必盡由天行肆虐，蓋亦有人謀之不臧焉。潘季馴曰：『成功不難，守成爲難。使禹之成業，世世守之，世世此河也；歲遠人亡，道謀滋起，馴不得而知也。』痛哉言乎！人存政舉，人亡政息，古今同慨，豈獨河事爲然！就河變之迹象，推闡至極，以明其倘有可以維持不變之道在。是爲第三義。

治河與防河有別。治河者，統籌全局，一勞永逸之謂也。防河者，頭痛醫頭，補苴一時之謂也。自周末井田廢，阡陌開，治河亦蒙受莫大之影響。宋明以來，名賢治績，要不外黃河中下游隄防之修護。潘靳治河名家，皆名其書曰河防。主河事者，但求一時不溢不決，維持現狀；或已溢決而能堵口合龍，恢復舊觀；已屬盡莫大之職責。自歐美科學治水，輸入中國，治河之領域，乃恢廓而有新機。酌古斟今，舍短師長，貫徹首尾，而謀根治，實爲今後水利界應有之努力。是爲第四義。

黃河治導，已費中外水利專家幾許心力。德儒恩格斯至謂『黃河治理，爲未來之空前文化事業，』鑑往知來，取證不遠，一河治而羣水始可圖治，豈尋常河道所可相提並論哉！

# 第二章　禹河

## 第一節　禹河之前身

欲明禹功之偉大，當先知禹功未施以前之現象，則禹河之前身是也。禹功未施以前，大河故道安在，世莫能詳。漢書西域傳：『河源出于闐。北流與葱嶺河合。東注蒲昌海。潛行地下。南出於積石。爲中國河。』水經注及孔穎達尚書疏，皆同此說。西人威尼斯謂：『古代黃河，未及綏遠。原有山脈，爲綏遠諸河與黃河之分水嶺。其後陵谷變遷河始被迫南折，寖成現道。』尸子言：『古者龍門未鑿，呂梁未闢，河出孟門之上。』，是禹鑿龍門，河水始有入中國之孔道。魏默深先生亦以爲古大河行塞外，不入中國。且確指其原委曰：『河源葱嶺，經西域，匯於蒲昌海。在天山之南，于闐山之北。三面皆山，惟東隅一面，可爲泄水之口，故古稱不周之山。自蒲昌海東至玉關，沙磧千餘里。又自玉關東至遼西，瀚海六千餘里。東會盧朐河黑龍江之上游以入海。水草豐茂，靈淑所鍾，人物蕃茂。故黃帝都於上谷，畫井始於遼東，而崑崙亦有黃帝遺跡。上古至堯，天地氣運大變，故道漸已淤廢：塞外之河，忽伏流潛行，冒出於中國之積石。于是懷山襄陵，東決平陽，西泛關中，不得不鑿斷呂梁，以納洪流。非神禹斷不能濬此非常之災，此神禹功在萬世也。』其言汪洋恣肆，若不可信。然證

諸近世地質學史及地下水潛流貫通之說，又似非理之所無。默深先生，當日必有所據，姑存其說，以供科學之參證可也。（參觀第一圖禹河前身圖。）

塞外古河，無關中原行水，可勿深論。今當一究鯀河之遺跡。河水既自地層潛流而入中國，行於中條北條之間，溢於龍門呂梁之上，朱子所謂：『禹未鑿治時，龍門正道不甚洩，一派西滾入關陝，一派東滾往河東』者近是。河東爲帝都所在，河水溢於西，汾水壅於東。輦轂之下，兩水相鬥，浩浩滔天。書曰：『洚水儆予！』蓋謂此也。鯀爲保障帝都計，作九仞之城，以堙洪流，必先施工於此。惟徒爲隄防以障水，而不謀開闢去路，（寰宇記『龍門山北有河口，略似龍門而不能通，相傳鯀所鑿，今名錯開河』。是鯀亦未嘗不知爲洪水謀去路，特其功未就耳。）致九載績用弗成。（參觀第一圖禹河前身圖）

帝都之隄障，既屢作而無功，水勢橫溢，下民昏墊；冀雍先被其災。積之既久，洪水平漫而下，豫揚同罹其阨。是卽孟子所謂『洪水橫流，氾濫於天下』也。鯀築隄防於上流，亦築隄防於下流；酈道元水經注：『元城縣北有沙邱堰，』禹貢錐指引黃文叔語，謂『今澶州臨河有鯀隄，自黎陽入北至恩州清河歷亭皆有之。』武霞峯師河史述要，以爲『是卽鯀所築之大河北隄，』而以古大金隄爲大河南隄，以其間漯川東流之道爲鯀河遺蛻。顧當時水勢浩汗，隄亦屢圮，故夏書云：『禹以爲河所從來者高，水湍悍，難以行平地，數爲敗。』殆謂此也。（參觀第二圖禹河前身圖）

綜上所述，大河本行塞外，帝堯六十有一載以前，中國未聞有水災。河水既入中國，以本無通道，則湧溢於冀雍，氾濫於豫揚，致成中國滔天之水患。鯀欲因勢攔約，大築長隄，東水由今利津入海。（參觀第一圖禹河前身圖）然以疏鑿無功，隄障不成，負咎而去。禹繼父志，卒就大業，成敗利鈍之機，足爲千秋金鑑，當於次節述之。

## 第二節　禹河

禹功未施以前，河患之烈，已如前述。茲可進而述禹之治績。禹貢『既載壺口，治梁及岐。既修太原，至于岳陽。覃懷底績，至于衡漳。衡漳既從，大陸既作。』又曰：『導河積石，至于龍門。南至于華陰，東至于底柱，又東至于孟津。東過洛納，至于大伾。夏書曰，於是禹以爲河所從來者高，水湍悍，難以行平地，數爲敗，乃廝二渠，以引其河，北載之高地』。北過洚水，至于大陸。又北播爲九河，同爲逆河，入于海。』前者言施治之次第，後者言大河之逕塗。而其成功之關鍵有三：一在鑿龍門以通上游；一在放河北行，以奠中游；一在疏九河以暢下游。茲分述之：

大禹導河積石，至於龍門。傅寅禹貢集解以爲『龍門而上，積石而下，地高水不爲患，禹功所不加，故不言也。』斯言近之矣，而未盡洽。當時龍門以上，荒曠無人煙，即使有氾濫，亦無施工之必要。而帝都水禍煎迫，待治甚亟。帝都之災，由呂梁阻水，閼遏不下，橫流旁溢。平陽蒲坂數百里間，皆河與汾所懷襄也。鯀鑿錯開河以通之，功既不就；禹繼父志，乃

鑿斷呂梁山脈，魏默深先生言：『孟門爲河之上口，龍門爲河之下口，二門相距百六十里，石脈綿亘，閼塞河流。而壺口則孟門之東山也，呂梁則龍門之南山也，禹闢孟門而始事於壺口，闢龍門而卒事于呂梁。』近人李儀祉先生言：『壺口在陝西宜川縣境，他岸爲山西吉縣。龍門在陝西韓城縣境，他岸爲山西河津縣。龍門之義，擴大言之，以孟門爲其上口，禹門爲其下口，相距百里最狹處河寬只五十公尺。』於是水有所泄，上游漸消。禹乃得西治梁岐，東修太原，至於岳陽。今山西平陽，當時帝都。河汾相鬥之禍解，畿輔之水患平矣。禹治上游，疏築並舉，原本家學；河渠紀聞引翰墨全書：『太谷縣東南有長隄，土人呼爲鯀隄，堯命鯀築之以障水。茅瑞徵亦言：「岳陽爲堯都，鯀極意崇防，頗有遺跡可循。」陳氏櫟謂：「修鯀之功曰修。」記曰：「禹能修鯀之功，善繼事也。」禹鑿龍門，先疏下流，河水下泄，修鯀舊績，自可奏功。』後世以成敗論人，謂鯀堙禹疏，功罪斯判；又謂禹之治水，使水由地中行，而無取隄防；皆皮相之論也。（參觀第二圖禹河形勢圖）

龍門既通，河水下泄，由冀而豫而徐而揚，高屋建瓴，其勢湍悍。鯀原欲築堤範水，免其橫溢，而功不成。禹繼父業，相度地勢，知湍悍之流，難以行平地；乃自大伾引河，北載之高地。北過洚水，至於大陸。河之中游，得以奠定。大伾卽臣瓚以爲黎陽縣山臨河者也。在今濬縣東南二里。濬縣地勢，西高於東，南高於北。河水至此，逆轉而北，爲一大折；全河安危之轉捩也。所謂「載之高地，」係言其地高於漯川故道之平地，非謂高於其上流；漢王橫所謂『大河來源高，雖載之高地，仍不失就下之性』者是也。河自大伾逆轉而北，就下以漸，而非陡落平原，則無潰冒沖突之患，其利一。黎陽之境，東西兩山夾峙，大伾爲東山，上陽三山爲西山。河道穩暢，不虞潰敗。又以舊河北隄爲新河南隄，行所無事，據河史述要。其利二。大陸以下，人煙稀少，

河水卽有橫溢，不爲大患，其利三。鯀河本行漯川，築堤無功，禹乃擇善地而改道；具卓越之見，成非常之功，禹河歷一千六百餘年之久而後變，非無故也。（參觀第三圖禹河形勢圖）

『大陸以下，播爲九河，同爲逆河入於海。』此經文也。解之者不一其說。或謂九河分爲九道，各自入海。或謂河分爲九，又合爲一以入海。爾雅孔疏，九河之次，從北而南，曰徒駭、太史、馬頰、覆釜、胡蘇、簡、潔、鈎盤、鬲津。據漢志，徒駭最北，在成平，爲大河之經流，合於漳水，東出分爲八枝。鬲津最南，在鬲縣，今山東恩縣德縣境，東北流至大沽入海者，俗稱老黃河，殆其遺迹。自鬲津以北至徒駭，其間二百餘里，皆九河所派衍。惟黃水經行之地，流急則槽深，水緩則沙停，陵谷變遷，朝更夕改，必欲確指九河所在，強爲之說，則鑿矣。武霞峯師謂：『竊意九河始分處，未必有九出口。九河入海處，既非合爲一口，亦未必有九入口。但其中間派衍歧分爲九枝，除徒駭經流外，其南八枝，或亦略有變遷。』禹之疏九河，蓋多其委，使下游得以暢泄也。若更合之爲一河，殊非必要，且其勢不可能。近人朱延平氏謂『黃河每五年淤進海中一中里，大禹至王莽，約二千三百年，應淤進海中四百里。則禹時河出大陸後，去海不過百數十里。今河在利津入海，尚分多股，當時情形，應無大異。故黃河自播爲九河後，卽分途入渤海，無合九爲一之事。今東淀文安一帶，高度三四公尺，經黃河二千餘年之淤積，加之桑乾滹沱兩渾河四千餘年之淤積，淤高三四公尺。尚在意中。至謂渤海爲逆河，說亦有故。一則渤海東寬西狹，當時西部灣進，東西兩淀一帶勢當更狹，確似河道。二則北有潮白桑乾白溝等河入之，西有豬龍滹沱等河入之。黃河與諸河匯而爲一，滔滔東注，更確似河道。三則海淸河渾，當時刳木之舟，不能深入遠海。渤海西受黃水，北受各河之水，直至昌黎縣碣石山左近，水始不渾，故認海爲河，而曰夾右碣石入于

河也。』其言饜心切理，釋疑解惑，足使數千年史蹟，晦而復彰。(參觀第三圖禹河形勢圖)

綜上所述，禹之治河，上游在鑿龍門以通中梗；中游在放河北行，擇地改道；下游在多闢支河，疏洩積水。剖析言之，理亦平易。且禹鑿龍門，鯀亦鑿錯開河；鯀設隄障，禹亦因之。然成敗異勢，功業相反者何也？書稱帝諮詢四岳，求能平治洪水者，羣臣僉以鯀對。帝曰：『方命圮族！』對曰：『試可乃已！』治水之大命，終降於鯀之身，「試可」之期，至於九年之久。而離騷曰：『鮌(即鯀)婞直以亡身兮，終然夭乎羽之野。』可知鯀確有治水之長才，惟其自信太過，不能虛心容物，終致僨事。迨禹八年奏績，帝曰：『汝惟不矜，天下莫與汝爭能，汝惟不伐，天下莫與汝爭功。』兩兩對照，成敗得失之故，可以思過半矣。

# 第三章 河大徙一（周定王河）

## 第一節 大徙之朕兆

禹功告成，大河北行，安流殆五百年無大患。降及商代，河患漸起。商湯元年始居亳，（今河南商丘縣）從先王居，遷西亳，（今河南偃師縣）避河患也。閱二百二十餘年，爲仲丁六祀，遷都於囂。（今河南滎澤縣西北）又閱二十餘年，爲河亶甲元祀，徙都於相。（今河南安陽縣）又閱九年，爲祖乙元祀，圮於相，徙都於耿；（今山西河津縣）九祀，復徙都於邢。（今河北邢臺縣）又閱一百二十餘年，爲盤庚十四祀，復遷於殷。（即西亳。）商都大抵瀕河，屢圮屢遷，足徵河患之烈。而遷都大率自東南向西北，可知禹雖放河北行，東南地勢低下，積之既久，水性就下，仍有回復舊觀之趨勢。河水枝分而東者，初有漯濮濟。降及東周，王室衰微，水官失職，諸侯各擅其山川以爲己利，於是自滎陽下引河爲鴻溝，以通宋鄭陳蔡曹衞，與濟汝淮泗會。分水既多，流緩沙停，致九河亡其八枝，尾閭漸壅。壅於下者，必潰於上，而河變作矣。（參觀第四圖禹河初徙圖）

## 第二節 周定王河

周定王五年，河病已極，遂徙自宿胥口。（今河南濬縣之西，大伾山之南。）東行漯川數十里，至長壽津，（今濮陽之北，內黃之南）又與漯別行，東北流至成平（今河北交河縣）合漳水，復歸禹河故道入海。是爲黃河大徙之一。（河渠紀聞，大河自長壽

津東北行，其東岸爲開州之戚城，西岸爲內黃縣之繁陽故城。又東北行，其東岸爲清豐，西岸爲南樂。又東北行，出元城大名冠縣館陶之東。又東北行，東岸爲堂邑，西岸爲清河清平博平。清平有貝丘故城。又折而北，東岸爲平原吳橋，西岸爲德州景州。又北行，東岸爲東光南皮滄州，西岸爲阜城交河，復與漳水合歸禹河，東北至天津小直沽口入海。自此以後至西漢，皆行此道，世稱北瀆。閱六百餘歲，至王莽始建國三年始空。可知禹河受病，在宿胥以下，成平以上，勢成中梗。推原其故，又在宿胥以上，分水過多，流緩沙停。觀於宿胥以下，海口通利，歷久不變，則知宿胥以上，僅分水而有節制，禹時漯川上口本有節制隄防之功，不懈於古，禹河雖至今存可也。（參觀第四圖禹河初徙圖）

# 第四章 河大徙二（王莽河）

## 第一節 瓠子之決

河自周定王五年第一次大徙後，迄於新莽始建國三年而再徙，中間以瓠子之決爲一大變局。推原其故，不得不歸咎於周秦以來之人工引河與決河；（周顯王八年，梁惠成王入河水於圃田，（今河南中牟縣西）。爲澤八，爲陂三十六，東西五十里，南北二十六里。又爲大溝引圃水而東。周顯王十年，楚師決河水出長垣之外。秦始皇二十三年，王賁攻魏，引河溝灌大梁，大梁城壞。河溝者鴻溝，亦即引圃水而東之大溝。）河水分流既久，致釀大變。漢文帝十二年，先有酸棗今河南延津縣北。之決，奪濮水而東，潰金隄。塞後濮水遂堙。四十年，爲武帝元光三年，復有瓠子今河北濮陽縣西南之決。河水東南注鉅野，通淮泗，氾郡十六。發卒十萬人救之，隄塞輒復壞。時武安侯田蚡爲丞相，其奉邑食鄃，今山東平原縣鄃居河北，利河南決，鄃無水災。言於帝，不復塞，歷二十四年之久。三代以來，河患之烈，未有甚於此時者。（參觀第五圖西漢河患及塞治圖）元封二年，武帝親臨決河，卒塞瓠子，築宮其上，名曰宣房。正流全行北瀆，餘波仍入漯川，梁楚之地復甯，無水災。（參觀第五圖西漢河患及塞治圖）

## 第二節 賈讓三策

宣房塞後，河雖復行北瀆，然自酸棗瓠子屢決，河水分流二十餘年之久，下游填淤反壤，必已失當年通利之舊觀。致數歲之後，河復決館陶而北，枝派歧分，局勢冰裂。北決初爲屯氏河，又分爲屯氏別河，

篤馬河張甲河。閱七十餘年，又決爲鳴犢河。成帝建始四年，復決館陶而東，入平原濟南千乘，塞決靡已。哀帝初，待詔賈讓，奏上治河上中下三策。上策徙冀州民之當水衝者，決黎陽遮害亭，今濬縣西南舊爲河所經放河使北入海。中策多穿漕渠於冀州地，使得溉田，分殺水怒。下策繕完故隄，增卑倍薄，勞費無已。後世言治河者，多尊此說；而不知讓乃因時制宜，專爲西漢立論。非可通古今而不變也。

讓之言曰：『近黎陽南，故大金隄，從河西西北行，至西山南頭，迺折東與東山相屬。民居金隄東，爲廬舍，住十餘歲，更起隄，從東山南頭直南與故大隄會。又內黃界中，有澤方數十里，環之有隄。往十餘歲，太守以賦民。』此言禹河故道，民或占墾爲田也。又曰：『河從河內北至黎陽，爲石隄激使東，抵東郡平剛。又爲石隄使西北，抵黎陽觀下。又爲石隄使東北，抵東郡津北。又爲石隄使西北，抵魏郡昭陽。又爲石隄激使東北。百餘里間，河再西三東，迫阸如此，不得安息。』故曰：『今行上策，徙冀州之民當水衝者，決黎陽遮害亭，放河使北入海。河西薄大山，即西山。東薄金堤，勢不能遠泛濫，期月自定。』黎陽白馬東郡之間，既大屈大折，不利行河；而黎陽內黃一帶大河故道，占河爲田之民，當水衝者，不過萬數。據賈讓三策原文。徙少數當衝之民，放河行禹河故道，使北流入海，舍迫阸而就穩暢，省瀕河十郡治隄歲費萬萬，河定民安，千載無患，誠「上策」也。

至其論中策，則曰：『若迺多穿漕渠於冀州地，使民得以溉田，分殺水怒，雖非聖人法，（聖人當係指大禹而言。）然亦救敗術也。』治渠之法，則曰：『遮害亭西十八里至淇水口，迺有金堤，高一丈。今可從淇口以東爲石隄，多張水門；冀州渠首，盡當卬（同仰）此水門。治渠非穿地也，但爲東方一堤，北行三百餘里，入漳水中。其西因山足高地。（此爲總幹渠）諸渠（石隄以東各支渠）皆往往股引取之。旱則開東方下水門，溉冀州。水則（但）開西方高門，分河流。』可以使『鹽鹵下隰，塡淤加肥；故種禾麥，更爲杭稻；』又有『轉漕舟船之便。隄成而民田亦治，興利除害，支數百歲，』故曰「中策」也。

『若迺繕完故隄，增卑倍薄，勞費無已，數逢其害。』眞「下策」矣。

賈讓三策，自來解說紛紜，殆如盲人捫象，撲朔迷離。雖以潘靳治河名賢，其所評隲，亦多隔靴搔癢之詞。惟靳文襄謂：『繕完故隄，增卑倍薄爲下策者，係指濬滑二邑，曲防遏水，使百里之間，河再西而三東之隄；非謂一切隄防爲下策也。』云云。尚稱允當。茲就讓之原文，細爲紬繹，繪製想像圖，敢云盡符事實，聊資稽古之一助耳。（參觀第六圖賈讓三策形勢想像圖）

## 第三節　王莽河

賈讓三策之後，言河事者，有長水校尉關竝，主張平原東郡左右，空其地以容水。大司馬史

張戎主張毋引河渭溉田，則水道自利。御史韓牧主張於禹貢九河處，穿河分流。大司空掾王橫主張使河緣西山足，乘高地而東北入海。與賈讓之上策，爲銅山洛鐘之應。時王莽執政，但崇虛語，無施行者。禹河既不可復，北瀆亦聽其敗壞，於是河變又作。王莽始建國三年，河決魏郡，泛淸河以東，及平原濟南千乘，（今山東濱縣）而北瀆遂空。是爲黃河大徙之二。先是莽恐河決爲元城（今河北大名。）冢墓害，及決東去，元城不憂水，故遂不堤塞。（此與田蚡事先後如出一轍。）漢代大河，自瓠子決後，北瀆受病已深。治河者但知補苴一時，就水立隄，因險設防；致隄身紆曲，河流迫阸，已成不治之證。雖有賈讓王橫，高瞻遠矚，欲謀根治；當事者不察，卒聽河自尋出路，河乃愈趨而南，豈非人謀之不臧哉。（參觀第七圖王莽河形勢圖）

## 第四節　王景治績

王莽始建國三年，魏郡決後，河無定局者，殆六十餘年。（光武時擬修隄防，浚儀令樂俊言：『昔元光之間，人庶熾盛，而瓠子河決，尙二十餘年不卽塞；今居家稀少，田地饒廣，雖未修理，其患猶可。且新被兵革，民不堪命，宜須平靜，更議其事。』光武遂止。）漯濟汴分河東流，地皆卑下，宜爲河流所趨。濟汴同受河於滎陽。（河渠紀聞：『汴渠起滎澤，周時導滎爲川，與陶丘復出之濟相接，會於菏澤，分爲二：南爲菏水，由魚台入泗達淮，平帝時轉東南之濟；北爲濟水，東流出巨澤，絕鉅野而北，合濮會汶入濼注琅槐（今山東廣饒縣東北百十里）東北入海。轉東北之濟。』）漢平帝時，河汴決壞，滎陽塞爲平地。光武建武時，汴渠東侵，日月彌廣；水門故處，皆在河中。明帝永平十二年，議治汴渠，發卒數十萬，詔王景與將作謁者王吳修渠築隄。自滎陽東至千乘海口千餘里。景乃商度地勢，鑿山阜破砥磧，直截溝澗，

防遏衝要，疏決壅積，十里立一水門，令更相洄注，無復潰漏之患。景雖省役減費，然猶以百億計。明年夏渠成。禹貢錐指曰：『王景修渠築堤，其所治者，卽東漢以後大河之經流也。而史稱修汴渠，始終不言河，蓋建都洛陽，東方之漕，全資汴渠，故惟此為急。河汴分流，則運道無患，治河所以治汴也。』十二年詔曰：『河汴分流，復其舊跡；陶丘之北，漸就壤墳。』十五年景從駕東巡至無鹽，帝美其功。陶丘今定陶，無鹽今東平，皆濟水所經，可見景治汴渠，係統濟水而言。河渠紀聞謂：『築堤自滎陽至千乘，河不南侵，而汴始可治。河汴相隨，中築長隄間隔，就大勢言之如此，其實兩河距離尚遠。其汴行北濟故道，其別出者通於淮泗。大河自長壽津東入漯川，由開州，今河北濮陽境觀城、至朝城，始與漯分，北行入濟南境。又折而東，出樂陵武定今山東惠民境之南，德平陵邑商河青城之北，又東北行，至千乘入海。』汪武曹謂：『禹河自大伾北行時，在彰德之東，大名之西；及周徙至漢，而出大名之東，東昌之西；及至王景治河，則出東昌之東，濟南之西。』自景治後，沿晉及唐，歷千餘年，安流順軌；下逮宋仁宗慶歷八年，河決商胡，景河始堙，功亦偉矣。（參觀第八圖東漢王景治績圖）

按李儀祉先生王景理水之探討一文，解說「十里立一水門，令更相洄注，無復潰漏之患」極新穎，略云：『王景之十里立一水門，使介河汴之間，則不可通。蓋汴低於河，無洄注於河之理。若令河水與汴水更相洄注，則無復潰漏之患，又何說也。竊謂河汴分道而趨，必各自有堤。其始也汴與河相去不遠，故易受河之侵襲。試以第一圖明之：設汴之左隄，鄰於黃河隄上每十里立一水門，則河水漲時，其含泥濁水，注於汴渠，由各水門挨次注入兩隄間，泥沙淤澱，水落，澱清之水，復挨次入汴。因之汴水不致過高，以危隄岸，兩河之間淤高，清水入汴，刷深河槽，故無復潰漏之患。（附王景治汴十里立一水門更相洄注圖甲）至漲水由水門注入隄後，何以能淤澱，可以第二圖明其理：自甲水門注入隄後，其流速$V'$，必較緩於正河之流速$V$。卽$V>V'$。故甲門之水，流至乙門時，正河之水亦同時自乙門注入，隄後之水，為其所托，其勢更緩，且更向後漫旋。所挾之泥沙，勢必無力盡數攜帶，因而沉澱，愈積愈

高，此後世放淤之理所從出也。』(附王景治汴十里立一水門更相洄注圖乙)

又武霞峯師言：『王景治河，其主旨在治汴通漕。當時汴口水門衝壞，爲致患癥結。修汴口門，自爲第一要着。史言修渠築隄，自滎陽東至千乘海口千餘里；又言十里立一水門，令更相洄注無復潰漏之患。此數語詞旨聯綴，遂有以水門屬黃河之誤解，終不可通。今細繹之：蓋有上下兩汴口，各設水門，相距十里；又各於河灘上開挖倒鈎引渠，通於汴口之兩處水門，遞互啓閉，以防意外。汴口既治，全溜歸入正河，水量激增。但築正河兩隄，訖於海口，其事已畢。汴既厥淤，故須修渠。厥後汴口水門寖壞，陽嘉建甯，復有修治。滎口石門在東，浚儀口石門在西，相距五十餘里，水皆入汴。明萬曆淸康熙屢開江南新舊兩運口，以備啓閉挑修，卽是王景治汴，以防黃河潰漏之遺意。若謂治河必立水門，反置汴口水門略而不言，殊難切合事情。』云云。此等語發前人所未發，當爲王景治汴治河之眞詮。

# 第五章　河大徙三（宋代商胡大河）

## 第一節　漢宋間分流之害

王景治河後，河汴分流，歷魏晉南北朝及隋，大河安流，溢雖屢見，而決尚少。汴口分河，以石門為鎖鑰，（石門廣十餘丈）其地屢有遷移，（大抵自滎澤而河陰而汜水，有逐漸上移之勢，凡百川引渠，往往而然，如涇惠渠口屢次上移，即其著者。）而修治不輟。實種後此大河南犯之禍因。隋開通濟渠，自西苑引穀洛水達於河，自板渚引河水達於淮。又開永濟渠，引沁水南達於河，北通涿郡。（北平）

唐玄宗開元十年，博棣等州屢決，大河自清豐縣分為馬頰河，至無棣縣入海。兩河並行，河變將作。嗣後，藩臣分疆而守，河患致鮮紀載。昭宗景福二年，河徙從渤海（今山東濱縣東北。）北至無棣入海，尾閭小變，此為千乘改流之始。

降於五季，後梁末帝貞明四年，梁將謝彥章攻揚劉，（今山東東阿縣北六十里）決河水以限晉兵，為曹濮患。末帝龍德三年，李存勗大舉伐梁，梁將段凝復自酸棗（今河南延津縣）決河東注於鄆，（今山東東平縣）以限唐兵，謂之「護駕水」。瀰漫數百里，決口日大，屢為曹濮患。唐滑州節度使張敬詢塞之。此後三十年間，宿胥上下，河無甯歲。後周世宗顯德元年，雖遣李穀堤塞，然未能疏濬故道，以清去路，致下流壅塞，離為赤河。河不循軌，勢將崩裂。分流貽禍，加以人工決河，速其潰敗，

足爲後世殷鑒！（參觀第九圖漢宋間大河形勢圖）

## 第二節　宋代商胡大河

宋代緣河置埽，載於宋史河渠志者，至爲詳盡，爲前此所未有。孟州有河南北凡二埽。開封府有陽武埽。滑州有韓房二村憑管石堰州西魚池迎陽凡七埽。通利軍（今河南濬縣。）有齊賈蘇村凡二埽。澶州有濮陽大韓大吳商胡王楚橫隴曹村依仁北岡孫陳大固明公王八凡十三埽。大名府有孫村侯村二埽。濮州有任村東西北凡四埽。鄆州有博陵張秋關山子路王陵竹口凡六埽。齊州有采金山史家渦二埽。濱州有平和安定二埽。棣州有聶家梭隄鋸牙陽成四埽。共計四十五埽　非惟河防設施，藉資考證；即河綫所經，亦得以確指。宋初大河屢決，塞築之工迭舉。太宗太平興國八年，決滑州韓村，東南流入彭城，塞之。太宗淳化四年，決澶州，陷北城，壞官民廬舍七十餘區。決水西北流，入御河即衛河漫大名府城，詔發卒代民治之。是時儻因勢利導，禹蹟可復。巡河供奉官梁睿上言，滑州土脈疏，岸善潰，每歲河決南岸，害民田，請於迎陽鑿渠引水，凡四十里，至黎陽合大河，以防暴漲。從之。五年正月，新河成，又命杜彥鈞率兵夫開渠，自韓村埽至州西鐵狗廟凡十五里，復合於河，以分水勢。宋初治河，惟知築隄分水，未能遠謀，於此可見。

真宗以降，治河無善策。景德元年，決澶州橫隴埽，循赤河下注，是爲橫隴河。李垂上導河形勝書，請復禹河古道，派之爲六，北注於海。郭諮言：『澶滑隄狹，無以殺大河之怒，故漢以來河決多在此地。請引河穿金隄與橫隴合，以達於海。』一主引河而北，一主引河而南，皆不果行。天禧元年，河決滑州城西北天臺山旁；俄復潰於城西南。歷澶濮曹鄆，注梁山泊

，即梁山濼又合清水即泗水古汴渠東入於淮，州邑罹患者三十一。四年，已塞復決天臺。閱七年，至仁宗天聖五年始塞，名曰天臺埽。滑州至是共有八埽。天臺既塞，滑州患弭，而澶州之禍未已。六年，河決澶州之王楚埽，景祐元年，又決澶州橫隴埽，由新道注瀉赤河，復氾為游金二河，久不塞治。自是河從橫隴出舊河南，其下流仍入舊河，河愈分而愈淤，不適行水。河徙橫隴，東北流，行於舊河之南，至今長清縣境，會於舊河。其橫隴以下之舊河，謂之京東故道。閱十五歲，為慶曆八年、河決澶州商胡埽，決口廣五百五十七步，直走大名入衞河，至清池合口，與漳匯流，注乾甯軍今河北省清縣入海，是為黃河大徙之三。河渠紀聞：『其東岸為今冠縣館陶臨清夏津武城棗強德州吳橋東光南皮滄州，西岸為今廣宗威縣清河故城景州，其東光南皮滄州之道即西漢大河故道也。自是會流逕獨流口，又東逕劈地口三叉口入於海。其西岸為今青縣，東岸為今靜海，南岸為天津。獨流口在靜海北二十里，劈地口在縣東北三叉口即天津東北三叉河，是為宋黃河北流之道』河道北流，幾復王景以前之舊觀，本可乘勢以謀長治久安；宋史河渠志曰『自滑臺大伾兩經氾溢，當係指太宗淳化四年及仁宗景祐元年事。復禹蹟矣，一時姦臣建議，必欲回之，俾復故流，竭天下之力以塞之，屢塞屢決。』僅歷百餘年，而河又大徙，爾後陵轢汴泗，侵奪江淮，貽禍無窮，其詳當於下章述之。（參觀第十圖宋代商胡大河形勢圖）

# 第六章　河大徙四（金明昌大河）

## 第一節　宋代回河之失上

河自商胡決而北流，王景之河始廢。蓋自橫隴決後，橫流四出，所在塡淤，河梗噎不能下，不得不決入衞河北流，行於禹河故道之東，周定王河故道之西，安流順軌，其勢甚便。不幸「回河」之議旋起，拂逆河性，屢有橫決，河患愈演愈烈，此非河之罪也。宋仁宗皇祐二年七月，河決館陶之郭固口，塞後河流猶壅　賈昌朝欲復橫隴故道，李仲昌請自澶州商胡河穿六塔河導入橫隴，費省功倍。歐陽修三上疏極言不可。宰相富弼獨主李仲昌議，遂以至和二年，開六塔河，（河在清豐縣西南三十里，引商胡河過六塔集通橫隴河，故曰六塔河。）塞商胡北流，放水入六塔河。河小不能容，當夕復決，溺兵夫，漂芻藁，不可勝計，水死者數千萬人，河北被患者數千里。仲昌等謫戍有差。自後無復言橫隴者，京東故道遂廢。（參觀第十一圖宋代回河圖）

## 第二節　宋代回河之失中

六塔敗潰，河仍北流。仁宗嘉祐五年，河流派別於魏（今河北大名縣）之第六埽，曰二股河。廣僅二百尺，行於魏恩德博之境，下合篤馬河，又東北至樂陵無棣入海。時韓琦頗慮二股不利。而王安石方用事，力排衆議，贊東流。神宗熙寧二年，卒塞北流。北流既塞，河自其南四十里之許

家港東決，氾濫大名、恩、德、滄、永靜（今河北東光縣）五州軍境。詔輟濬御河夫卒三萬三千，專治東流。熙甯四年，北京（即大名。）新隄決第四第五埽，下屬恩冀，貫御河，奔衝爲一。塞後復溢夏津，（今山東夏津縣）前功俱廢。熙甯六年王令圖獻議於北京第四五埽等處，開修直河，使大河還二股故道。熙甯十年，復有澶州曹村之大決。北流斷絕，河遂南徙，東匯於梁山張澤濼，分爲二派：一合南清河（即泗水。）入於淮；一合北清河（即濟水。）入於海。（北清河歷東阿平陰長清齊河歷城濟陽齊東武定青城濱縣蒲臺至利津入海。南清河歷汶上嘉祥濟甯合泗水至徐邳達淮陰入淮。）灌郡縣四十五，壞官亭民舍數萬，田逾三十萬頃，六塔二股皆廢。（河自漢武帝時，決瓠子通淮，至宋真宗天禧時，又決入淮，至是又決入淮。入淮之道，屢經淤澱，已成大壑，河之南徙，實由於此。）神宗元豐元年，創橫埽之法，塞曹村決，河復歸北。詔改曹村埽曰靈平。元豐三年，河決澶州孫村、陳埽、及大小吳埽，四年復大決小吳埽入御河。神宗謂輔臣曰：『河決不過占一河之地，或東或西，若利害無所較，聽其所趨如何？』又曰：『河之爲患久矣，水性趨下，如能順水所向，復有何患？』『蓋深悔「回河」之誤矣。是時安石已去，用事者皆以罪免，故有『東流填淤難復，更不修閉小吳決口』之詔。從李立之議，於北流大河分立東西兩堤，五十九埽，河道無改者凡十六年。（參觀第十一圖宋代回河圖）

## 第三節　宋代回河之失下

河雖北流，仍有潰決，無以杜「回河」者之口；於是減水入二股東流之議復起。哲宗元祐初，張問王令圖請於南樂大名埽開直河，至孫村口導還二股河。王孝先安燾文彥博呂大防王巖叟

皆是其說。范純仁蘇轍皆非之。卒興役，功不就。文彥博呂大防安燾等謂『河不東則失中國險。』范純仁以四不可之說進。王存胡宗愈蘇轍等以虛費勞民爲慮，各上書止其役。范百祿趙君錫奉命按行獨流口，覆稱河流深快，乃罷「回河」之議。未幾李偉吳安持，又力主東流，開北京沙河堤，放水入孫村故道；並於北流施軟堰。蘇轍言：『大河正流，（即北流）數倍東流，河水流行不絕，軟堰何由能立？蓋欲以軟堰爲名，實作硬堰，陰爲「回河」之計！』又有『李偉不除，河終不治！』之憤語。元祐八年，水官卒進梁村（今河北省清豐縣東南。）上下約，東狹河門。漲水壅潰，南犯德清，（清豐）西決內黃，東淤梁村，北出闞村，橫流四溢。王宗望繼安持領都水，仍主東流，閉斷北流。然東流地勢高仰，水行不快，瀕河仍多水災。哲宗元符二年，河決內黃口，併勢北行，東流斷絕。李偉吳安持等二十六人，分別竄謫有差。嗣後不復開二股河，「回河」之議乃寢。（參觀第十一圖宋代回河圖）

哲宗元符三年，河決蘇村，（在濬縣境）復有獻東流之議者，以任伯雨之言而止。徽宗崇甯三年，於深瀛諸州，增二埽場，厚其儲蓄，以備漲水，大河安流。河自商胡北徙後，初則「回河」於六塔，繼則「回河」於二股。六塔之回，中於意氣之爭，一敗之後，遂不復議。二股之回，旨在設險防敵，捍衛京師，故和之者衆。屢敗屢回，（初回於熙甯二年，再回於熙甯六年，三回於元祐八年。）再接再厲。然每次東回，不旋踵間，仍復潰決，且多北入御河，（一見於熙甯四年，再見於元豐四年，三見於元符二年。）河意如此，安可强以人力？

范百祿等，力駁設險之說曰：『商胡之決，四十二年，迄無邊警，中國據上游，契丹豈不慮乘流擾之乎？』壯哉斯言！迨金人克宋，竟利河南行，開奪淮之新局，北宋之不振，可於河事覘之矣！

## 第四節　金明昌大河

宋室南遷，大河屬金，河勢南徙，而不詳其決徙之時與地。宋孝宗隆興之初，即金世宗大定四年，范成大使金，見濬州城西南，僅有大河膝水；是河離濬滑，已在高宗之世。金世宗大定六年，河決陽武，由鄆城迤東匯流入梁山泊，鄆城淪陷。自來河變，皆在濬滑以下，今則上移於陽武，此黃河四徙，汲胙流空之嚆矢也。大定八年，河決曹州城西李固渡，水潰曹城，分流單境。李固渡非故河所經，其時大河或即來自陽武，水入曹單，必下徐邳，合泗入淮，蓋可知也。大定十二年，金人以河水東南行，其勢甚大。詔自河陰廣武山循河而東，至原武陽武東明等縣，孟衛等州，增築隄岸。嗣後續有增築，下達歸德。大定二十七年，金廷令南京即今開封歸德等四府十六州之長貳，皆提舉河防事；四十四縣之令佐，皆管勾河防事。南京府及所屬延津封邱祥符開封陳留胙城杞縣長垣；歸德府及所屬宋城甯陵虞城；河南府及孟津；河中府及河東；懷州河內武陟；同州朝邑；衛州汲新鄉獲嘉；徐州彭城蕭豐；孟州河陽溫；鄭州河陰滎澤原武汜水；濬州衛；陝州閿鄉湖城靈寶；曹州濟陰；滑州白馬；睢州襄邑；滕州沛；單州單父；解州平陸；開州濮陽；濟州嘉祥金鄉鄆城。大河之所經流，可概見於此。金章宗明昌五年，河大決陽武，灌封丘而東，歷延津長垣蘭陽東明曹州濮州鄆城范縣諸州縣界中，至壽張注梁山濼，分爲二派：北派由北清河入海；南派由南清河入淮；如宋熙甯決河故事。河道大變，汲胙流空，是爲黃河第四次大徙。（參觀第十二圖金明昌大河圖）

# 第七章 河大徙五（明弘治大河）

## 第一節 黃河奪淮之初步

明昌河徙，分流南北，河不兩行，此胡能久？金宣宗貞祐三年，單州刺史顏盞天澤言：『守禦之道，當決大河使北流德博觀滄之境，其故隄宛然猶在，工役不勞。』延州刺史溫撒可喜亦議復大河故道。惜均不能用，致河變紛紜，百餘年後，演成經歸徐獨流奪淮之局。元世祖至元二十三年，河決汴梁，汴南皆成巨壑，由渦入淮。又旁決橫出，未有定向，中州之患無已。二十五年，又決，更分道出歸徐陳潁，全河奪淮。成宗大德元年，河決杞縣蒲口，東走舊瀆，屢塞屢決。大德九年，又決陽武，灌開封，溢歸德陳州，漫衍四出。仁宗延祐元年，開封小黃村口，分洩太甚，陳留通許太康等處被災。至元以來，大河漸趨歸徐，而上下屢決。決上流南岸，則汴梁被害；決下流北岸，則山東可憂。委官相視，謂遺小就大，小黃村口宜仍舊通流，恤下游受患州縣，爲一時權宜之計。延祐六年，卒塞小黃村口。全河出歸德下徐州，陳潁流斷，禍移歸徐。泰定帝泰定元年，大河改從古汴渠至徐州東北，合泗入淮。金源利河南行，遞演遞變，至是奪淮之趨勢成矣。禹貢錐指云：『大河所行之道，自武陟縣南，東逕滎澤縣北，其北岸則獲嘉縣。東逕原武陽武延津縣南，又東逕祥符縣北，其北岸則封邱縣。又東逕陳留蘭陽儀封縣北，又東南逕睢州考城商邱縣北，其北岸則曹縣。又東逕虞城夏邑縣北，其北岸則單縣。又東逕碭山縣北，又東逕豐縣沛縣南，其南岸則蕭縣。又東逕徐州北，與泗水合。又東南逕靈壁睢甯

縣北，其北岸則邳州。又東逕宿遷縣南，又東逕桃源縣北，又東逕淸河縣南，與淮水合。又東逕山陽縣北，又東逕安東縣南，東北入海。』（參觀第十二圖黃河奪淮初步圖）

## 第二節　賈魯治績

河行歸徐，奪泗入淮，泗漕狹隘，徐睢阨塞，豈惟中原蒙害，抑亦河之不幸也。蓋徐城兩岸，群山夾峙，中間河道，僅寬六十餘丈，呂梁洪尤爲著險。列子稱『孔子觀於呂梁，懸水三十仞，流沫四十里，魚鱉不能游』者是，此爲第一要害。明潘季馴河防一覽云：『昔年徐呂二洪，怪石嶙峋，上浮水面。湍激之聲，如雷如霆，舟觸之必敗。徐州洪於嘉慶二十年，爲主事陳穆所鑿；呂梁洪於嘉慶二十三年，爲主事陳洪範所鑿。巉巖突屹，一切削平。』下至睢甯亦經兩山夾峙，又有鯉魚山梗峙中流，爲第二要害。河流一東再東，下行不暢，抑鬱憤怒，致屢決於上，幾無甯日。順帝至正四年五月，大雨，黃河暴溢，平地水深二丈許，北決白茅隄，在今曹縣西南又決金隄，並河郡邑，濟甯單州虞城碭山金鄉魚臺豐沛定陶武城曹州東明鉅野鄆城嘉祥汶上任城等處皆罹水患。水勢北侵安山入會通河，延袤濟南，五年不塞，爲近古以來罕有之阨運。然是時會通行漕，河不容北，舍塞決挽歸故道，殆無他策。至正九年，丞相脫脫，慨然有志於事功。集議盈廷，言人人殊。惟都漕運使賈魯，昌言必當治。乃薦魯於帝，大稱旨。十一年，下詔中外，命賈魯爲總治河防使。發軍民十七萬人供役。時正炎夏，水力方盛，而魯一意奏功，急不待時。以四月二十二日鳩工，濬正引河自儀封黃陵岡，南達曹縣之白茅，放於單縣之黃堌，虞城之哈只等口，通長二百八十里許；又自黃陵西四里村濬減水河，至曹縣楊靑村，通長九十八里許；而皆會於黃河故道，深廣不等。並以刺水石船諸

隄，(刺水即石船隄旁之草埽)障水入故河。七月疏鑿成，八月決水故河，十一月白茅合龍，水土畢工，河復故道，南匯於淮，又東入於海。(賈魯治河，詳載歐陽玄至正河防記。河防書之有治法，自此始也。其要在疏濬塞三法：釃河之流，因而導之，謂之疏；去河之淤，因而深之，謂之濬；抑河之暴，因而扼之，謂之塞。而至奇極險，費重難成，卒得其用者，尤在障水入故河之石船隄。方魯之導流入故河也，時方八月，正值秋汛，水入新河止二分，決河多至八分，水深流急，難於下埽。所修刺水三隄尚短，力未足恃。魯乃精思障水之法，載石沈舟，爲挑水壩以遏之。所謂石船隄者是也。其制逆流排大船二十七艘，前後連以大桅長椿，用大麻索竹絙絞縛，綴爲方舟，令牢不可破。乃以鐵錨于上流硾之水中，又以竹絙繫兩岸大橛上，使不得移動。船腹鋪散草，滿貯小石，用板釘合。板上布埽二重或三重，以大麻索縛之急，沈舟入水。船後加築草埽三道，(即前刺水三隄加長)迫河南泛，水勢峻湧，若自天降，歸入引河。決口水緩不着重，得以一舉堵合。)此後十餘年間，雖北流未斷，決溢時聞，而歸徐之道無變，黃河奪淮之趨勢，乃益堅定不移。(參觀第十四圖，元至正河決白茅圖及附圖二幅)

## 第三節　明代河患

明初賈魯大河下流受淤，屢決而南，曹北之患，又移於汴南，洪武時，南決之水，恆挾潁渦入淮。(洪武八年決開封，由潁入淮；十四五年決原武陽武由渦入淮；十六年二十年均決開封，二十二年決儀封，二十四年決原武黑洋山，由潁入淮。)賈魯河初尚通流，由汴北五里分流入陳州至鳳陽入淮者爲大黃河；東出至徐州者，爲小黃河；分行幾二十年。至洪武二十四年，決原武黑陽山，下潁入淮。二十五年，又決陽武，河勢南趨，賈魯河故道遂淤。永樂九年，命尚書宋禮侍郎金純濬祥符縣賈魯故道，引河自開封入徐州小浮橋。又由封邱金龍口分流下魚臺塌場口濟運，會汶水南入泗淮。當時借黃行運，治黃實以治運也。永樂十二三年，又連決開封由渦入淮與歸徐之道並行，凡三十八年。(參觀第十五圖明初河患圖)

英宗正統時，開封屢決，分由潁渦入淮，歷四十年。又決封邱金龍口，新鄉八柳樹，潰壽張沙灣，壞運道，合大清河入海，會通河淤。河壞至此，智者束手。代宗景泰四年，命徐有貞爲僉都御史，專治決河。有貞上置水門，開支河，濬運河三策。有撓其議者曰：『不能塞河，顧開之耶？』有貞出二壺，穿其一爲五竅，注水其中，與一竅者同瀉之，五竅者先涸。議乃定。自沙灣開支渠即廣濟渠上接沁河，引沁濟運。更濬漕渠，北至臨清，南抵濟甯。又作洩水牐八於東昌龍灣魏灣，洩漲水由古河入海。復於金龍口銅瓦廂開支渠二十，引水濟運。遂塞沙灣，漕道復通。有貞但知通漕，而忽於治河，專塞沙灣，不塞八柳樹，可謂舍本逐末，適黃河南趨渦潁，得以奏績，實邀天倖耳。（參觀第十六圖明景泰徐有貞治績圖）

徐有貞治沙灣後，中州河患未已。更三十餘年，而有白昂之治績。英宗天順五年，河自武陟徙入原武，獲嘉之流又絕，河益南下，是爲禹河最後之變局。故大河經原武北，自此徙原武南，略似今河。憲宗成化十四年後，開封歲有河患。孝宗弘治二年，河大決開封。南決者分由潁渦入淮；北決者衝張秋下徐州。命白昂治之。築陽武長隄，自原武至曹縣，以障北流。引中牟決河，自滎澤楊橋經朱仙鎭下陳州，由渦潁達淮。修汴隄，濬古汴河，下徐州入泗。又濬睢河，自歸德至宿遷小河口，以會漕河。自是河由汴睢入泗淮，以達於海。水患稍息。（參觀第十七圖明弘治白昂治績圖）

## 第四節　明弘治大河

歸徐行河，其勢不利，不決於南，則決於北，癥結所在，昭然若揭。顧當時爲運道所窘，終不能舍大河屢棄之道，另謀永安之策。碭徐以上，惟崇北岸，所以防衛山東運道也。淮安大河，惟築南隄，（永樂十三年，陳瑄築淮安大河南隄，起淸江浦沿鉢池山柳浦灣迤東，凡四十餘里。）所以衞淮南運河也。大河本身之理亂，不遑顧及。迨弘治六年，劉大夏出，更變本加厲，築斷黃陵岡，逼黃南流，造成完全奪淮之局。中州河患，延及江淮，乃愈演愈烈。先是弘治五年，河復大決黃陵岡荊隆口，（即金龍口）北犯張秋，掣漕河與汶水合。其滎澤及歸德入淮之口盡淤，舊白昂之所規畫，一時盡廢。遣侍郎陳政督夫十五萬治之，弗績。弘治六年以劉大夏爲副都御史，治張秋決河。大夏先於張秋決口開越河，引舟濟運。及冬令水落，乃爲塞決計，親行相視潰決之源。濬黃陵岡南賈魯舊河四十餘里，由曹出徐，以殺水勢。濬滎澤孫家渡口，別鑿新河七十餘里，導水南行，由中牟下陳潁。濬祥符四府營淤河二十餘里，由陳留至歸德分爲二派。一由符離出宿遷小河口；一出亳州渦河；各道俱入於淮。然後沿張秋兩岸，築臺立表，貫索綱，聯巨艦，穴而窒之，實以土，至決口，去窒沉艦，壓以大埽，（仿賈魯石船隄法變通之）且合且決，隨決隨築，連晝夜不息。至弘治七年十二月，張秋決塞，運道復通。改張秋爲安平鎭。大夏爲運道久安計，又續於弘治八年，築塞黃陵岡荊隆口等決口七處。（黃陵岡居安平鎭上流，廣九十餘丈，荊隆等口又居黃陵岡之上流，共廣四百三十餘丈。）於是上流河勢，復歸蘭陽考城

，分流逕歸德徐州宿遷，南入運河，會淮入海。又於北岸築太行隄（起胙城歷滑縣長垣東明曹單諸縣，亘三百六十里。）及荆隆等口新隄（起于家店，歷銅瓦廂陳橋集抵小宋集，凡百六十里。）以爲屏蔽。仍於張秋南北，各造滾水石壩，中砌石隄。河若東決，壩以洩漲，隄以禦衝，以策萬全。所以爲運道謀者，無微不至。曩者黃河入淮屢矣，然尙時或北決，水不專注。自黃陵岡築塞，隄障重重，大河不得復決而北，乃奪汴入泗合淮，遂以一淮受莽莽全河之水，爲河之一大變局，是爲黃河大徙之五。（參觀第十八圖明弘治劉大夏治績圖）

# 第八章 河大徙六

## 第一節 潘季馴治績

大河自明昌五年四徙，迄於弘治七年五徙，前後三百年間，決溢三百餘次，爲前此所未有。其間大治者亦屢矣，賈魯治之，十餘年而敗；宋禮金純白昂劉大夏治之，均數年而敗。歸徐不利行河，則務爲分流殺勢。河愈分而愈壞，時人不之覺也。自潘季馴出，懲前毖後，治河方略，乃別開生面。

弘治河徙，不數年後，南決歸德小壩子，睢州野鷄岡，均由小河口入漕。北決丁家道口，曹單被害。正德以後，又屢決黃陵岡。築隄障水，俾入正河，正河已淤成平陸。世宗嘉靖五年，又決而南，分由開封歸德中牟至徐州宿遷懷遠入泗淮。由山陽灌裏河。（即運河）六年以後，又北決徐州曹單，屢淤運道。南決趙皮寨野鷄岡，均入淮。盛應期潘希曾戴時宗劉天和等先後治之，惟事分水築隄，爲運道謀。大河忽南忽北，徐州上下，縱橫數百里間，皆爲奔突糜爛之區。淤而決，決而徙，冰碎瓦裂，幾於不可究詰。（參觀第十九圖正德嘉靖河患圖）

嘉靖三十二年，河決淮安草灣，正河遂淤，嗣後淤復不常。三十七年，河決曹縣，東北趨段家口。析而爲六，俱由運河至徐洪。又分一支，由碭山堅城集下郭貫樓，析而爲五，由小浮

橋會徐洪。嘉靖四十四年，河分愈多，河變已極。沛縣上下二百餘里，運道俱淤。工部尚書，朱衡兼理河漕，潘季馴總理河道。用衡議開昭陽湖東新運河，凡百四十餘里避河衝。自魚臺南陽閘下引水，經夏鎮抵沛縣留城，達於舊河。按此河嘉靖初黃決入沛縣，運道壅阻，盛應期創開，工半中輟。至是黃又決入沛縣，漕運大阻，乃循盛應期舊蹟，開運河於舊河東三十里，隆慶元年功成。兼採季馴言，不全棄舊河，築馬家橋隄三萬五千二百八十丈，石隄三十里，遏河之出飛雲橋者，專趨秦溝會漕下徐洪。於是沛流悉斷，河不東侵，漕道以通，遂成暫安之局。（參觀第二十圖明潘季馴初任治績圖）

穆宗隆慶初，秦溝大河決華山西南，衝成濁河一道，總河翁大立擬開泇河引漕避秦溝之險，未果。隆慶四年，河決邳睢，淮決高堰，河躡其後，清口遂淤，漕艘阻滯。起潘季馴再任總河。季馴大治邳州決河，已塞復決入小河口，匙頭灣以下正河淤八十里。季馴先開匙頭灣以下淤河，盡塞諸口，築縷隄三萬餘丈，河流受束，濬刷淤沙，深廣如舊，漕道大通。忌之者劾其騰章報功，遂罷歸。（參觀第二十一圖明潘季馴再任治績圖）

萬曆五年，河決碭山崔家口，徙入蕭縣，經雁門集，下流仍歸濁河。又決桃源崔鎮，下金城，會草灣河入海，清口淤墊。淮自高堰南徙，瀰漫山陽高寶間。萬曆六年，復起潘季馴三任總河。季馴力主固隄以導河，導河以濬海，於是大築黃河兩岸遙隄，北岸自徐州至清河縣城，間段共長一萬八千四百餘丈。南岸自徐州至宿遷縣，計長二萬八千五百餘丈。及歸仁集遙隄，在泗宿桃界內，凡七千六百餘丈。以攔約黃水，並截睢水入黃。築馬廠坡遙隄，

在桃清接界處，約七百餘丈以阻黃淮出入之路。大築高家堰，六十里。以蓄淸刷黃。修淸江浦至柳浦灣舊隄，九千八百餘丈。又接築新隄至高嶺，六千六百餘丈。約在今漣水城對岸。乃塞崔鎭等大小決口五十四處，建桃源北岸減水石壩四座，崔鎭季泰鎭徐昇鎭三義鎭。洩漲水入海。又於上流盱眙界建邵家口大壩，遏斷秦溝舊路。上下千里，束水攻沙，河流大暢，海口大闢。萬曆八年，全工告竣。季馴之再起也，以受知於張居正。及居正敗，言者交劾，遂以黨庇居正落職，河事復棼。（參觀第二十二圖明潘季馴二任治績圖）

河自塞崔鎭築高堰後，六七年無患。淸桃以上，徐邳以下，河道已成，流急而河深。下流既安，惟在愼守上流。歷久工懈，萬曆十五年，又有銅瓦廂荆隆口之大決。決水挾淘北河在長東隄外，黃河故道也。衝決長垣大社集，直薄東明。十六年，起用潘季馴四任總河。季馴大築三省黃河兩岸遙縷月各隄工，共長三十四萬七千八百餘丈，磯關二十有四，石土月護壩五十一，濬淺塞決三十萬丈有奇。條理粲然，河運安流，號稱極盛。（參觀第二十三圖明潘季馴四任治績圖）

季馴治河，以求故道，築隄束水，借水攻沙，蓄淸刷黃，愼守隄防爲要義。其論故道曰：『夫議者欲舍其舊，而新是圖，何哉？蓋見舊河之易淤，而冀新河不淤也。馴則以爲無論新河之深且廣，鑿之未必如舊；卽使捐內府之財，竭四海之力而成之，數年之後，新者不舊乎？假令新復如舊，將復新之何所乎？水行則沙行，舊亦新也；水潰則沙塞，新亦舊也。河無擇於新舊，借水攻沙，以水治水，但當防水之潰，無慮沙之塞也。』其論隄防曰：『禹貢九澤既

陂，四海會同。傳曰：「九州之澤，已有陂障，而無潰決。四海之水，無不會同，而各有所歸。」則禹之導水，何嘗不以隄哉？』其論築隄束水，借水攻沙曰：『或有問於馴曰，淮不敵黃，故決高堰避而東，今復合之，無乃非策乎？馴應之曰，高堰決而後淮水東，崔鎮決，而後黃水北，隄決而水分，非水合而隄決也。水分則勢緩，勢緩則沙停，沙停則河飽，尺寸之水，皆由沙面，止見其高。水合則勢猛，勢猛則沙刷，沙刷則河深，尋丈之水，皆由河底，止見其卑。築隄束水，以水攻沙，水不奔溢於兩旁，則必直刷乎河底。此合之所以愈於分也。』其論各種隄制曰：『遙隄以防其潰，縷隄以束其流。遙隄之內，復築格隄，蓋慮決水順遙而下，亦可成河，欲其遇格而止也。縷隄之內，復築月隄，蓋恐縷逼河流，難免衝決，欲其遇月而止也。』（包世臣中衢一勺云：『潘氏之法，遙隄相去千丈。中有縷隄，相去三百丈。河槽在縷隄之中，急流東下，日刷日深。其初每年有大汛一二次，溢出縷隄，漫灘直逼遙隄。三年之後，河槽刷深至五丈以外，不復漫過縷隄矣。』）（參觀前第二十一圖附邳州決河圖）其論減水壩曰：『防之不可不周，慮之不可不深，異常暴漲之水，任其宣洩，少殺河伯之怒，則隄可保也。壩面有石，水不能汕，故止能減盈溢之水，水落則河身如故也。減壩俱建於北岸者，欲其從灌口入海也。』其論塞決曰：『河既隄矣，可保不復決乎？馴應之曰，河之奪也，非一決所能奪。決而不治，正河之流日緩，則沙日高，決日多，河始奪耳。今之治者，偶見一決，鑿者便欲棄故覓新，懦者輒自委之天數，議論紛起，年復一年，幾何而不致奪哉？』其論慎守隄防曰：『防禦之法，頗稱周備，倘能

歲守不失，則河流自無衝決之患，故道晏然，運艘無阻。但畚土成隄，原非鐵石，稍不修葺，使至傾頹。歲歲修之，歲歲此河也；世世守之，世世此河也。每歲務將各隄頂加高五寸，兩旁油刷及卑薄處所，一體幫厚五寸。河防永固，國計民生，俱有賴矣。』又曰：『使禹之成業，世世守之，盤庚不必遷也。周定王以後，河必不南徙也。人亡歲久，王迹熄而文獻無徵，故業毀而意見雜出，又何怪乎河之無常也。』（參觀前第四第五各圖）

自賈讓三策出，治河者諱言築隄，惟事分水。季馴明辨河性，上推禹蹟，發前人所未發，樹治河之良規，真知灼見，度越前古，其理至今不易。前後四領河事，論者謂非但公習河，河亦習公，諒哉！

## 第二節 靳輔治績

自潘季馴歿後，迄於明亡，五十年間，大河決溢時聞。其始決於曹單，水灌徐邳；繼則徐睢屢決，橫流南北；終則荊隆口決而北，山東爲湖沼；范家口（在山陽縣境。）決而南，高堰運隄決而東，裏下河成澤國。上中下三游均決，河道大潰。此其故有二：一則徐睢本非行河之地，強以人力，終難久安；一則繼起者未能遵季馴愼守隄防之誡，轉而破壞成法，分黃導淮，（分黃導淮始於楊一魁，一魁於萬曆二十三年，分黃自桃源縣東南黃家嘴，經周伏莊至漁溝浪石，至安東五港灌口，長三百餘里，分洩黃水入海。導淮分兩路：一闢清口沙七里，導淮會黃入海；二建高堰三閘導淮入江。）盡失季馴築隄束水，借水攻沙，蓄清刷黃之精意。延及清初，歸仁隄屢決，洪澤蕩爲大壑，河淮俱病，不

可收拾。黃河兩岸決口，共二十一處，南北運河及高堰等處決口，共七十一處。宿遷北岸楊家莊亦大決，決口二百餘丈。迨康熙十六年，靳輔出而河復大治。功烈之美，足與季馴先後相輝映。（參觀第二十四圖明季河患圖及第二十五圖清初河患圖）

康熙十六年三月，靳輔調任河道總督，言『治河必審全局，合河淮運為一體，徹首尾而並治之。黃河之水，裹沙而行，全賴清水併力助刷，始能挾沙趨海。今河身所以日淺，皆由歸仁隄決後，諸水悉由決口使淮，不即堵塞所致。查清江浦至海口，長約三百里，向日河面在清江浦石工之下，今則石工與地平矣。向日河身深二三四丈不等，今則深不過八九尺，淺者僅二三尺矣。河淤則運亦淤，今淮安城堞卑於河底矣。運淤則清口與爛泥淺盡淤，今洪澤湖底亦漸加墊矣。河身既墊高若此，而黃流裹沙之水，自西北來，晝夜不息；一至徐邳桃宿即緩弱散漫，沙日加增，河身日高；若不大加修治，不特洪澤湖漸成陸地，將南而運河東而清江浦以下，淤沙日甚，行見三面壅遏，河無去路，勢必衝突內潰，河南山東俱有淪胥之憂。彼時雖費千萬金錢，亦難剋期補救。』蓋輔意以為隄決則水分，水分則沙淤，沙淤河墊，故力主濬淺築隄塞決，與潘季馴所見略同。（參觀第二十五圖清初治前河患圖）

至其施治，先從下游着手。自清江浦歷雲梯關至海口。河身兩旁，離水三丈之處，各挑引水河一道，掘面闊八丈，底闊二丈，深一丈二尺，藉水力沖刷，新舊合一，即成大河，世所稱『川字河』者是也。濬河之土，即以大築兩岸縷隄。南岸自白洋河至雲梯關二百三十里，北

岸自清河縣至雲梯關二百里。又自雲梯關以下，接築至海口百餘里。又清口至高堰二十里，汪洋巨浸，亦已淤平，止存寬十餘丈之小河一道，乃於小河兩旁，離水二十丈，各挑引河一道，其後引河增爲五道面寬六丈，底寬三丈，深五尺。塞于家岡武家墩高家堰等大決口十六處，工竣，引淮水直出雲梯關入海。暫留楊家莊不塞，以分黃勢。楊家莊決口，越四歲始塞。

康熙十八年後，數年之間，大築黃河兩岸隄工。南岸自白洋河上抵徐州，北岸自清河縣上抵徐州，束水攻沙。又修築高家堰大隄，接築周橋以南至翟壩隄工二十五里，蓄清敵黃。盡塞黃淮諸決口，河事粗定。

然以萬里黃流，收納於偪仄之泗漕，黃河自滎澤以下，河道寬十餘里至二三十里不等，下達徐州，兩岸羣山夾峙，僅寬六十餘丈。其勢斷難容納；於是師潘季馴設減壩分洩暴漲之遺意，於南岸碭山縣毛城舖建減水壩閘各一座，銅山縣王家山建天然減水閘一座，十八里屯建減水閘二座，睢寧峯山附近，建減水閘四座，俱減水入睢河。又於北岸銅山縣西境石林黃村二口，建減水壩各一座，減水入微湖。築大谷山至蘇家山隄工，建大谷山減水壩一座，蘇家山減水閘一座，均減水由荆山河入運河。又於駱馬湖尾建減水壩橋六座，謂之六塘，減湖黃之水入碩項湖。減水東出之道，即今六塘河。大修歸仁隄工，於五堡建減水壩，減水入洪澤湖。清口上下，兩水相鬭，慮有壅閼，除原有崔鎮等四壩外，又於宿遷縣北岸建朱家堂溫州廟古城建減水壩三座，並於清河舊縣迤西之北岸，建張莊減水壩一座，清河

舊縣迤東之北岸，建王家營減水壩二座。後復另開中河行運，上接泇運避河險，即今之中運河。仲莊以上，朱家堂以下，各減壩均廢。仲莊口內，建雙金門大閘，減水入鹽河。運口後由仲莊移至楊莊，雙金大閘拆廢，改建鹽閘。黃淮睢湖駱馬湖。均有分減，雖有異漲，可保無虞。仍於高堰創建減壩六座，以資分洩。輔之治河，前後十餘年，承季馴遺意，而法益加密，河定民安。後之治者，莫之能易，一代奇才也！（參觀第二十六圖靳輔治績圖）

## 第三節　康乾之治

靳輔以後，迄於乾隆中，六十年間，司河者類能規隨成法，縱有決溢，併力塞治，不稍延緩，無大變患，稱為極盛。其時決溢多在下游。康熙三十五年，江海河湖並漲，河決山陽童家營，入射陽湖，總河董安國於馬港分黃，為人詬病。董安國於雲梯關海口築攔黃大壩，又於關外馬家港挑引河一千二百餘丈，導黃由南潮河入海。康熙三十六年，決時家碼頭在安東縣治西。久不塞治，宿桃清沭海被災。康熙三十九年，張鵬翮總理河道，盡拆雲梯關外攔黃壩，賜名大通口，堵閉馬港，築塞時家碼頭，堵高堰六壩，六壩原係三合土底，後改建石滾壩三座。蓄清敵黃，河流復故。又創築徐州北岸隄工，修築睢宿隄工及歸仁隄石工三千七百餘丈，開陶莊引河。陶莊引河康熙三十八年開濬仍淤。張鵬翮治河，前後十年，先疏海口，使水有去路；繼闢清口，使淮得暢出；又加修高堰，堵塞六壩，蓄清敵黃；開陶莊引河防黃水倒灌；築挑壩以平險工。綜其治績，條理井然，亦靳輔以後之佼佼者也。（參觀第二十七圖張鵬翮治績圖）

徐睢以下，防範周密，無隙可乘，河復決於上流。康熙四十八年，決蘭陽雷家集儀封洪邵灣

。康熙六十年，決武陟馬營口詹家店魏家口，大溜直衝沙灣，有由大清河入海回復千乘大河之趨勢。六十一年，已塞復決馬營口，灌張秋，奔注大清河。（參觀前第十六圖及第十七圖）又決秦家廠釘船幫。總河陳鵬年於廣武山下王家溝，挑引河一道，使水由東南經滎澤舊縣前入正河，水勢始平。堵塞各口，河復故道。蓋當時注全力於下游，上游武陟之決，遂爲意料所不及，亦疏防之過也。於是雍正三年，大修豫省南北岸大隄，及陽武中牟鄭州祥符各處險工。五年，大修江南黃運兩河土石埽壩工程，加築月格等隄。七年，訂黃河隄工每歲加高五寸之例。八年，大修黃河隄工，上起虞城，下迄海口，安枕無患者數十年，此皆修隄防險之明效大驗也。

乾隆承康雍之後，修防之工愈重。乾隆十二年，總河高斌奏江南河隄，不如豫東高厚，請於歲加五寸之外，隨宜修築。十七年，修三省太行隄工，挑濬順隄河。二十三年，補築徐州黃河北岸大隄，自黃村壩至大谷山七十里，屏障微湖。自是黃河兩岸，通體均有大隄矣。二十九年，江南總河高晉，奏將雲梯關外黃河縷隄棄守。（北岸至六套，南岸至疊工尾。）四十一年，江督高晉，河督薩載，開陶莊引河，改河北行，堵築舊河，明年工成，清水暢出。斯二者，爲南河最大失策。河史述要云：『陶莊引河，自康熙三十八年以後，屢開未成，一旦改河，沿北岸行，清口外清黃界隄，遂越過惠濟祠以北，延伸數里，（河勢去清口較舊時已遠五里。）永杜清口倒灌之患。然而河身

緊縮，減寬度泰半，（寬僅八十餘丈）水勢拘攣，壅而易淤，黃淮會處，亦頗蒙不利。或更影響及於全局，河工書無專論之者，亦可怪矣。』至於雲梯關外，縷隄棄守，更失潘靳以來以水治水，深闢海口之精意。日中則昃，盛極必衰，南河之弊，種因於此；越四十八年，遂有咸豐之北徙。（參觀第二十七圖附陶莊引河圖）

## 第四節　乾嘉河決及塞治

大河自歸徐奪泗淮，徐睢逼阸，不利行河，此地勢爲之。迨陶莊引河成，又以人工扼其咽喉，益成不治之證。乾隆四十三年，河決祥符儀封考城，決水由渦入淮。屢塞屢決，歷時二載，費帑五百餘萬，堵塞五次始合。乃未幾（乾隆四十六年）復有儀封靑龍岡之大決。決水入南陽昭陽微山等湖，餘波入大淸河，屢塞無功。不得已停築壩工，議疏黃水去路以保運。駐工督辦阿桂等請於舊南隄外築新隄，自蘭陽三堡起，至商邱七堡止，長一百四十九里，挑引河導入商邱故道，並挑商邱至徐州正河淤墊。乾隆四十八年，改河工成。陶莊引河，本苦迫狹，今其上游，又增一蘭陽引河。當時司河者專爲運謀，河淮之成敗，皆所弗計。嗣後數年之間，漫溢安東淸河桃源，決睢州，決睢寧，決碭山，幾無寧歲矣。（參觀第二十八圖淸乾嘉大河塞治圖）

嘉慶中，大河屢有決溢，淸口不利，河淮運俱病，莫可挽救。嘉慶初年，豐碭曹縣決而北，睢州復決而南，靳輔所築諸減壩，漸至運用不靈，日就圮廢。嘉慶八年，封邱汛衡家樓（在荆隆口）

之東隄工，墊陷過水三十餘丈，大溜注東北，由范縣達張秋穿運河趨大清河至利津入海。明年堵塞。而清口倒灌，沙淤屯積，河事益岌岌。嘉慶十一年，啓放王營減壩，掣動大溜，直注鮑營河張家河入六塘河歸海，（參觀第二十六圖）議改道不果。十二年決阜寧陳家浦，由五辛港入射陽河注海，議改道不果。十三年，溢馬港六套等處，分流由灌河口歸海，議改道亦不果。十四年，黃强淮弱，堵閉禦黃壩以防倒灌。開陶莊引河，原以防黃水倒灌，至是黃屢倒灌，陶莊引河之作用全失。自是淮不刷黃，僅可入運，非遇清高於黃，則堅閉禦黃壩，重運起駁，回空啓放，黃淮隔絕，此清口之大變，而黃愈病矣。嘉慶十五十六兩年，先後築海口新隄，十五年築隄北岸，自馬港口至葉家社，長一萬五千七百六十四丈；南岸自竈工尾至宋家尖，長六千八百五十九丈。十六年，北隄接築至龍王廟，長六千丈；南隄接築至大淤尖，長四千八百三十九丈。恢復昔年靳輔遺規，一時海口復行暢利。十八年河決睢州，由亳渦入淮，全歸洪澤湖，越二歲始塞。是時全黃澄清入淮，洪澤湖飽滿，暢出清口。清口以下，黃河刷深。十九年，乘睢工尚未興堵，以工代振，先行培築豫江兩省大隄，並挑江境清口以上正河，二十年，睢工合龍，暢流下注，清口上下，首尾通利，爲南河一大轉機。嗣後豫江兩省，隄工不懈，河防無事者垂二十年。（參觀第二十八圖清乾嘉大河塞治圖）

## 第五節　清咸豐大河

嘉慶以後，至於道光，清口不利如故，南北溢決，屢議改河，道光四五年，琦善嚴烺議導河由灌口入海。道光六年，張井議改河自安東東門

工迤下，以北隄爲南隄，另築新北隄，導河至絲網濱下，仍歸舊河海口。又議以安東縣西之李工爲河頭。更議改河自桃源高家灣，借用中河鹽河至李工，或安東東門工仍歸舊河，將清口下移。謂改河止用挑深一丈，已低於舊河五丈。道光十一年，嚴烺又議，自桃源縣北岸顧工起，改河斜穿遙隄，跨過中河鹽河，行經遙隄之北，掘立新隄，至安東縣蕭工，仍歸正河。皆不果行。道光六年，試行灌塘濟運，清口愈病，黃愈不利。（參觀第二十八圖附咸豐清口及運口圖）上游桃源豐縣中牟祥符，屢有決溢。至咸豐五年，遂有蘭陽銅瓦廂之大決。溜分三股：一股由曹州趙王河東注，後漸淤。兩股由東明縣南北分注，至張秋穿運河復合，奪大清河入海。北一股漸淤，南一股即成幹流。時洪楊變起，餉糈不繼，因勢利導，不塞遂徙。是爲黃河大徙之六。銅瓦廂以下新河，即明昌分流入濟之故道，亦即明清以來，屢決荆隆口入大清河之故道；河意歸北，徒以運道故，強之使南，杭隄不安者六百餘年之久。其間雖有賈魯潘季馴靳輔諸名賢，接踵而起，各挾雷霆萬鈞之力，使河就範，終焉人治之力，不勝天行。以視宋代回河之禍，殆又過之，讀史至此，有餘痛焉（參觀第二十九圖清咸豐河徙圖）

# 第九章　近代大河

## 第一節　近代大河之形成

咸豐大河初徙，河督李鈞奏陳三事：一順河築堰；二遇灣切灘；三堵截支流；皆借民力爲之。諭令直隸山東河南各督撫，妥爲勸辦。自是張秋以東，自魚山（東阿縣北岸）以至利津海口，漸築民堰。惟張秋西南，蘭封東北，黃水氾濫，施工較難。（此一帶爲古鉅野澤，即宋時八百里梁山泊，乃河身弱處。）同治三年大水，由蘭陽分股下注：一股直灌開州；一股旁趨定陶曹單。豫省以有隄墈，幸獲保全；直東無隄，致氾濫爲災。河督譚廷襄奏謂：『下游大清河身太狹，不能容納，宜將附近徒駭馬頰二河，設法疏濬，庶有分洩。並堵塞齊東濟陽等縣民埝缺口三四十處。上游應先修金隄及毗連菏澤之史家隄，並加培舊堰，擇要接修。』從之。自是東流勢順，北道無憂。而菏鄆以南，尚無屏障，漲水南瀉，殆爲勢所必至。同治七年，河決滎澤，溢入鄭州中牟等縣，侍郎胡家玉主分河南北。直督曾國藩等謂：『滎工分流無多，惟有趕堵以保豫皖淮揚下游。』八年卒塞之。同治十年，決鄆城侯家林，東注南旺湖。又由汶上嘉祥濟寧之趙王牛頭等河，直趨東南，入南陽湖。東撫丁寶楨力疾築塞之。十二年，又決東明石莊戶，衝漫趙王牛頭等河。昭陽微山等湖，連成一片。下注六塘河，徐海大災。寶楨議復淮徐故道。直督李鴻章力阻之。李鴻

章言：『銅瓦廂決口，寬約十里，跌塘過深。舊河身高決口以下水面二三丈，如欲挽河復故，必挑深引河三丈餘，方能吸溜東趨，人力斷無可施。十里口門，進占合龍，亦屬創見。大清河原寬不過十餘丈，今已刷寬半里餘，冬春水涸，尚深二三丈，岸高水面又二三丈，是大汛時能容五六丈，奔騰迅疾，水行地中，此人力莫可挽回之事，亦祀禱以求而不可得之事。』又謂：『目下北岸自齊河至利津，南岸自齊東至蒲台皆已接築民堰，尚可抵禦。岱陰繡江諸河，亦經築隄，受災不重。至張秋以上，北岸有古大金隄，可恃以爲固。南岸侯家林上下民堰，應倣照官隄辦法，一律加培高厚。』議乃定。光緒元年，石莊戶難堵，改於決河下流菏澤縣賈莊合龍。東撫丁寶楨創築東直兩境南岸長隄二百五十餘里。北岸隄工，趕辦不及，先修金隄以爲屏蔽。光緒三年東撫李元華以上游南岸毗連直豫，自東明謝寨，至考城圈隄，七十餘里，尚無隄岸。若不修築，前功盡棄。調軍民接築。又修北隄，自濮范以下抵東阿，計一百七十餘里。自是銅瓦廂新河，上起蘭儀，下迄東阿，皆有官隄。隄距六七十里，臨河更有民堰。（北岸自長垣太行隄起，至東阿縣金隄尾止。南岸自濮縣李升屯南起，至壽張縣黃花寺止。）光緒九年東撫陳士杰，以山東屢遭河患，創築張秋以下兩岸縷水大隄，迄於海口，去水各四五百丈。（時游百川又建議於惠民白龍灣開減壩，分減黃流入徒駭河，再疏通沙河寬河屯氏等河，引入馬頰鬲津，分流入海，未果。）光緒十年，兩岸大隄，全部告成，（其中南岸壽張十里鋪，至長清北店子，長一百五十公里，因係山麓，迄今未設隄防。銅瓦廂舊口門，至民國二十一年始築隄堵閉。）計自咸豐初決，至此已閱三十年矣。大隄雖成，而東民仍守臨河民堰，有司亦諭令先守

民堰，如堰決再守大隄。而隄內村廬，未議遷徙。大漲出槽，田廬淼淹，居民往往決隄洩水，官不能禁。嗣是，只守堰而不守隄，堰決而隄亦隨之。此爲魯河歷來失事之癥結。至冀省民堰，民國始改歸官守。然有名無實，河患更烈。累土成隄，廂埽防險，勢難久恃。光緒十六年以後，險要工段，採用石料，大者曰壩，小者曰垛，又用磚工，沿河鐵軌電報，並先後採用，未始非河防一大進步也。（參觀前第二十六圖靳輔治績圖前第二十七圖咸豐河徙圖及附圖第三十圖近代大河形成圖）

## 第二節　近代河患及塞治一

黃河自銅瓦廂北徙後，二十年始有隄防，三十年而隄防始大體完成。在未有隄防之時，決溢之災，殆難依尋常紀錄。自有隄防以後，迄今六十餘年，決溢已七十餘次。其間大決者凡四次：隄成後一年，（光緒三十年。）而南決鄭州；又二十六年，（民國二年。）而北決濮陽；又二十年，（民國二十二年。）而有豫冀南北五十餘口之大決；又二年，（民國二十四年。）而南決鄄城。至最近民國二十七年之南決中牟，鄭州，牽涉軍事，更當別論矣。茲先詳其大決，其餘附列於後：

光緒十三年八月，河南鄭州下汛十堡漫口，大溜全掣，口門由三百丈刷寬至五百四十七丈。中牟祥符尉氏扶溝淮陽等十數縣，皆被淹浸，大溜由賈魯河潁河入淮，正河斷流。九月，籌辦引河挑壩，及盤築東西大壩壩基。十四年正月，總河李鶴年巡撫倪文蔚奏：『東西壩次第

興工，（並修東明南隄六十餘里，開州金隄九十餘里，以為堵口後河防之預備。）至五月二十日，東壩計成四十六占，共長二百四十五丈，西壩連挑水壩計成六十占，共長三百九十丈；尚餘口門三十餘丈，再進六占，即可蕆工。不意二十一日，西壩趕工急切，未能穩慎，捆廂船失事，兩壩埽占，走失蟄陷，搶廂無已，以致不能進占。合龍之稭料，半為搶廂耗去，無法進行。』李鶴年等，革降有差。簡派吳大澂署總河。大澂奏稱：『查驗兩壩工程，均尚結實。東壩逆流進占，其勢較難；西壩順流進占，其勢較易。西壩開辦之初，先築挑水壩，後就挑水壩改作正壩；此後應於西壩添築挑水壩，最為緊要。』依議辦理。十二月十日，開放引河，十四日合龍。（引河例於合龍前三日開放。）吳大澂繼李鶴年等之後，除添築挑水壩外，其引河及東西兩大壩，皆就原工基礎進行。然成敗異勢，其關鍵實在稭料之濟與不濟耳。鄭工合龍後，吳大澂言：『築隄無善策，廂埽非久計，要在建壩以挑溜，逼溜以攻沙。溜入中泓，河不著隄，則隄身自固，河患自輕。』又立石於滎澤汛，曰『守隄不如守灘。』世以為名言。（參觀第二十九圖清咸豐河徙圖第三十一圖鄭工決口形勢圖）

民國二年七月，河決冀省濮陽縣習城集迤西之雙合嶺，決水阻於古大金隄，由隄南之夾河（清水河。）東北流，過張秋鎮，至陶城埠復歸正河。漫淹山東濮范數縣，即咸豐銅瓦廂新河北股之故道也。時南北交兵，久不塞。次年，伏秋汛漲，口門刷寬八百餘丈，橫流昏墊，人民蕩析

離居。是冬，命徐世光督治之。四年一月興役，修築隄埝。三月，東西正壩及下邊壩進占。時大溜趨向正河，挑壩及引河之工，估而未辦。五月下旬，西壩走占，無可措手，遂於兩壩上口，圈越堵築。六月底合龍斷流。旋以汛水暴發，習城集隄工漫溢，留東壩總辦姚聯奎駐工堵築竣事，先後支銀四百萬元有奇。向來堵口，大都先築挑壩，闢引河，吸溜使歸故道，而後決口始易堵合。濮陽大工則否，意在節省人力物力；然旋堵旋決，未嘗非過事撙節之咎也。（參觀第二十圖近代大河形成圖第二十一圖濮陽決口形勢圖）

民國二十二年八月大水，水位之高，流量之巨，超過歷來測量紀錄。豫冀兩省，黃河漫決五十餘處。被災面積六千三百五十九平方公里，被淹村莊四千處，冲毀房屋五十萬所，災民三百二十萬人，災害慘重，爲七八十年來所未有。國民政府特設黃河水災救濟委員會，附設工振組，派員堵築各口。其中以冀省長垣石頭莊口門爲最險，全河幾有改道之勢。總工程師宋希尚察看形勢，決定暫緩堵築大堤決口；而先於上游馮樓窴溝口四處，施工斷絕來源；然後着手於大隄之修復。堵築大堤，譬如兵家之背城借一，堵築窴溝，則如出疆擊敵，實據先着也。堵塞窴溝，係用緩溜落淤之法。其法用長約二公尺之木樁，插入溝中，隔一二公尺一根。或單排，或雙排，繞以鉛絲，以防水冲。樁與樁間插柳枝，梢向下，幹向上，柳枝間亦以鉛絲層層扎緊，使十分結實，連成一片。溝中流水，由上游挾多量泥沙而來，一遇柳枝，雖可透水，但其流不暢，泥沙因之沉澱，溝身自然淤高。溝身淤高，流水更形不暢，如是循環進展，溝身上下，逐漸淤塞，溝口一帶，漸漸斷流。先是第一第二兩口，擬用沈排及片石築挑水壩各一道，共長一千三百公尺，估需石料約三萬方，需款七八十萬元；三萬方石料運齊，歷時

須及經年；工款時間，均不經濟。迨改用落淤緩溜之法，第一溝口，僅二日即自動斷流；一四兩溝口，亦祇二十餘日，即淤成平陸；神速出乎意外。第三構口，因流量集中，不免刷寬淘深。（十一月十一日測量報告，寬一百六十公尺，深十四公尺，流速四公尺七。）仍用柳枝緩溜落淤。（其法用大船五隻，平均列置溝口，以鐵錨鉛絲，固定其位置，並生根於岸上。另以長纜橫貫船尾，上結網片，以錨纜穿結網上，推置河中。終用柳枝漂流至網，共下柳枝八十餘株。進行頗爲順利。詎上游民船一隻，誤入溝口，翻沈河中，致橫纜鬆動，岸上用以生根之巨大柳樹，傾墜入河，成效大減。）並挑引河，築柳石挑水壩各工。遂建截流大壩，簽樁兩排，用三面捆廂法，層柳層石，分東西兩翼，向中流進展。十月底，全工開始，至次年三月十八日合龍。八月黃河暴漲，冲破上游大車集舊口，直犯長垣縣城，已堵之四口，復告潰決，又成不可收拾之象。河北省河務局派員在大車集上游蘭封縣之貫台溝口堵築，用秸料壓土，捆廂進占。中因停工待料，延至桃汛，口門奪溜，施工困難。黃災救濟會接辦堵口補救工程。仍先於口門迤上，築臨河透水柳壩兩道，使其落淤，挑溜南移。東西壩工，仍用秸廂，並加築下邊壩，中澆橫土，卒於四月十一日合龍，此兩役工程，均瀕失敗而轉爲成功，論者謂馮樓之役，所取方法，多受歐籍工程師之影響。故失之過創。貫台之役，則多受傳統方法之影響，故失之過執。其詳已見專著，（水利月刊黃河堵口專號。）茲不贅。（參觀第二十三圖馮樓堵口前後形勢圖第二十四圖馮樓貫臺決口形勢圖）

## 第三節　近代河患及塞治二

民國二十四年七月，洪水暴漲，山東鄄城縣董莊，坐灣迎溜，不能暢洩，致告潰決。先決民

堰，東流阻於民修格隄，大屈而南，遂決官隄六大口。溜分兩股：小股由趙王河穿東平縣運河，合汶水復歸正河。大股則平漫於菏澤鄆城嘉祥鉅野濟寧金鄉魚臺等縣。由運河入江蘇淹銅豐沛邳宿等縣入六塘河，放溢四出。魯西蘇北，受災慘重。中央及黃河水利委員會與山東江蘇各省政府，迭經派員勘查，協商防堵。原定工程計劃，需款四百八十萬餘元。（原定計劃，計分十項；一、李升屯殘堰頭裹護工程；二、培修江蘇壩及圈隄工程；三、培修李升屯至蘇司莊堰壩工程；四、加培朱口至董莊大隄工程；五、引河及附屬工程；六、堵塞口門工程；七、修復大隄工程；八、修復民堰工程；九、雜項工程；十、善後工程。）經核減為二百六十七萬餘元。（引河工程，另案辦理；加培朱口至董莊大隄，及修復民堰，與善後工程，劃歸魯省辦理。）施工經過，可分為二期：一為山東省政府主辦時期；一為黃河水利委員會主辦時期。山東省政府主辦時期，擬具工程計畫，籌備料物，於十一月中旬，先將李升屯裹頭工程開工，其餘各工，陸續舉辦。黃河水利委員會派員隨時協助。至十二月間，改由黃委會接辦，以專責成。時溜勢直衝江蘇壩頭，（江蘇十壩在黃莊決口稍西，為民國十五年堵塞李升屯決口時江蘇省協助工款二十萬元所築。）遂於該處就壩築壩，延長五丈餘，深入河內，溜勢因而逐漸變順，改向北移。迤下築四挑水壩，亦均生效力。更於李升屯附近正河內灣，作裁灣挑溜引水工程，藉壩頭回溜淘灣之力，挽回潰水之一部。並就李升屯西北，另施引河工作，開引河六道，導流順軌。將江蘇壩東新隄，打凍挖槽進占，作西壩基礎。兼以挑水歸於老河，減少口門潰水流量。然後東西兩壩，分頭進占，卒於次年三月二十七日合龍。（開龍門不用大占及捆廂。用棗核枕拋填合龍。其法以柳裹石。做成若干埽箇。如棗核形。繫於上流固定之船上。連續拋填出水。即可截流合龍。但埽眼透水。並於其外作圈堰兜攔。俗稱養水盆。）堵口修隄，原屬治標工程，

如爲久計，應謀治本。黃河水利委員會委員長李儀祉氏，初議留石頭莊一口不堵，（石頭莊決口詳前。）建築新式堨閘，開一減河，接入金隄以南之淸水河，分黃河水至陶城埠，復歸正河，使長濮范壽等縣人民，徙居今道，以紓冀豫間水勢壅屯之患。又議於劉莊開口，建新式堨閘，分水通宋江河淸水河，入東平湖，由姜溝歸入本河。即以官隄爲北隄，添築南隄一道，不但董莊以下之危險可免，劉莊朱口之險工，亦可消除於無形，以紓冀魯間水勢壅屯之患。又議於歷城縣以下北岸適宜之處，建新式堨閘，開一減河，分黃河水入徒駭河，以紓魯省中下游水勢壅屯之患。黃河分水，雖非正辦；然魯河大隄之內，既有臨河民埝，又有格隄斜隄（即退堰。）助其束狹河流，比較豫河，上寬下窄，彼此倒置。致河性鬱抑，百病叢生。此爲魯人襲古河灘，與水爭地之惡果。然旣積重難返，則因時因地制宜，避重就輕，採用分水方法，輔以新式堨閘之操縱，（減堨分黃爲潘靳成法。）固亦救敗之善策也。（參觀第三十圖近代大河形成圖第三十二圖濮陽決口形勢圖第三十五圖董莊決口災區圖第三十六圖董莊堵口工程圖）

此外銅瓦廂改道以來，豫冀魯境內歷次決溢，擇要附列於後，以便查考。就中最堪注意者，決口多在下游，尤以尾閭爲多。則下游隄卑河窄，殆爲重大之癥結矣。

咸豐五年，（民國紀元前五七年）銅瓦廂決口，自是改道北流，奪大淸河入海。（詳前）

同治二年，（前四八年）漫溢曹州等處。（詳前）

同治五年，（前四六年）溢河南胡家屯，決濮州。

同治七年，（前四四年）決山東趙王河之紅川口，鄆城縣境被淹，大溜循銅瓦廂決河南股，由安山入大清河。七月，決滎澤，溢入鄭州中牟祥符陳留杞縣，口門寬二百餘丈，水入淮未奪溜。

同治十年，（前四一年）決鄆城侯家林。（詳前）

同治十二年，（前三九年）秋，決東明石莊戶。（詳前）

光緒四年，（前三四年）漫溢東明高村口。

光緒五年，（前三三年）決歷城南岸溞溝。

光緒六年，（前三二年）復決溞溝。

光緒八年，（前三〇年）大決歷城北岸之桃園，決口寬一百四五十丈，水由濟陽入徒駭河，經商河惠民濱州霑化入海，東撫任道鎔於十一月堵合。

光緒九年，（前二九年）齊河歷城齊東等處，先後於伏秋漫決。濟陽蒲台，皆於霜降後漫決。

光緒十年，（前二八年）決齊河北岸李家岸，次年堵合。

光緒十一年，（前二七年）決齊河北岸邱家岸，五月塞。是年秋，決歷城南岸之溞溝。次年正月塞。

光緒十二年，（前二六年）凌汛，決章邱南岸之河王莊，三月塞。是年秋，決濟陽北岸王家圈，歷城南岸河套圈，惠民北岸姚家口，壽張北岸徐家沙窩，冬塞。王家圈決口，寬二百餘丈，緩辦。次年鄭工決口，始堵旱口。

光緒十三年，（前二五年）大決鄭州。（詳前）。

光緒十四年，（前二三年）決濟陽南岸大寨及四王莊，次年塞。

光緒十五年，（二二年）決利津南北嶺下游韓家垣，尾閭自鐵門關改入韓家垣。兩岸築隄各三十里，束水向毛絲坨入海。（尾閭一變）

光緒十七年，（前二〇年）決歷城師家塢。

光緒十八年，（前一九年）決利津南岸張家屋，章邱南岸胡家岸，濟陽縣南關灰壩，北岸桑家渡，惠民縣白茅墳，均即堵合。

光緒二十一年，（前一六年）漫溢濟陽北岸高家紙坊，水入徒駭河，二月塞。六月，溢壽張南岸高家大廟，齊東北岸趙家，利津北岸趙家菜園，呂家窪，南岸十六戶，均堵合。

光緒二十二年，（前一五年）決利津南岸西韓家陳家。趙家菜園復決。

光緒二十三年，（前一四年）凌汛，決歷城南岸小沙灘，胡家岸，均塞。五月漫溢利津南嶺子民埝，尾閭改入絲網口。明年改舊南隄爲北隄，修新南隄四百二十丈。（尾閭再變）是年冬，又決利津北岸馬家莊扈家灘均塞。

光緒二十四年，（前一三年）決歷城南岸楊史道口民埝，衝大隄入小淸河歸海，十二月塞。又決鄆城南岸八孔橋民埝，水向東南流數十里，過東阿仍歸正河。次年春塞。

光緒二十六年，（前一一年）凌汛，決濱州張肖堂家，三月塞。

光緒二十七年，（前一〇年）決惠民北岸五楊家，濟陽南岸陳家窰，均塞。

光緒二十八年，（前九年）決利津南岸馮家莊，惠民北岸唐家，均塞。

光緒二十九年，（前八年）決利津南岸甯海莊二百餘丈，十二月塞。

光緒三十年，（前七年）凌汛，決利津北岸王莊扈家灘姜莊馬莊，隨塞。六月，利津北岸薄莊漫口，尾閭改道入徒駭河老鴰嘴，明年兩岸築隄，河流順軌。（尾閭三變）

光緒三十二年，（前五年）尾閭自虎灘分流至小叉河入海。（尾閭四變）

宣統元年，（前三年）決濮陽孟店牛寨等村，塞。

宣統二年，（前二年）決濮陽孟店李忠長垣二郎廟，塞。

宣統三年，（前一年）決東明縣南隄，在劉莊西數里。

中華民國二年，決濮陽縣楊屯黃橋落台寺、范縣宋大廟陳樓王大莊等處民埝。七月，又大決濮陽習城集。（詳前）

民國六年，決長垣南岸范莊小龐莊，九月塞。老鴰嘴尾閭，南徙於大洋鋪。（尾閭五變）

民國十年。決長垣南岸皇姑廟，十月塞。又決利津北岸宮家。估費太鉅，久未堵築，口門寬至四百五十丈。十一年冬，由美商亞州建築公司包工，用椿石新法堵築，次年六月完工。

民國十一年，濮陽廖橋民埝決口，九月塞。

民國十二年，漫決長垣南岸郭莊，十月塞。

民國十三年，尾閭自大牡礪分支，由混水汪出岔河口。（尾閭六變）

民國十四年，尾閭徙虎徙灘，西北流，穿徒駭河舊道，又穿鉤盤河，下合大沙河，由滔二河漫至無棣縣境入海（尾

閭七變）

又是年六月，決鄄城南岸李升屯民堰五百餘丈，決水游衍官民二隄間，順流而下，至黃花寺，壅遏不舒，又決開南岸大隄，水向東南，居民恐被淹沒，決開運河西隄四處，引入東平窪地，復順勢折而東北，就清河門流入坡河，出龐家口歸黃河正流。次年李升屯黃花寺均塞。

民國十五年，決東明南岸劉莊，水入趙王河，淹金鄉嘉祥二縣。冬塞。尾閭自八里莊東衝一口，分溜七成，由鐵門關故道入海。（尾閭八變）

民國十七年，凌汛決利津棘子劉王家院，旋塞。

民國十八年，凌汛決利津扈家灘，次年塞。七月，漫決濮陽南岸黃莊，八月塞。

又是年秋，紀莊民堰決口，尾閭改從甯海東南，走南道絲網口故道改由太平灣入海。（據民國二十一年，張含英視察黃河雜記及全國經濟委員會民國二十五年出版豫冀魯三省黃河圖。又所謂南道者，勘校淮系年表附圖及民國二十七年出版山東河務特刊，係指絲網口故道而言。其中道殆指韓家垣故道，北道殆指鐵門關故道也。）（尾閭九變）

民國二十二年，大水，決口五十餘處，計甯夏磴口一處，陝西平民縣一處，山西永濟一處，河南溫縣十九處，武陟一處，蘭封二處，河北長垣北岸大車口至石頭莊二十九處，南岸龐莊一處。（餘詳前）

又是年海口亂荊子決口，水向東北流，循韓家垣舊道，至陡崖頭附近入海。次年堵塞復決，奪溜百分之九十，餘波仍入故道。（尾閭十變）

民國二十四年大決鄄城縣董莊。（詳前）

民國二十五年，海口亂荊子壽光圩子兩處，裁灣取直，引溜十分之七下注引河。故道佔十分之二，亂荊子舊口僅占十分之一，駸駸有恢復太平灣尾閭之勢。

民國二十六年，決蒲台鄭家寺分流至壽光縣小清河入海。次年鄭州決口，鄭家寺口門，水落見淤。蒲台利津博興廣饒壽光各縣隄工委員會，協議調集民夫堵築。（尾閭十一變）

又是年，魯省濟南東西各縣五百餘里，內外大隄被軍事破壞。內隄挖通者，沿隄皆是，外隄開口三百餘處。次年，大致堵復。

民國二十七年，六月七日，決中牟縣境南岸三劉砦附近之趙口。八日，決鄭縣南岸核桃園之花園口。兩口相距八十

里，六月十三日會流於前後殷莊，越隴海路匯賈魯河，注朱仙鎮，入尉氏鄢陵扶溝太康西華商水，至淮陽匯沙河蔡河，旁注沈邱鹿邑項城等縣。汜濫至安徽境內，匯淝河茨河潁河，奪淮而下，沿途汜濫，直趨洪澤湖，灌入裏下河。潰流過處，廬舍蕩然，其後中牟決口，因上游鄭縣決口奪溜，已成呆口，於二十八年填塞。鄭縣決口，初為一百二十公尺，二十八年，擴大至四百餘公尺，迤東約三百公尺處，又開一口，寬三百公尺，如遇異漲，兩口極有銜合為一之勢，則將寬至一千公尺。二十九年，七月，大溜復自尉氏折而東南，入渦奪淮，禍源不塞，已逾三載矣。

（參觀前第二十九圖清咸豐河徙圖第三十圖近代大河形成圖第三十五圖董莊決口災區圖第三十七圖孟津至海口黃河略圖第三十八圖民國二十五年海口亂荊子韓光圩裁灣工程圖第三十九圖民國二十七年鄭州中牟決口災區圖附鄭州中牟決口流向變遷圖）

## 第四節　河防行政

黃河自大禹施治以來，決徙靡常，已著其梗概；雖歷代名賢輩出，功業炳麟，各極一時之盛，河卒未能長治久安者，固由河性善變，而人謀不臧，仍居泰半；此可於已往史跡尋繹得之者。自古重視「河防」，明清皆設總河，以專責成。咸豐銅瓦廂北徙以後，直東兩省河防，改歸直督東撫兼管。光緒二十八年，裁河東總河缺。改歸豫撫兼管。中華民國因之。民國二十二年，成立黃河水利委員會，而「河防」之責，仍分屬豫冀魯三省河務局，黃委員會僅居指導監督地位。三省「河防」，畫疆分治，不免各自為謀，殊非善策。

豫冀魯三省河務局，其組織系統，及工段劃分，極不一致。河南省河務局，隸屬省政府，

（民國二十四年以後，改稱河南省水利處，隸建設廳）局長簡任。局以下轄四分局，分局轄汛，汛轄堡，爲四級制。河北省黃河河務局，隸屬建設廳，局長薦任。局轄段，段轄堡，爲三級制。山東河務局，隸省政府，局長簡任。局以下轄三總段，總段轄分段，分段轄汛，汛有工汛防汛之別，防汛轄堡，爲五級制。其管轄隄段，分述如下。

河南省南隄，自廣武保和寨迤東經鄭縣中牟開封陳留縣境，至蘭封邊界爲止，工長約一百四十公里。上南分局轄滎澤汛鄭上汛鄭下汛中牟上汛中牟中汛。下南分局轄中牟下汛祥河上汛祥河下汛陳蘭汛及新設之蘭考汛。北隄自孟縣逯村迤東，經溫縣孟縣武陟原武陽武封邱開封至陳留之西壩頭，即咸豐五年銅瓦廂決口處爲止，工長約一百七十五公里。上北分局轄孟縣溫縣武陟武滎等汛。下北分局轄原陽陽封開封開陳等汛。每汛所轄工段，長短不一，視險工多寡爲定。

河北省南隄，自豫冀交界之婁寨東北行，經長垣東明濮陽縣境，至冀魯交界之劉莊止，工長六十餘公里。婁寨至謝寨爲南一段。謝寨至蔡寨爲南二段。蔡寨至冷寨爲南三段。冷寨至劉莊爲南四段。北隄自長垣大車集接築舊太行隄，經河南滑縣，河北濮陽，山東濮縣，至耿密城爲止，工長九十二公里許。自大車集至長垣滑縣交界之高桑園，爲北一段。自此入滑縣境，河南省築隄一段，名老安隄，長八公里。自老安隄北端之小渠集，至西魏司馬，爲北二段

。自西魏司馬至馬屯爲北三段。自馬屯至冀魯交界之耿密城，爲北四段。其中段梨園附近堤工一公里餘，屬濮縣，亦歸河北省修防。

山東省南岸，自菏澤朱口迤東，經鄄城范縣鄆城壽張陽穀縣境，暫止於壽張之十里堡，工長一百十五公里。其中雙合嶺至董莊一段十餘公里，屬河北境，劃歸山東修防。十里堡以下河流經行東平東阿肥城平陰各縣，以南岸接近山麓，無隄。再起於長清宋家橋經歷城章邱濟陽齊東青城濱縣蒲臺，至利津寧海莊爲止，甯海莊以下兩岸尙有民埝約三十里。工長二百二十公里。北隄自濮縣高隄口迤東，經冠縣范縣壽張陽穀，至東阿陶城埠，是爲金隄。再自陶城埠經平陰肥城長清歷城濟陽惠民濱縣，至利津鹽窩村爲止，工長四百十五公里。山東河務局仍按從前上游中游下游地段，劃分第一第二第三總段。總段轄兩岸分段。分段轄工汛及防汛。第一總段設十里堡南岸第一分段設董莊自朱口起，至十里堡止，轄工汛二，防汛四。北岸第一分段設范縣自高隄口起，至東阿張秋鎭止，轄防汛二。第二總段設濟南。南岸第一分段設歷城小青莊自宋家橋起，至齊東田家拐子止，轄工汛二，防汛三。北岸第二分段設長清官莊。自張秋鎭起，至長清韓二莊止，轄工汛一，防汛二。北岸第三分段設齊河。自韓二莊起，至歷城鵲山止，轄工汛一，防汛三。北岸第四分段設濟陽東關。自鵲山起，至濟陽桑家渡止，轄工汛二，防汛三。第三總段設惠民清河鎭。南岸第三分段設濱縣蝎子灣自田家拐子起，至蒲台董家止，轄工汛一，防汛三。南岸第四分段設蒲台王旺莊。自董家起，至寧海莊止。

轄工汛二，防汛三。北岸第五分段設惠民歸仁鎮。自桑家渡起，至濱縣張肖堂止。轄工汛二，防汛三。北岸第六分段設利津宮家壩。自張肖堂起，至鹽窩村止。

三省每年修防費數目，亦不一致。河南二十七萬元，（民國十九年後，僅發十萬元，兼管沁河。）河北二十一萬元，（民國二十二年，實收實支十六萬元。）山東三十一萬元。河南隄工長四百二十五公里。（內有沁河九十公里。）河北隄工長一百五十六公里。山東隄工長七百五十公里。平均計之，河南每公里二百三十五元。河北每公里一千二百四十餘元，（依民國二十二年實支約合千元。）山東每公里四百餘元。雖險工多寡不同，未可作固定比例，然豫魯兩省經費，固宜酌量增加也。以上據黃河水利委員會黃河概況及治本探討。

冀豫魯之交，犬牙相錯，往往隄在此而決溢之害在彼；此方不關痛癢，彼方坐失事機，以故決溢之災，最爲慘烈。今後，「河防」，應不分畛域，通力合作，尤爲急不容緩之事矣。（參觀第三十七圖孟津至海口黃河現勢略圖）

# 第十章　黃河利病及治法

## 第一節　河性通論

子在川上曰：『逝者如斯夫！不舍晝夜。』孟子曰：『水性就下，』又曰：『盈科而後進，放乎四海。』此乃一般之河性，而非黃河所獨具也。新莽時，長安人張戎，習灌溉事，言：『水性就下，行疾則刮除成空而稍深，河水重濁，號爲一石水而六斗泥。今民皆引河渭山水溉田，使河流遲貯淤，水暴至則溢決，數隄塞之，高於平地，猶築垣居水。應順從其性，無復引灌，則水道自利，無溢決之害。』宋蘇轍曰：『黃河之性，急則通流，緩則淤澱，卽無東西皆急之勢，安有兩河並行之理？』一則言河挾泥沙，一則言河不兩行，此眞黃河之特性矣。自明潘季馴出，更引伸其義曰：『黃河性悍而質濁，河水一石六斗泥，以四斗之水，載六斗之泥，非極湍悍汛溜不可。水分則勢緩，勢緩則沙停，沙停則河飽，河飽則水溢，水溢則隄決，隄決則河爲平陸，而民生昏墊。』又曰：『河性宜合不宜分，宜急不宜緩。合則流急，急則蕩滌而河深。分則流緩，緩則停滯而沙塞。』故平生規畫，以築隄束水，借水攻沙爲第一要義，淸靳輔評爲萬世不易也。靳輔之言曰：『天下至柔莫如水，然苟不得其平，則雖天下之至剛者不能禦。平水之法奈河？量入爲出而已。今使上流河身至寬至深，而下流河

身不敢其半，或更減而半之，勢必懷山襄陵，而潰決之患生。』又曰：『河決於上，必淤於下；而淤於下者，又必決於上，此一定之理也。』量入爲出一語，尤爲精透，實開近世科學治水之先河。其幕友陳潢之言曰：『河之性約而言則曰就下；分而言則避逆而趨順也，避壅而趨疏也，避遠而趨近也，避險阻而趨坦易也。漲則氣聚，聚不能洩，則其性乃怒。分則氣衰，衰不能激，則其性又沈。』其言益爲緻密。又曰：『治河必順水性，必度形勢。如有患在下，而所以致患者在上，則勢在上也，當溯其源而塞之。又有患在上，而所以致患者在下，則勢在下也，當疏其流以洩之。苟不知勢，則用力多而成功少，若審勢以行水，則事半而功倍。』亦通論也。大抵前賢之於河性，憑多年之觀察體驗，類能得其竅要。惟是河源萬里，觀察體驗之範圍，終屬有限。即如河挾泥沙，久爲人所習知之事；然沙之來源若何？沙之去路若何？不易知也。知其來源與去路矣，來自塞外者若干？來自汾渭洛沁諸支流者若干？則更不易知矣。知其去路矣，沈於中游者若干？輸於下游者若干？達於海口者若干？則更不易知矣。水量之出入，亦猶是也。而水之來源，除上游之支脈流派外，又有天空之雨量，地下之源泉。其去路也，除地面之逕流外，又有天空之蒸發，地下之滲漏，尤不易知也。所謂上游中游下游，昔人所恒言者，其實不出於豫冀魯之境，今則上窮崑崙，下極滄溟，皆與河有息息相通之關係，而未可忽視也。河性雖無辨乎古今，而古今人認識之範圍，有廣狹精粗

之不同，則今人治河，當於古人所得之外，百尺竿頭，更進一步矣。

## 第二節 水流

黃河決徙無常，號稱難治，不外水流迅猛，泥沙太多，前人知之審矣。而尚無長治久安之策者，則其知有未盡也。今人繼續求之，以科學方法，從事於水文氣象觀測。新知日啓，愈精而密。顧閱時未久，所得資料，亦尚未足爲根本圖治之依據。茲先述水流，次及泥沙。

河水之來源，由於雨量。雨量之成災，多在夏季。黃河水利委員會黃河概況及治本探討云：『黃河流域，雨量之來，由於旋風進行時大氣之震盪。如夏季之大陸與太平洋，雙方高低氣壓之交流是也。夏季之時令風，有時亦能降雨。其雨量之多寡，則視此風所受旋風之影響而定。沿東海岸之颱颶，一旦侵入內地，則暴雨洪水，亦隨之而至。自秋徂春，中國西北部之氣候乾燥極矣。西比利亞高壓所生之時令風，不復帶有微雨。有之，必自西北至西南方向，爲大陸性低壓所挾持者。此低壓之產生，或遠胎於大西洋上。否則，由印度洋或東京灣與西藏高原氣候之交換。顧在未抵中國之先，在太平洋上，風速過高，無充分時間，足以吸收水分。而乾燥之西北風，有時且掠奪之。即能降雨，其量亦稀。然在四月以後，有時亦能發生輕洪。四月之末，河源積雪消融，流量增加。然亦不甚爲害。以該處積雪，本不甚多。且在乾燥之氣候中，其蒸發消失之量，固猶多於融化者也。黃河水利委員會，欲於開封或西安，

設立一等測候所，直接收受遠東各處氣象消息。期於數載之後，研究有得，能先期預測洪水之發生。俾下游數千數萬生命財產恃為保障之八百公里長隄，得早為戒備。『河水成於天空氣象，此為治河癥結之一。

雨量降於地面，其去路有三。一曰蒸發；二曰滲漏；三曰逕流。而逕流與雨量之關係，據中外水利專家經驗所得，其最大比例，不能超過百分之四十。地面之水，匯流於溪澗，歸宿於江河。故江河流量之大小，與其流域面積之廣狹，成正比例。黃河流域面積，鄭州以上，七十五萬六千平方公里。潼關以上，七十一萬二千平方公里。禹門口以上，五十一萬五千平方公里。蘭州以上，二十一萬六千平方公里。假如黃河鄭州以上，普徧降雨一公寸。除蒸發滲漏者外，逕流入河者，應為三百萬萬立方公尺。以每秒三萬立方公尺之量下洩，須歷時十一天半，方能洩盡。所幸如此廣大流域面積同時普徧降雨，為必無之事。以故黃河流量，自有紀錄以來，亦從無高至每秒三萬立方公尺者。若果如此乎，下游災害之慘重，寧堪設想？如以民國二十二年大水為例。據吳明愿二十二年黃河水災之成因，謂『是年七月中下旬，上游各省暴雨。七月十七日，暴雨陣頭，奔入綏遠，十七八九三日，在河套一帶，下二百零五公釐之雨量。暴雨陣頭，繼轉綏南入陝境。二十日夜，及二十一日，一晝夜間，下三百公釐有餘之雨量。暴雨陣頭，再向東移。二十四日晚，藍田大雨，平地水深數尺。雨繞轉向東北，

入山西。二十六日晚，太原大雨，山洪冲毀公路橋樑。在受雨區域之渭涇汾洛四大支流，與幹河同時並漲，致有八月十日晨二時陝州流量每秒二萬三千立方公尺之最高紀錄。』河水來自廣大之雨區，此爲治河癥結之二。

黃河流量，漲落均驟。卽如二十二年八月大水。據安立森查勘河南孟津至陝州間攔洪水庫地址報告，謂『八月七日正午，陝州流量，仍爲二千五百秒立方公尺。以後逐漸上升，至九日夜十二時，及十日晨二時，已漲至二萬三千秒立方公尺。然其最高峯，僅保持一刹那。十日二時，二萬三千秒立方公尺。四時，降至一萬九千秒立方公尺。六時，降至一萬七千秒立方公尺。八時，降至一萬五千秒立方公尺。十三日晨，又落至六千秒立方公尺。洪水所經時期，不足六日。而最危險之洪水約一萬秒立方公尺。所佔時間，不足六十小時耳。』又據萬晉防止土壤冲刷爲治理黃河之要圖，謂『二十四年，董莊決口。七月七日以前，中牟縣之流量，未曾超過二千一百秒立方公尺。但至次日上午十二時，忽漲至三千零八十秒立方公尺。此尙不足爲奇。至同日下午三時，又漲至六千六百秒立方公尺。夜間十時，至一萬五千二百秒立方公尺。及夜半十二時。至一萬六千六百秒立方公尺。是一日之增加，相差至一萬三千秒立方公尺。其退落之迅速亦如之。九日上午十二時，卽退至一萬一千五百秒立方公尺。夜間十二時，爲六千九百六十秒立方公尺。至七月十一日下午八時，仍繼續退落至四千零六十秒立方公尺。幾如普通流量。前後爲時僅四日耳。』河水漲落均驟，水災成於俄頃

，此爲治河癥結之三。

黃河異漲成災，固由水量過多。而此過多水量之來源，不在黃河幹流之本身，而在其支流。黃河水利委員會估計黃河洪量。來自河套綏遠者，占百分之十五。來自汾河者，占百分之二十。來自涇渭者，占百分之六十。來自伊洛沁等河者，占百分之五。如以二十二年爲例。據張光廷汾洛渭涇與黃患之關係，謂『八月七日，太原汾河，爲六千秒立方公尺。八月八日，大荔洛河，爲二千三百秒立方公尺。同日，張家山涇河，爲一萬一千二百秒立方公尺。渭河雖未實測，依八月七日咸陽水位及斷面估計，爲六千秒立方公尺。合之已達二萬五千餘秒立方公尺。』而據張含英黃河答客問，謂『來自包頭以上者，僅爲二千二百秒立方公尺。來自山陝谷中者，僅爲二千三百秒立方公尺。合之僅四千五百秒立方公尺耳。』是正河水量，遠遜支流。河水異漲成災，由於支流水量過多，此爲治河癥結之四。

黃河之水，出山陝，過孟津，行於豫冀魯之境，全恃兩岸大隄爲之防。大漲出槽，溢決隄岸，即成大災。故水位之高低，與河防之安危，有密切關係。據張含英黃河志第三篇水文工程，及吳明愿黃河之汛期及其六級水位，謂『向來黃水最低爲十二月。一月凌汛至。二月桃汛起。汛過水落。五月暴降。六月漲發。至八月而達最高峯。至十一月半退盡。歷年最高水位，陝縣爲二百九十八公尺二三。（民國二十二年八月十日）灤口爲三十公尺三五。（二十二年八月。按是年灤口上游石頭莊決口水勢大減。否則

水位當更高於此。最低水位，陝縣爲二百八十八公尺八九。民國十七年十二月十二日。灤口爲二十三公尺五。民國八年五月三日高低之差，自二丈一尺至三丈八尺。然爲時均暫。其長期留於河中之水位，陝縣爲二百九十公尺。平均約達六個月之久。灤口爲二五公尺，平均約達六個半月之久。謂之常水位。』河水漲落，有一定之規律，此爲治河癥結之五。

黃河發源巴顏喀拉山，拔海萬四千尺。會洮湟二水，出桑園峽，降爲五千八百尺。迄於寧夏，降爲三千三百尺。行近河曲，折而東南，降爲二千尺。至潼關降爲一千三百尺。至孟津，驟降爲三百餘尺。過此以東，始有決溢之患。黃河洪流傳播率，據史明恩二十二年黃河水災之成因，『根據民國八年至十八年陝縣灤口間之水文觀測，平均爲每小時四公里三。歐洲萊納河洪流傳播率，每小時三公里半。魯亞河亦然。黃河上游，斜度較陡，假定其傳播率爲每小時四公里半。則皋蘭至陝縣，一千九百零二公里，需時十八天。寧夏至陝縣一千五百一十公里，需時十四天。包頭至陝縣一千零二十公里，需時約九天。河曲至陝縣，七百三十二公里，需時約七天。陝縣至灤口，六百二十公里，需時約六天又六小時。』黃河洪流之傳播，有一定之規律，此爲治河癥結之六。

黃河水文測量，始於民國八年。因國家多故，時作時輟。僅陝縣灤口兩站，具有稍久之記載。據爲研究設計之張本，何濟於事？黃河水利委員會，擬廣設水文站，作長期觀測，研究根

本治黃，今尙非其時也。

## 第三節　泥沙

黃河泥沙之來源，當遠溯地史。據張含英黃河改道之原因，及吳明愿黃河下游之泥沙，略謂：『中亞細亞及中國北部，自進入草原時代，便與海洋隔絕。北太平洋濕風，爲東部高山所障，不能吹入內地。致內地空氣乾燥，缺少雨澤。河流乾涸，岩石風化，分解爲細沙。每值風起沙飛，遮蔽天地，是爲沙漠時代。迨經億萬年後，地殼起大變動。東部諸山陷落，海風吹入內地。雨量增加，不毛之沙漠，漸生草木，是爲黃壤時代。遂成今日之黃河流域。黃壤之分佈。蘭州以西，六萬方公里。蘭州至寧夏，五萬五千方公里。汾渭涇洛四水流域五萬二千方公里。零星散見者，二萬力公里。合共十八萬八千方公里。』據恩格斯制馭黃河論，『黃壤層積之厚，恆在數百公尺。』當沙漠時代，風攜沙行，散佈各處，風爲改造地形之主力。迨黃壤時代，沙隨水下，淤積下游，黃河又爲變化地形之權威。黃河泥沙來源深廣，此爲治河癥結之七。

中國古代文化，發源於黃河流域。其時水草豐美，物產富饒，無異今日長江流域。大地之上，到處皆見豐草長林。除洪水時期外，水流長淸。（詩魏風，河水淸且漣漪。又河水淸且淪漪。）卽洪水時期，攜帶泥沙，亦僅爲河牀沖刷之正常現象。迨漢族西來，墾殖生息，不遺餘力，可耕之地日蹙。遂致迫

向森林或山坡，濫事墾拓。耒耜犂鋤，橫施交加。牛羊牲畜，嚙食踐踏。向之豐草長林，漫山徧野者，漸至摧殘荒廢。大地失其幬覆，土壤暴露於烈日疾風暴雨之下，水既不能存蓄，土亦隨流而去。此劇烈之沖刷，十百倍於正常沖刷。每當大雨之後，隨處發現無數小溝，儼如蛛網，深自一寸至數寸。多量土壤，隨之沖去，逐漸形成深溝。下土暴露，草木不生，滿目淒涼。馴至西北土地，盡爲溝壑所分割。而此無數溝壑，彼此結合，成爲廣大山谷。一遇大雨，山洪暴發，奔騰四溢，輒成巨災。（參據萬晉黃河流域之管理，及防止土壤沖刷爲治理黃河之要圖。）黃河流域，因濫施墾殖，由繁榮而衰落，而水勢猛迅，多挾泥沙。此爲治河癥結之八。

泥與沙性質不同。泥細而浮於水中，隨水而行，其來也遠，其去也亦遠，直至入海爲止。沙粗而沈於水底，被水挾持，順河底旋轉。來既非遙，去亦甚邇，往往留滯河身。故俗有勤泥懶沙之說。綏遠一帶，地勢平衍，水流寬放，沈重之沙，便留滯其間。河南境內亦多沙。山東境內則否。由下而上推，河南之沙，難達山東。河套之沙，亦難達河南。黃河上游含沙量，自有華洋義振會綏遠水文觀測，始知該處上游含沙，鮮能超過重量百分之二。涇惠渠灌溉工程處觀測涇河水文，春令稍漲，沙重可至百分之三十。夏期盛漲，竟至百分之五十。洛河情形亦同。大略言之，渭河流域，實爲潼關以下黃河含沙之主要來源。龍門包頭間各小支流，其沙量差比於渭河流域。最高含沙重量，可至百分之十八。潼關以下，兩岸不乏含沙甚多

之入黃溪流。沁與洛含沙頗少。洪漲之時，增至百分之七八，平時恆不及百分之一。黃河水利委員會主任工程師安立森，估計洪水時期黃河流域各省輸沙量之百分率。計甘肅西部及寧夏青海，約占百分之十。綏遠約占百分之五。陝西及甘肅中部及東部，約占百分之六十。山西約占百分之二十。河南約占百分之五。雖非十分精確，要已得其大體。（據黃河概況及治本探討，又黃河水利月刊等。）此黃河泥沙之來量也。至其去量。黃河水利委員會計算黃河平漢路鐵橋下，每年平均流量為一千二百一十秒立方公尺，含沙量為流量百分之三點三，即每秒輸沙量為二十五立方公尺，每年計九百四十六兆立方公尺。平漢路橋以東，泰岱南北之廣漠平原，莫非黃河所創造。計其積沙至海平面下十公尺止，應為七百萬兆立方公尺，歷時七千四百年之久，尚在神禹治水前三千六百年。爾時泰岱諸山，不過海上羣島耳。又該會計算濼口每年平均流量為一千二百秒立方公尺，與平漢路橋之平均流量，相差無幾。而含沙量為百分之一點五。差至半數以上。可知黃河上游挾帶之泥沙，半澱於平漢路橋與濼口之間，半入東海。至黃河海口灘地，平均半徑二十五公里，每年進展半公里，亦係泥沙之力也。（據黃河概況及治本探討）又沙毀田而泥肥田，沙留於上游，泥浮於下游；故河南延津，為漢代大河所經，距今二千年，猶積沙沒踝，田不可耕。（據今人韓止石先生隨軺日記。）而山東河水所浸，輒成沃壤。沙行於河底，泥浮於水面；故決口之水多沙，而漫溢之水多泥。因是同一黃水也，決與溢之利害不同。同一決口也，上下游所蒙之後果不同

。泥沙與之性質不同，來量與去量又大相懸殊。此爲治河癥結之九。

黃河水流及泥沙，今人雖粗有所知。然欲依據此等不充分之資料，擬成根本治黃大計，仍屬奢望也。

## 第四節　治法上

黃河利病癥結，既得其大凡；若進而對證下藥，爲根本之治導，則河患絕矣。無如資料不備，時賢言治黃者，仍各本所見以立說。其着眼之點，或在上游，或在中游下游，次第列舉之，亦重要之參攷也。

茲先言上游。古人論治水，必先治下游；今人則更注意上游；此爲古今治水一大變革。永定河續志載同治十二年知縣鄒振岳上游置壩節宣水勢稟有云：『地勢西北高而東南下，奔流湍急，勢若建瓴。往往下方潰岸，上已揚塵。故河之難治，其病源在上游之水，來勢太驟。非下游不能容，實下游不能洩。若於上游段段置壩，層層留洞以節宣之。使其一日之流，分作兩日三日；兩日三日之流，分作六日七日；庶其來以漸，隄堰可以不致潰決。』永定河水流之暴，泥沙之多，與黃河同，故有小黃河之稱。且黃河無淀泊爲之停瀦迴旋，僅恃一線河槽，水漲不能容納，則漫溢潰決；水落又一洩無餘，難乎爲繼；視永定河爲甚。鄒君之論，若移之於治黃，尤爲確切。此爲發現治水先治上游者之先覺。黃河爲患之癥結，既在水猛沙

多；水與沙之來源，又在上游；故論治黃之上游者，或主開避沙之道；或主恢復溝洫；或主防止沖刷；或主建築水庫；皆所以正本清源，節制來量也。茲分述之：

(甲)開避沙之道　主張此說者，可以田桐氏爲代表。田氏以爲『考諸史乘，沙漠有逐漸南移之象。晚唐五季以前，陰山之南，河套之地，絕無沙漠，故河水不挾泥沙。迨後沙漠南移，河水始濁，黃河之名始著。故根本治沙，在徙河遠避河套之沙漠。』主張『黃河自寧夏開口，東行出花馬池，沿長城內行，經定邊靖邊，平地開河六百里，分爲二支。南支接周水，入北洛，至華陰入河。東支接杏子河，入延水，至延長入河。』謂『如此可變濁流爲清流，河病已減過半。然後更闢支渠，引水灌田，中州風塵，且將化爲江南煙雨。』田氏而外，又有主張於狄道渭源，鑿山移河，溝通洮渭，遠避塞外沙漠者。自今言之，皆不可行。黃河流域，黃壤分佈之區域甚廣，不限於河套，，避不勝避。而黃河之沙，來自河套者，本不甚多，抑亦不必避。況開河六百里，談何容易。狄道高出洮河約四百公尺，人力亦無可施。此說殆無實行之可能，存而不論可也。

(乙)恢復溝洫　溝洫之制，本於周官。清沈夢蘭有五省溝洫圖說，倡之甚力。近人李儀祉張含英諸氏，均贊成之。張氏之言曰：『世之論治河者多矣，潘季馴束水攻沙之議，頗近似之；尤不如沈夢蘭主復溝洫之說爲切實。蓋前者可治下游之淤墊，而後者能清泥沙之

來源。所謂溝洫者，據周禮「匠人爲溝洫，耜廣五寸，二耜爲耦，一耦之代，廣尺深尺謂之甽。田首倍之，廣二尺深二尺謂之遂。九夫爲井，井間廣四尺深四尺謂之溝。方十里爲成，成間廣八尺深八尺謂之洫。方百里爲同，同間廣二尋深二仭謂之澮。」（周尺等於營造尺六寸六分）

按沈氏五省溝洫圖說之計算，以面積言，每畝只占地四十七方尺，不及千分之八，影響於農田之效能者極小。就溝洫之容量計，每畝爲一百二十四立方尺，可容雨量二分（即二公釐半）。假定逕流爲雨量二分之一，則二十公釐（合六分）之暴雨，可無流入河中之水矣。其防洪能力，已不爲小。若溝洫增加，以佔地畝百分取二計之，則五公分之雨水，可以盡容納於溝洫矣。』張氏又引施氏近思錄，謂『「以隄束水，水無旁分，淤泥亦無旁散；冬春水消，淤留沙墊，河身日高，地勢日下，加岸之外，更無別法。築垣居水，豈能長久。如使淤泥散入溝洫，每畝歲挑三十尺以糞田；則以五省之地，容五省之水，水無弗容；以五省之人，治五省之水，水無弗治。」是恢復溝洫幾可解決黃河之洪水與泥沙問題矣。』然井田之制久廢，溝洫安能恢復。李儀祉氏因之另有變通辦法以補救之。其法『分田爲若干溝塍。田邊爲畔，高於溝塍。溝寬五尺，深一尺。塍寬二丈至三丈，頂面作弧形，易於耕耘。溝中可以植樹，並可栽種菽穀。雨雪水量，可以停蓄溝中。田面土壤，不致沖刷。於農田河道，均大有裨益。此可名曰溝田制。』云云。恢復溝洫，理論雖

極圓滿，但只宜行之於黃河上游。若中游以下，隄身高於地面。武陟以下，絕鮮入黃支流。雖有溝洫，於黃河之防洪防沙無與也。

(丙)防止沖刷　黃河之水與沙，既係來自廣大區域，則防止土壤沖刷，實爲防水防沙之根本辦法。黃河水利月刊，屢載萬晉氏防制土壤沖刷之言論。略謂：『防止土壤沖刷之主要原則，爲節制水之急流，以減少土壤之移動。使大部份之雨水雪水，滲入地層或附近地面之下，以減逕流，而增地下之水。其辦法爲(一)種植叢密草類，用適當方法，與農作打成一片。(二)深溝大壑，利用工程設施，藉以攔河蓄水。(三)凡險峻或過於沖刷之土地，應停止耕種農作物，以草木代之。近來各國多設防止土壤沖刷局，專司其事，成效卓著。據試驗結果，草地上層土壤，須經三千九百年之久，始被雨水移去。苜蓿地則更須五千五百年之久，而其逕流可減至百分之三強。其保持土壤效力之大，於此可見。吾國廣大土地之被侵蝕，情形極爲殘酷。不獨黃河流域爲然。此種現象，習焉不察，坐視國土剝蝕荒廢，同胞饑饉流亡，河道變遷，災患無已。』其言至爲沈痛，此應急待研究解決之問題也。至於森林足以阻滯山洪，保護土壤，已爲人所習知，無俟多贅。惟據專家羅德明氏之論斷，『二十年內，可使淮河流域森林恢復；若黃河流域，則雖二百年尚無把握，』似造林治河，急切尚未可恃也。

(丁)建築水庫　黃河水利委員會，擬在中上游黃河支流山谷中，分設水庫，停蓄過分之洪水，俾下游河槽，只容納每秒六千五百立方公尺，其餘皆蓄諸上游。渭河至少蓄百分之三十，涇河至少蓄百分之四十五，北洛至少蓄百分之十五，汾河至少蓄百分之十，此外沁洛二河，亦令停蓄若干。民國二十四年，該會主任工程師安立森氏，查勘河南孟津至陝州間攔洪水庫地址報告略云：『建築攔洪水庫，藉以防洪之法，由來已久。數百年來，歐洲各國，多用此法，其功用與有出口之湖或壩相若。大水來時，暫儲庫內，旋即自動流去。此種防洪水庫，截至今日，僅適用於流域不超過一萬方公里之較小河流。黃河流域，在平漢路橋以上，爲七十三萬方公里，其最大流量，可至二萬五千秒立方公尺。但一觀流域大略相等之揚子江，最大流量可至七萬秒立方公尺。美國密西西比河最大流量可至八萬秒立方公尺。則知黃河流量，小於上述二河者約三分之一，問題本非嚴重。但黃河洪水漲落，突兀異常。而最危險之洪水，約一萬秒立方公尺，所佔時間，乃不足六十小時。全部水量，不過十一萬萬立方公尺。設於具有寬六百公尺，坡度千分之一河上，建一高六十二公尺之水壩以容納之，可以存儲無遺。而流量可節制爲一萬秒立方公尺也。』又謂：『二十二年大水，由陶城埠直至於海，流量足有一萬秒立方公尺，未致決口。二十四年大水，來自河南經河北至山東境內之臨濮集，足有一萬六千秒立方公尺，又未致決口。若將臨濮集至陶城埠間，兩岸隄防，再加寬厚，則可容一萬五千秒之流量。今若於陶城埠開徒駭河，作爲引河，令其容納每秒三千立方公尺之流量。一面整理陶城埠至海口間之隄身，令其容納一萬二千秒立方公尺之流量，而無危險。則攔洪水庫所蓄以經過孟

津之流量，可達一萬三千秒立方公尺。兼孟津以下至平漢路黃河鐵橋間因沁洛二支流增加所入流量之二千秒立方公尺，共爲一萬五千秒立方公尺。但黃河與支流漲落，或不同時，是以流經鐵橋下之流量更少超過一萬五千秒公立方尺。再兼庫上建節制閘門，如是全河流量，總在可能範圍以內，不使超過一萬五千秒立方公尺矣。』可知黃河流量，能節制至一萬及一萬五千秒立方公尺；中下游卽無危險。民國二十四年，黃河水利委員會，擬於孟津以上七十五公里之八里胡同，建築水庫。另有孟津以上三十公里之小浪底，及百二十公里之三門峽二處，均有缺點，不如八里胡同適宜。認爲『該處石牀無落層綫，以爲庫址，極爲相宜。如建築長二百五十公尺，高五十公尺之水庫，卽可節制庫內流量至一萬三千秒立方公尺。設庫高增至六十公尺時，則可節制庫內流量至一萬秒立方公尺。如二十二年大水，經攔洪庫儲存流量由二萬三千，減爲一萬三千秒立方公尺，庫內存水，應爲七萬萬立方公尺，工料費約需三千萬元。爲數雖鉅，惟一念及下游水流之受節制，隄岸之獲安全，以及田畝村落之得保障，則此項耗費，爲不虛矣。』安立森氏報告又謂：『攔洪水庫之異於滚水壩者，以攔洪壩下，例設多數空洞，不設閘門。因黃河情形特殊，建造設計，空洞愈大愈佳。』至黃河支流，汾渭爲大。渭之支流爲涇，據李儀祉氏陝西涇惠渠工程報告：『涇河上游，歧分二股。西股名涇，北股名環。涇清環濁。環河流域，黃土層之廣厚，冠於西北。該處累經地震，原崩土裂，川遏谷壅，夏季水漲，隨流衝下，而涇河最大洪量，由計算推測，可達每方一萬五千至一萬六千立方公尺。黃河洪水與泥沙之爲患，多由於此。』黃河水利委員會，派員於邠縣上游，勘查水庫地址，認石橋頭爲最優。該處河牀窄狹，石質堅硬，如築高百公尺之大壩，亦可蓄水至七萬萬立方公尺。則其效率竟與黃河幹流八里

胡同水庫相埒。此等壩工，如果實施建築，似黃河洪水與泥沙問題，已可全部解決矣。

## 第五節　治法中

黃河中下游，自孟津出山，至利津海口，長七百餘公里，兩岸均有隄防。被保護之面積，三十餘萬平方公里，人口八千餘萬。歷代名賢所殫精畢慮者，不外固隄與分水二策。前列諸章，已略具梗概。時賢所擘畫，大體仍不能越此範圍。茲擇要分述之：

(甲)以豫河爲蓄水庫　主張此說者，爲張含英氏。張氏之言曰：『陝縣以上，既無蓄水之設備，以資攔束暴洪，則惟有賴下游廣闊之河身，以爲約制。平漢橋以下，至冀省之高村間，長約一百七十公里，隄距平均以二十公里計，則其間之面積，爲二千零四十方公里。換言之，即二十萬四千萬平方公尺。若能普通增高一公尺，則其容積，已有可觀。』（增高二十萬四千萬立方公尺。）又謂：『就陝縣言之，假定此處以下之河槽，不使超過八千秒立方公尺之流量，以二十三年論，其上必有一萬八千五百萬立方公尺之蓄水能力始可。（二十三年，陝縣八月十日左右，流量在八千秒立方公尺時，陝縣以上之總流量爲此數。）又以二十二年大水論，則其上必有十七萬一千九百萬立方公尺之蓄水能力始可。（二十二年八月八日至十二日，流量在八千秒立方公尺時，陝縣以上之總流量。）是故如能將沿河隄身高度，作有規律之增加，亦可爲攔洪之用。其費用或較上游造蓄水庫爲省。然兩岸之灘，經一次漫流，必淤高一次，而隄頂亦必隨之而增，仍非根本之圖。』就事實言之，豫省寬闊之河身，無

形之中，已成黃河蓄水及澄清池。每年停留於陝縣至魯省濼口間之泥沙，多至二萬九千四百餘萬公噸。張氏此說，與其列爲黃河治法，無寧謂爲黃河病態矣。

(乙)一岸築隄束水攻沙　主張此說者，爲山東河務局。該局發表冀魯豫三省黃河根本修治辦法。略謂：『由豫省孟津附近起，至魯省防守下界止，共長約一千二百里。就現有隄防，採用一岸。其餘一岸，另築新隄。務使兩隄間之河槽，足容最大水量。其原有防護工程，如係磚石修築者，均設法留用。稭修者改用石塊編箔護坦，以收一勞永逸之效。至河口一段，長約九十餘里，爲全河之尾閭，宣洩之關鍵。向無隄防，任水散漫。加以潮汐頂托，淤墊益甚。每逢大汛，宣洩難暢，影響上流，殊非淺尠。急須依照上述辦法，修隄束水，並堵塞支河，逼溜沖刷，使河口之淤沙，悉入於海，則全河通暢。各工需款七千六百六十二萬餘元，二十年修治完竣，年需三百八十三萬一千餘元。三省河灘荒地四萬頃，修治後可以及時耕種，除土質不良，及栽種柳枝以備工用，約一萬頃外，其餘每年每畝收河工地租一元，可收三百萬元。三省河工歲修經費一百三十二萬元，除開支外尚有盈餘。』束水攻沙之說，由來久矣。近來頗有引爲疑問者。黃河概況及治本探討云：『當二十二年非常洪水之時，平漢橋上游河牀之沖刷亦頗甚。惟開封附近，反多淤澱之處。蘭封以下，淤墊尤多。本會水文觀測，亦頗能證明龍門潼關河牀漸淤，有恢復洪水前舊狀傾向。彼龍門以下，河牀之寬，僅六百公尺，兩岸壁削，尙且如此。故知流量含沙及河牀之縱坡，在在均與河牀之高度有關，不僅河寬而已，專事增培隄身，是否足以長保輸沙入海，維持河防於不敗，實爲疑問矣。且新築之隄，隄綫或近河身，

或當河泓，基礎能否穩固？完工須二十年之久，則在未完工前，舊河如何安頓？新工如何防守？均爲不易解決之問題。此說似尚未成定論也。

(丙)陳橋改河　與前說相似而較爲切實者，有宋浵氏之陳橋改河說。宋氏之言曰：『降低黃河洪水最上之策，莫如決陳橋大隄，引溜東北行，經封邱災區，循二十三年黃河分流之故道，沿金隄下達陶城埠，復歸於河。如是則陳橋上游之河槽，必因下游改道而刷深，洪位可驟減一丈五尺以上，無復出槽漫灘之險。陳橋現在河牀高度，爲七十三公尺，而隄外地面高度，爲六十七公尺五，卽使改道後，平地不沖刷成槽，河牀已可降低至一丈五尺以上也。陳橋至陶城埠間，水行低地，南岸爲已經淤高之故道，北岸則有金隄，地勢亦較高亢。此策果行，不獨此後陶城埠以西千里間南岸所有險工，皆離河岸，可免修守。河防經費人力，專集於北岸，三十年內，豫皖蘇三省及冀魯之一部，可免河決之憂矣。』此說李儀祉氏亦曾有類似之主張，雖屬直截痛快，但按諸社會民情，殆難遽付實施也。

(丁)杜截串溝　黃河自入豫冀省境，兩隄距離遙遠，河水奔突於兩隄之間，本無一定軌道可循。故大溜所趨，朝夕異勢。當其出槽外馳，土隨水化，卽成串溝。此串溝之水，直沖於隄身，則潰決隨之。故昔時每屆春修，必將串溝次第堵塞，以免伏秋引溜，貽爲大患。近年以來，惟守隄是尚，置串溝於不問。冀魯之交，屢告潰決，非無因也。冀省情

形，尤爲特殊。張含英氏杜串溝說有云：『豫省蘭封而下，直至魯省菏澤，大隄間黃河歧爲三股，狀如川字。一爲大河本身，蜿蜒於兩隄之中，此正溜也。一爲順南隄之串溝，自閻潭以至霍寨，始入正河，長凡三十餘公里。其下又有串溝，忽斷忽續，以至劉莊。一爲順北隄之串溝，上起大車集，下迄老大壩，長六十公里，宛如洩水副道。正河與此順隄串溝之間，又有橫列串溝以連通之，形如葉之網絡。其大者若北岸起自豫省封邱之貫台者，注於冀界之大車集，以次而下，若雙王，若東沙窩，若吳寨，若大張寨，若鄭寨，若五間屋等處，莫不有串溝，直衝北大隄之東了牆，九股路，香里張，孟崗，石頭莊，小蘇莊，各地。又若南岸起自蘭通集者，注於閻潭下，此爲其主要者。以次而下，則又有直衝南大隄之小李莊，韓莊，樊莊，大龐莊，小龐莊，等地。每遇洪漲，正河不能容納，則由橫串溝分洩而下，直注大隄，勢如建瓴。凡遭頂衝直射之處，輒成險工，每致成災。民國二十二年及二十三年之迭次決口，皆由於此。』其言深切著明，足資警惕。主張兩隄雖不臨河，應有護岸工作，以免汛期生險。而串溝施以堵截，尤爲刻不容緩。至堵截串溝之法，張氏主張密植蘆葦以護隄根，修築土壩或透水柳壩以緩溜落淤。根本辦法，仍應於兩岸相度地勢，對築長五百或一千公尺之土壩，(或曰翼隄)則溜不近隄，串溝不致堵而復生云。此爲河防例辦之工程，亟應採用無疑者。（參觀第四十圖豫冀魯

三省接界黃河詳圖）

（戊）冀魯交界開渠排水　主張此說者，爲李儀祉氏。李氏之言曰：『封邱長垣滑東明濮陽濮范壽張東阿九縣，爲古魏郡東郡地。濮滑澶諸水所經流，漢以前水患無聞。今諸水湮廢，以五千餘平方公里之地，竟無一水道；卽無河患，亦難免水災。況河患正未已耶？據張含英氏考證，長垣東明濮陽菏澤濮縣一帶，故河之遺跡極多。若濮河之自封邱流逕長垣縣北，又東逕東明縣南，又東逕濮陽縣東南，以入濮縣界，其一也。灉河自東明縣南，折而東北，入菏澤界，其二也。漆河在東明縣北門外，東合於濮水者，其三也。浮水故瀆，一說卽澶水，在觀城縣南，自濮陽流入者，其四也。古濟水北支，在東明長垣二縣南，流入菏澤。南支自儀封流入曹縣定陶者，其五也。瓠子故瀆，自濮陽縣南流入濮縣南者，其六也。魏水自濮陽流入濮縣南者，其七也。洪河自東明縣流入濮縣南者，其八也。小流河自菏澤縣流入濮縣東南者，其九也。趙王河自考城流逕東明入菏澤者，其十也。此等河道，或塞或通，或湮或存，一遇大水，必各盡其量之能容，分流下洩，而河槽益亂，串溝橫流之勢易成。今欲減除水患，惟有順數縣卑下之地勢，開一深廣之排水道，由長垣之東，經濮陽之南，沿金隄出陶城埠以達於河。排水道之容量，以能容五百秒立方公尺爲準，使平時雨水，不致聚積；萬一黃河北岸決口，則氾濫之期，可以縮至最短時日以內。至洪峯已過，則水可歸槽，無害農事。至其詳細辦法，則長垣以北至塚頭，長約五十公里，開渠出土，移填西岸低地，培厚其隄。塚頭迤北至金隄，則留缺口無隄，其用有二：一以洩長垣西境及滑縣全境平時雨水；一以使塚頭西北金隄南人煙稀少之低區，化斥鹵爲膏沃。排水道之東岸，及濮陽以下，至范縣之南岸，可無須築隄。而用護岸方法，固定其河槽，使灘地不足者，逐漸淤高。至興工程序，宜先自范縣以下至陶城埠

起。范縣以下旣通，排瀉自利。濮陽范縣之間，略加鑿治，卽可排水。然後再施濮陽以上之工。封邱東部之水，本可鑿太行隄同歸於排水渠道而下。但爲免除長垣人疑慮計，可於太行隄上，留一涵洞，由長垣人司其啓閉，俾有節制。估需經費一千二百七十萬元。以每次氾濫淹沒二百五十萬畝，每畝田禾損失以十元計，則每次損失二千五百萬元。合之政府振濟，損失當在二千八百萬元。開渠工款，尙不及其半。且有永利。』此說防災興利，雙方兼顧，且可行之無弊，誠善策也。

(巳)徒駭河分水　主張此說者，爲安立森氏。略謂：『黃河洪水流量之處理，在挑挖分水河與建築滾水壩。徒駭河亦黃河故道也，由陶城埠附近分出，沿黃河北岸，平行入海。四女寺河之高岸居其北，黃河正流居其南。設不幸而決口，則局部之淹沒，損失甚小。欲使陶城埠以下正河，容納一萬六千秒立方公尺流量，則徒駭河須容納四千秒立方公尺。陶城埠以下，河身漸狹，巨量洪水，至此分而爲二，兩河俱盡量容納流量，含沙不致淤澱過甚。水流不足時，則閉徒駭水門，使水量盡入正河，藉以刷深河槽，以免水分流弱，淤澱河身之害。設正河下游出險，則兩河俱開，以減少決口流量，堵口工程，亦易着手。欲令徒駭河容納四千秒立方公尺之流量，第一段之十五公里，勢須濬深加寬，以下亦宜濬深，藉暢水流。入口處建閘費約百萬元。挖河費約數百萬元至千萬元。至其確

數，必待測量完竣，始能予以估計。』自北宋以來，論治河者，皆謂河不兩行，幾成定論。徒駭分河，近世亦頗有主張者。安立森氏主分河而於入口處建築分水機關，以防其害；並謂『分水應與上游之攔洪水庫，相輔而行，則大水時水流澄清，（當洪水時，因庫內沉澱，庫下水流澄清，足可沖刷下游之河牀及河岸。）小水時關閉閘門，徒駭河無淤塞之患。』分水而能預防其害，以視前人，殆勝一籌矣。

(庚)建築滾水壩　此為安立森氏又一主張。略謂『於山東臨濮集下，金隄官隄之間，建壩於民堰之上。洪水時由滾水壩外引水量約三萬五千萬立方公尺，使平漫於一千六百方公里之面積。計算水深，不過二公寸半，或半市尺。近隄與低窪之處，水深可達二三公尺。經一星期後，又復盡歸正河。距隄三四公里之村落，則不受驚恐。即附近隄身之村落，其房舍若為磚基，則不至倒塌。僅損失一次秋禾，翌年夏秋，仍可收穫。此類情事，每五年始發生一次，較之因決口全被淹沒，因堵口失敗而累年不能收穫者，利害不啻霄壤。況由滾水壩引出之水，多含細沙，尚有益於農田，而費用又較引河為省。』滾壩減水，明代潘季馴，清代靳輔，均曾權衡利害，不得已而行之，究非有利無害。當衝之民，每聞開壩，終不免震驚駭汗。此說如果實行，應善為措置，方不致發生意外也。

(辛)固定河牀　李儀祉氏論黃河小康之策，一在降低洪水，一在固定河牀。降低洪水，前

文已多論述。固定河牀，在設法控制洪水流向，不使野馬無韁，是即歷來束水歸槽之意也。李氏嘗謂：『河流如富有彈性而長之鋼條，振其一處，則波動傳及全體。但如於鋼條中擇數點而箝固之，則波動必見制於此等固定點，而推移於其間。其波距亦變而低小。故若擇定三省黃河中數處險工段，先爲之改正，繼加以固定，（此數處爲「固定點，」或名「結點。」）則河流庶易就範矣。』又謂：『固定河牀，最費斟酌者，即兩岸之寬度，應如何規定？此可先從改除險隄入手。去一險工，則少一險工歲修歲守之費。同時毋使發生新險工。如全河險工盡去，則全河修守之費，可大省矣。改除險工之法：一曰改緩兜灣；二曰裁灣取直。若全力以赴，即可於二三年中，治功先見。』此外氏於黃河概況及治本探討中，述及固定河牀之法，主張設施固灘工程。略謂『此項工程，至爲簡單。只打木橛於灘地，單行或雙行，與河流方向，成七八十度之角，向上挑着。單行橛上，編柳枝籬笆；雙行橛間，添柳枝用石塊鎮壓，用鉛絲牽鎖。壩出隄面，毋爲過高，以半公尺至一公尺爲度。此種壩工，上下相距，每五百公尺至一千公尺一個。固灘壩設施後，灘地長高，河槽刷深，則繼續設施，以達預定計劃爲止。壩之兩旁及壩間灘面，多種樹木，以增效力。此外於河槽沖達至目的以後，再加護岸工程，則河牀永永可以固定。保灘之法，前人亦有主之者。吳大澂氏曾在滎澤汛立一石碑，上鐫警句曰：「老灘土堅，遇溜而日塌。塌之

不已，隄以漸圮。我今築壩，保此老灘。灘不去，則隄不單。守隄不如守灘。」一』李氏博洽古今，對守灘之說，推崇備至；黃河下游治導之真諦，思過半矣。

## 第六節　治法下

黃河海口，自來認爲河患癥結所在，應加施治者；而今人或以爲不必施治，或以爲施治可緩。潘季馴靳輔，皆主海口築隄，以水治水，固無論矣。清光緒二十五年，東撫毓賢論疏通尾閭云：『查尾閭之害，以鐵板沙爲最。全河挾沙帶泥，到此無所歸束，散漫無力。流不暢則出路塞而橫流多。故無十年不病之河。擬建長隄直至淤灘，防護風潮。縱不能徑達入海，而多進一步，卽多一步之益。』宣統三年，東撫孫寶琦言：『下游至海口，尙有數十里無隄。南高則北徙，北淤則南遷。數十年入海之區，已經數易。長此不治，尾閭淤墊日高，必致上游橫決，爲患何堪設想？臣昔隨李鴻章來東勘河時，比工程師盧法耳，建議築隄深入海深處，爲最要辦法，卒以費鉅不果。如由主治者統籌經費，分年築隄，藉束水爲攻沙之計。再購挖泥輪機，往來疏濬，尾閭可望深通，全局皆受其益。』今人張含英氏，主張尤烈。氏之言曰：『利津寧海村以下百餘里，並無隄防。自咸豐五年，河決銅瓦廂，改由今口入海以來，垂八十年。淤出灘地，每二年半約可增出一公里。按三角洲寬約六十五公里，合計約爲四百萬畝。土壤肥沃，出產多爲豆麥及花生。每年種植一次，實幹並茂。整理得法，可以裕國庫

，謀生產，籌基金，備專款，進行上游之治理。』此皆主張海口應加施治者。

主張海口可以不治或緩治，提出有力之論據者，爲黃河水利委員會。該會於民國二十三年，派員詳勘海口。據勘查報告：『黃河大隄，止於利津寧海莊。寧海以下，悉爲民堰，不及上游大隄之高。北岸民堰，至雙灘以下，即告終止。計上距寧海十五公里。南岸民堰之長，當亦相差無幾。雙灘一帶民堰，係二十二年新修，但已爲洪水損害多處。堰身高出平地一公尺半至二公尺，頂寬五公尺，土質鬆疏，且少防護。河岸高出水面，約爲一公尺。距此十五公里以下，岸高只餘半公尺。漸近河口，河岸愈低。在河口二三公里以內，遇潮水高時，輒漫沒岸地。潮退後則水復歸槽。河口太平灣之水色，已不甚濁。河口南十五公里處，水即變清。（揚子江之泥沙，出口百英里之遠，尚能見之。）若以洲灘爲中心，則泥沙之沈澱半徑，可定爲十五公里。惟當風浪大作時，被濱海潮流，攜之較遠者，不在此例。又夏季洪水大發，其半徑增大，可至二十五公里。利津以下，洪水比降漸陡。由寧海至河口，其平均降度約爲六千五百分之一。（灤口至利津，約爲一萬分之一。）其最下之三十公里，比此數更大。距河口二十公里處，其比降爲五千七百分之一。此誠世界河流中特殊情形。蓋普通河流之比降，愈近海口則愈平緩，而黃河反見陡峻。河水至此，便如入海。雖覺稍淺，然儘可放寬。尚有何不暢之可言？至於小龐莊石頭莊等處之決口，決不能歸咎於尾閭之不暢。因在此等處決口時，洪水之前波，尚未達到濟南，遑云海口？就現

狀言，若河口進展至甚遠，比降縮小至有礙上游水流時，爲時至少亦須三百年也。故方修斯氏以爲海口工程，與治河宏旨，無大關係。安立森氏亦持此議。海口工程，不須多費。『黃河概況及治本探討云：『魯人擬在利津以下，接築兩岸河隄。此隄若接築至海潮不至之處，只須能容納自上而下之』洪水，別無問題。若繼續築至海潮界內，則隄之距離方式，俱當研究，不可輕率從事。本會以爲利津以下，不用築隄，而在兩岸多植檉柳，或其他土宜植物，使兩岸逐年淤高。較之築隄，或更堅實。』若是，則海口竟可不治矣。安立森氏謂：『黃河海口三角洲，每十年可延長二公里有半。弧綫達一百公里。設口門定於一處，則該處延長迅速，每年可達一公里。河既歸於一槽，兩岸保護工程，亦須迅速完成。不惟事實上不可能，抑亦經濟上所不許。且河身愈延長，坡度愈趨平坦，將使上游河槽，更爲難治。是不若一仍現狀，令三角洲自由淤墊。將來徙駭河工程完成，淤墊情形，更當良好。惟爲謀便利墾殖計，莫若自鹽窩起，建造大隄，至距海岸三十公里止。藉以範水中流，可墾之地，約有四百萬畝。』

# 第十一章 結論

黃河爲中國患，四千餘年矣。自大禹以來，聖哲輩出。或胼手胝足，櫛風沐雨於河干；或苦思力索，鈎稽研討於斗室。顧一治一亂，若循環然。賈讓王景，分水殺勢；潘季馴靳輔，束水攻沙；雖各持之有故，言之成理。然而河流無百年不變之形，施治無一成不易之法。外國學者，參加研究，作黃河治導試驗。恩格斯氏，主張固定中水位河槽，方修斯氏主張用窄隄，費禮門氏主張用丁壩。我國學者，認爲疑點尚多，未便遽付施行。甚矣黃河根本治導之難也！然理窮則自渾而劃，事治則自粗而精。治河方略，自不與水爭地，進而築隄束水；自防護中下游，進而荒度海口；又進而經營上游；此皆先民積多年之經歷嘗試而後得之者。今日黃河之防災問題，簡略言之，治本在上游，治標在中下游；至於海口之治導，抑其次也。而上游之根本治導，目前以技術，經費，人事等問題，尚未能遽付實施。則今日之治黃，仍不外維持現狀，從事於中下游之治標而已。

黃河中下游現狀，民國二十三年黃河水利委員會曾派許心武安立森等勘查，所具報告甚詳。雖今昔形勢小異，而大體無變，足爲維持現狀有力之參考。附錄於後，亦即該會一面維持河防，一面進行有效治導之微意也。

# 附黃河水利委員會勘查下游三省黃河報告

黃河自孟津以下，河流紆迴曲折，遷徙靡常。兩岸大隄，有窄僅一二公里者，有寬及十五六公里者。或強爲束制，或遙爲攔約，極參差不一致。迨去年大水，奔騰衝激，河流形勢，益趨敝壞。而豫冀兩省，漫決口門，都五十餘處。雖已由黃河水災救濟委員會，事後堵塞。而堤岸之卑薄者，亟宜加培；埽壩之殘缺者，亟宜修復。本會負治河專責，爲目前規劃善後工程計，並爲他日妥籌治本工程計；經將潼關迤東以迄海口一帶，迭派副總工程師許心武，暨主任工程師安立森，工程師蔡振陸克銘周承濂許寶農劉秉鐵，副工程師鄭耀西甄雲祥許懋榕，分途履勘。舉凡豫冀魯三省河流形勢，及南北兩岸隄壩狀況，俱經周歷勘查。茲依據勘查所得，縷具報告如左。

## 一　河南省

河南省南隄，自廣武保和寨迤東，經鄭縣中牟開封陳留縣境，至蘭封邊界爲止，長約一百四十公里。河南河務局上南分局，轄滎澤汛鄭上汛鄭下汛中牟上汛中牟中汛。下南分局轄中牟下汛祥河上汛祥河下汛及陳蘭汛。北隄自孟縣逯村迤東，經溫縣孟縣武陟原武陽武封邱開封縣境至陳留之西壩頭，即咸豐五年銅瓦廂決口處爲止，長約一百七十五公里。上北分局，轄孟縣溫縣武陟武滎等汛。下北分局轄原陽封開封開陳等汛。每汛所轄工段，長短不一，視險工多寡以爲決定。清代屢有改易。民國以來，又已異於從前。茲根據最近狀況言之：

豫省河工隄堰埽壩，交互爲用。河水臨隄，廂護抵禦。凡隄前有灘之所，多於灘上修築土壩，儲存料石。一旦臨河，隨時拋護。又以稭埽易朽，減埽增壩，逐漸施行。沿河工段，除黑岡口尚有數段稭埽外，其他工段，稭埽極少。埽壩各工之高度，均以高出洪水位爲標準。黃河水位，詢之老於河工者言，自銅瓦廂改道以來，歷年伏汛期間，最大漲落，少有超過二公尺之時。去年八月大水，陡漲四公尺，爲從來所僅見。以致沿河壩埽，多數漫蟄。沙灘壅積，幾與水平。迨至水落，壩垛護石，間被埋沒。河槽刷深，寬僅半里，頗爲齊整，似有天然治理之勢。惟以新淤沙灘，土性鬆浮，經水衝動，逐漸坍塌而淤墊河內。目前河寬，約一二三里不等，沙洲滿佈，已復散漫，仍在繼續坍塌淤墊之中

滎澤口至花園口間，隄工逼近大河。該處存有少許老灘，純係流沙。隄身亦爲沙質。隨風吹動，高低隴伏，殘破不堪。原有土壩數道，現以臨河，於迎水一面護石抵禦，頗爲得力。岸上存石，寥寥無幾。加以去年上游鐵橋拋石護

磯，大溜過橋後，似有南趨之勢。亟應趕運料石，以備搶護。（按花園口於民國二十六年，被軍事破壞決口，尚未堵復。）

鄭縣大隄，故多險工，今已平緩。惟光緒十三年鄭工決口處，隄外深潭，依然存在。祇憑一縷單隄以爲防護。堤內新灘，土質疏鬆。一遇大溜淘刷，立可逼近隄根。

中牟上汛楊橋口以下，一段臨河險工，甚爲吃緊。隄身卑矮。去年大水時，僅高出水面一二尺。亟應加高，以免漫溢。中汛二三堡，正臨大溜，隄外地勢低窪，一線單隄，尤爲危險。舊有圈隄一道，據云已由官產處賣出。似應收回，重加修補。下汛二堡，原爲險工。大隄純係沙質。民國十八年九月二十四日，大溜南折，坍陷不已，距大隄僅四五尺。幸賴當時盡力搶護，未致意外。至十九年九月，始將此處培修完整。三四年來，未生大險。現時河距隄遠，新灘甚高。惟土質鬆沙，易於塌卸，仍應隨時注意。

開封黑崗口隄工，東西長十餘里，屬祥河上下兩汛。據開封省城之上游，明季李自成曾決此以灌開封。大隄向內環抱，成一弧形。隄外爲多年水塘，水深一二尺至十餘尺不等，終年不涸。水面較河水低下丈許。倘有潰決，直注省城，歷代視爲險工。有清一代，工款充裕，寬籌料石，廂築埽壩，沿隄外緣，幾無虛隙。民國多故，河工廢弛。去年大水，全河告警，賴有舊存石料，盡力搶護，未致潰溢。河勢變化無常，上提下坐，已由祥河上汛十九堡，移至祥河下汛三堡。二十二年十二月三日，三堡二壩，大溜頂衝。壩前護石，坍墊十餘丈。目下河溜，由此趨向東北，存工料石，現已無多。亟應即時趕運，以免汛期束手。水塘之南，原有越隄一道，年久失修，殘破異常，業經官產處出售。民國二十年夏季，塘水外溢，全城驚恐。二十一年，由河南河務局，擬具計劃，請國民政府水災救濟委員會撥助振麥二百噸，河南省政府撥洋三萬元，大加修補。比較大隄，仍低丈餘，似應加高培厚，以爲省城之重障。

黑崗口以東至柳園口附近，民國十六年臨河，十七年曾數次搶險。隄外尚有少許老灘，即於灘崖廂築埽壩。現在亦不臨河。迤西土壩，建有機房一座，內裝汽油機抽水機各二。由此吸水，灌溉隄外民田。係於民國十七年設置。惟溜勢時有變遷，應用之時甚少。隄上堆積大批鐵管，大隄內外，各建水池，擬用虹吸管引水，下通惠濟河，以灌民田，爲建設廳所築。目下隄內進水池，已爲泥沙淤平，河去隄遠，能否引水已屬疑問。

自柳園口至蘭封之三義寨，工長九十餘里。隄身高約四五尺，土質疏鬆。因係背工地段，久經失修。致因風雨侵刷，水溝土坎，觸處皆是。並爲載重大車，往來輾軋，橫過隄身，壓成深槽。亦有地段毗連沙崗，隴伏不平。或被村

民劃削堤唇，從事耕種。甚至戰時濠溝，依然存正。殘破不堪，靡復隄形。隄內老灘，高出隄外地面一二三丈不等。若逢盛漲漫灘，則勢若建瓴，極為危險。現在大河瀕北岸東注，老崖距南隄由二三里至十餘里不等。去年大水時，老崖雖間有漫流，幸距隄尚有里許，未致漫溢。

三義寨附近之夾河灘村一帶，原有石壩三座。第一壩為人字壩。人字壩上首原有石垛二個。一二壩間，原有石垛四個。二三壩間，原有石垛兩個。距河百十餘丈。大河多年，未曾近沿。十九年七月三十日，河流陡變，水勢南圈，嫩灘日見坍卸。截至八月一日，第三壩方始着河。當用存磚拋護，未致意外。現以逐年衝刷，復經去年空前大水，第二第三兩壩，及各石垛，已無形跡。人字壩亦被衝塌二十餘丈。迤下多年之老灘，塌去寬四十餘丈，長五百餘丈，大溜緊靠灘崖，形成大灣。黃河故道，正與此灣銜接，大有傾入故道之勢。

由此過大沙堆，地勢漸低。至黃河故道，去年決口處，尚存甚大深塘，口門業已堵塞。此處自咸豐五年銅瓦廂改道後，故道淤墊。為防南溢起見，築有南北隄一道。(名小新隄)因地質多沙，歷經風雨剝削，隄身頗已殘壞，南端已成缺口。民國二十年，河水曾由此溢出。當經勘估，請由國民政府水災救濟委員會，撥助振麥一百噸，由河南河務局修築。去年大水，復被漫溢，致成決口。長約百丈。旋即排淤斷流。水塘之內，口門前後，先用蔴袋實土，堆砌土埂兩行。然後分格塡土，擠出積水，再堆沙土築成隄形。並於外緣包淤。附近隄工，亦加整理。本擬加修石工，現時尚未着手。又大河自西而東，由此折向正北。至東壩頭，復折向西北，成一兜灣。新堵口門，正當頂衝，土質疏鬆，斷難抵禦。夾河灘村壩垛，應即修復。或並添築石壩，挑溜北行，平緩水勢，以紓隱患。(民國二十五年，黃河水利委員會，於蘭封小新隄上游，辦丁圪墻護岸工程。四月開工，五月完竣。)

考城民堰，在考城縣西八里許，實則尚在蘭封境內。南起袁寨舊隄，北迄范莊，與河北省境大隄相銜接，長五里許。向由考城縣政府僱工巡守。清光緒二十年六月間，曾被衝決。經請款堵塞。就口門西面，修築月隄一道。祇以土質鬆浮，不能持久。去年伏汛，此處隄身已現險象，未及培修。迨至八月十日，水位突高丈餘，遂致潰決，勢甚洶湧。口門逐漸擴大至三百公尺，旋即排淤斷流。然水塘尚深八公尺。原擬用埽廂做兩行，中間塡土。復以需款過鉅，改由隄外另築新隄，南起郭營舊隄，北至口門以北民堰止。工長二千二百二十三公尺。堤高四公尺。頂寬八公尺。內外坡均為一比三。堤身用土堆築，外包淤土一公尺。民堰北端，隄身單薄，長約一千二百公尺，一並加寬四公尺，坦坡為一比二·五，現已竣工。

豫省北隄，起於孟縣西南曹坡村。至温縣張莊，約三十七公里。其在孟縣者，長十五公里。隄頂寬平均三丈左右。曹坡村之大王廟附近最寬，約四丈。海頭附近最窄，約二丈零。隄頂高出隄外平地三四尺至一丈內外不等。大體與去年洪水位相平。間段高出二三尺，亦或不及。如賈營至善莊間，多築有子堰。但往往就隄取土，甚爲不當。自隄頭至東化工，均有石壩埽護岸，尚完整。東化工以東。隄外灘地漸寬。間有串溝，逼近隄根，甚足爲患。温縣界迤東至善莊十里間，去年八月，漫潰十八處，口門寬四五十公尺不等。最寬者一道，百餘公尺。潰水挾漭河東行。至張莊以下，原以地勢略高，隄遂中斷。間有卑矮民堰，已被洪水蕩平。由此倒漾之水，與上游潰水，連成一片，月餘始消。決口現已堵塞。

由小賈堡至解封，約十一公里，隄身尚高厚完整。並有石壩埽護岸，亦尚完整。解封以下至沁河口，約四公里，係民堰，較官隄稍卑薄。

沁河下游，黃河大隄，上接沁河東隄，隄高十五六尺至二十餘尺不等。頂寬二十五尺左右。隄身堅實整齊。其附近沁河一段，長約五里，頂高二十六七尺。客秋黃沁同時暴漲，水已漫溢隄頂。此緣沁河河口淤澱，宣洩不暢，下注之水，受黃流頂托所致。迤東至平漢路橋，正隄高祇十七八尺。其南另有月隄一道，頂寬與正隄相若，而高逾正隄丈餘。河流經此，旁受沁水來源，南被邙麓遏阻，大溜即折向北行，逼近北岸。去年洪水位，祇距隄頂尺餘，設有疏虞，隄北形勢低窪，橫流即可奪漳衞趨津沽。故此段隄防，爲豫境北岸最重要者。平漢路以東各隄，高均一丈六七尺，隄身除馬營滎澤兩月隄外，頗多剝蝕。姚村夾隄一帶，農民且在隄上耕種。惟河面至此展寬，水流弛緩，隄距河邊達十六七里之遙，故去年最高洪水，祇高隄根三尺，其險夷情形，與上段逈別。

在廣武西界至原武黃莊一段，正隄之南，尚有月隄。隄身卑薄坦直。黃莊至胡村舖一段，高二丈七八尺至三丈不等。隄身寬厚，而多彎曲。自胡村舖起，隄由東南折東北，行至原武之柳園迤東，隄高逾三丈，溝窩甚多，頗欠完整。隄南土壩，鱗次櫛比，其頂窄者二丈，寬者七丈，顯係當年臨河要工。但今昔情形迥殊，全汛隄防，距河近者十二三里，遠者十七八里。去年最大洪水，祇原武城以西一帶低窪灘地，曾被漫淹至隄根爲止。灘內村莊密佈，土壤肥沃西隄外之地，因較灘地低一二丈，水無所洩，多成斥鹵。

陽武及封邱兩縣境內，大隄經臨河險工。安莊至王莊一段，距河最近約三四里。其餘自八九里至十四五里不等。全境隄身，頗多毀壞，尤以張莊至三里莊間之二十五里爲最甚。惟荆隆工寨往東，隄身坦直完整，頂寬五六丈，爲北

岸各段冠。

開封北岸大隄，在陳橋迤東，北倚卑窪水塘，南當大溜頂衝。去年大水時，開封北汛十九堡各埽垜，多被沖毀。現雖經河南河務局修復，但埽身不大，鑲石太少，恐難持久。二十堡隄身卑薄，幸賴南坡灘地之上，滿植柳樹，免為急溜嚙蝕。但去年大水，已逾隄頂，應及早培修，以策萬全。開陳北汛頭堡以下，漸生高灘，距河較遠，洪水不致逼近隄身。惟隄北地勢低窪，西埽頭以北無大隄。去年洪水，即由此泛濫倒灌數十里，平地淤高三四尺，良田盡成瘠土。西埽頭與河北省北岸大隄之間，應接築大隄，連成一氣。（黃河水利委員會，計畫興修貫台至孟崗之貫孟大隄，分東西兩段。西段自貫台至雙王之十二公里，已於民國二十四年，九月先行修築完成。）

## 二　河北省

河北省南隄，自豫冀交界之婁寨東北行，經長垣東明濮陽縣境，至冀魯交界之劉莊止，工長六十餘公里。婁寨至謝寨，為南一段。謝寨至蔡寨為南二段。蔡寨至冷寨為南三段。冷寨至劉莊為南四段。段各設辦公處，轄工長十餘公里。南一段最長，轄二十餘公里。隄十餘堡或二十餘堡不等。北隄自長垣大車集，接築舊太行隄。經河南滑縣，河北濮陽，山東濮縣，至耿密城為止，工長九十二公里餘。自大車集至長垣滑縣交界之高桑園為北一段。自此入滑縣境，河南省築隄一段，名老安隄，長八公里。自老安隄北端之後小渠集至西魏司馬，為北二段。自西魏司馬至馬屯為北三段。自馬屯至冀魯交界之耿密城為北四段。其中梨園附近隄工一公里餘屬濮縣，亦歸河北修防。各段轄工長六公里至三四十公里不等。在豫冀之交，隄間距寬至二十五公里。至謝寨以下，始漸縮至十公里左右。當銅瓦廂決口之時，方值軍興，未遑善後。已而北道南道之議，頗起爭執，既未塞決，亦不築隄。地方人民乃憑水築堰，遙為攔約，藉以保護農田。今猶仍其舊狀也。

南隄往昔僅郭寨至劉莊一段，工長六十二里。郭寨以上至豫冀交界之一段，原係民堰，乃山東曹屬八縣所築，俗稱山東隄。修守之事，向由山東任之。嗣因地屬河北，於民國十二年，由冀魯兩省商定，每年工程費各擔半數，計洋九千餘元。十三年，兩省攤款加修一次。嗣後山東即未攤款。以患在魯境，河北方面，亦置之不問。累年失修，遂殘破不整矣。十七年改歸河北河務局，現屬南一段管轄。隄面尚寬，樹株亦茂。惟隄頂卑矮殘缺，設遇暴漲漫灘，雖屬背工，亦殊危險。故隄身有整理之必要。至南三段雙井村以下十三堡至十五堡一帶，隄身卑矮，去歲盛漲時，隄頂漫水，勢甚危急。經竭力搶護，僅免出險。

長垣南岸決口，在二分莊。潰決原因，由於隄旁串溝吸溜。上年洪水暴漲，衝激愈猛，遂致潰隄橫流。經由東明及魯省菏澤鄄城鉅野嘉祥諸縣境，入昭陽湖。一月後掛淤斷流。經於口門之外，加修圈隄一道，長三〇八七公尺。築成以後，因隄址泥土，飽涵水分，一部分即告蟄陷，復加土培築至原定高度。

二分莊迤東至劉莊，隄工情形，尚屬良好，並無臨河險工。惟劉莊及魯境朱口一帶衝要。以河流自西北而來，折向東北，正當頂衝，形勢險惡。南岸險工，以是為最。目前有埽工二十餘座。石壩磚壩各四座。築壩地段，長約一公里。正溜搜邊淘刷，第七壩最當衝要，尤為緊急。一有險失，則以上磚壩，勢必相繼坍卸。亟宜在上游灘地，開鑿引河，將大溜引向中泓，方能殺險。

北隄起自大車集，銜接太行隄。（明弘治間劉大夏築太行隄，西起太行山麓，東迄徐州，以為北岸重障，使河不得北趨病運。銅瓦廂決口，潰水衝斷太行隄，趨大清河入海。）豫省北隄終端之西壩頭，在其西南，相距可三十里。其間無隄。去年洪水，由此倒漾，迴注北隄之北，與太行隄之南，一帶農田，均被漫淹。且太行隄久已廢棄，缺口甚多，漫水因之越太行隄而北，長垣亦被波及，損失甚重。此段亟應築隄聯接，俾兩省隄防，連成一氣。（詳前註）自大車集東北，至石頭莊，五十里間，北隄因高度不足，去年洪水時，到處漫溢決口，多至三十處。事後除石頭莊第三十口門外，皆已挂淤斷流，先後堵塞。惟土質不佳，黏土成分甚少，土工做法，亦甚草率，並未層土層硪，亦無從取土包淤；祇有以後併歸善後工程，另求補救之法。香亭附近，因洪水漫淹，隄內外皆已淤高一丈左右不等，與隄頂相齊；僅恃隄坡柳樹，辨得隄綫所在。二十九號口門，係以柳枝編籬，上蓋土方，似較穩固。沿隄五十里間，隄頂外沿，極多殘缺。或已毀去一半，率在隄內，據聞皆洪水漫溢後遺留嚙蝕痕跡。此段隄工之修復，在善後工程中，最為切要也。

長垣北岸，淤積土層，黏土成分，不及南岸二分莊。而北岸第一口門至第二十九口門，土質亦依次轉劣，淤積層亦益厚。可知當時水勢，大溜趨向北岸。而香亭石頭莊一帶，尤為水勢所集中。

石頭莊口門，為長垣北岸第三十決口。聞去年八月，初被溢決，未及堵復；而洪水大至，遂於十一日，成不可抵禦之勢，口門漸沖漸闊。據本會去年九月間，派員測量結果，寬三百二十五公尺，中泓水深六公尺餘，水面流速，每秒約二公尺。越口水量，約佔全流三分之二，以後且益深益急，至於完全奪溜。由此經滑縣濮陽，入山東境，循金隄之南，經濮陽范縣壽張陽穀至陶城埠，仍歸正河。三百六十里間，儼然成改道之局勢矣。

石頭莊決口，口門深廣水流迅疾。就地堵塞，施工匪易。乃於石頭莊之南，馮樓灘崖着手。馮樓左近，當時水漫灘地，歧爲四口。其第一口第二口第四口，均用排淤法堵塞。法先簽釘木樁，上聯橫木，掛以柳枝。黃水遇此，力散勢消，含沙澱積，遂致斷流。其第三口門，寬三百十公尺。當時水尚較淺，正待用同法堵築，因主事者主張不甚一致，稍衍時日。其後水流集中第三口門，口門跌塘，愈刷愈深。當勘查時，聞達十餘公尺，沉船一艘，僅露桅稍。經於上游灘地，開鑿引河數道，挑溜歸入正槽，以分其勢。並由兩岸展築柳壩，並用磚籠石塊，層層壓緊，不使浮動。西壩先成。東壩開工較遲，進展較難，爲防止凌塊急流衝激受損，乃加用出號大樁，簽入河底，東夾壩身，藉資抵禦。仍因凌汛湧注，猛力衝激，致中泓樁工一部折壞，留金門二十餘公尺。三月十七日下午，搶堵合龍。（水利月刊黃河堵口專號作三月十八日合龍）只餘石頭莊一帶隄工，尚待修復。

由石頭莊東北至高桑園，沿隄柳樹成行，根株盤結。惟滑縣老安隄，殊嫌單薄，又未種樹種草，維護隄身，勢甚危險。自小渠集迄壩頭鎮，隄身均尚高厚，樹木亦甚茂密。自壩頭鎮之東，隄名老壩頭，寬厚異於他處隄工。乃民國四年，濮工合龍處。先是二年河決濮陽習城集，北京政府派徐世光督辦堵塞，廂埽進占。三年，旣塞復決。四年復堵合之。並將大隄培厚。大隄之後，又築圈隄一道。大隄圈隄之間，則築格隄。前後用款三百萬元。工竣後，工人聚族而居，遂成市集，是爲壩頭鎮。河北河務局公用房屋，亦濮工餘款所建。

老壩頭盡頭處，適當黃河座灣，有磚壩多座。磚壩築法，以磚塊叠成壩身，其上覆以磚籠。壩身上下，並以鉛絲網絡之。又以鉛絲纜繫結於隄邊木樁。萬一大溜淘刷壩底，基礎空虛，則寬放鉛絲纜，俾磚籠隨之沉下，護壩卽所以護隄也。因有網絡，可免坍陷。南岸劉莊，亦同此製。聞試行結果，甚爲著效。此地距產石之地甚遠，運石濟用，價格奇昂，且緩不濟急。代以磚塊，採買旣便，價格亦廉。昔栗恭勤嘗謂：『一方之磚，僅及石價之半，而功用倍之。』蓋以石方多隙，磚乃實體。惟質料較輕，是其缺點。磚壩形式甚多，如何審擇去取，亦大可研究之問題也。附近有涵洞多處，原冀於黃水盛漲時，引水以灌淤因慮掣溜，從未啓用。且以麻袋緊塞口門，過分持慎，殊不必要。

自壩頭鎮以下，北隄除老壩頭外，河流距隄甚遠，並無臨河險工。去年洪水漫灘，間及隄趾，水不甚深。如非上游決口，水位高度應不止此。官守隄線，至冀魯交界之耿密城爲止，以下則爲山東民埝。官守金隄，距民埝尚遙遠也。

## 三　山東省

山東省南岸，自菏澤朱口迤東，經鄄城范縣鄆城壽張陽穀縣境，暫止於壽張十里堡，工長一百十五公里。其中雙合嶺至董莊一段，十餘公里，屬河北境，劃歸山東修防。十里堡以下，河流經行東平東阿肥城平陰縣，以南岸接近山麓無隄。再起於長清宋家橋，經歷城章邱濟陽齊東青城濱縣蒲台縣境，至利津甯海莊為止，工長二百二十公里。北隄自濮陽高隄口迤東，經冠縣范縣壽張陽穀縣境，至東阿陶城埠，是為金隄。再自陶城埠經平陰肥城長清歷城濟陽惠民濱縣至利津鹽窩村為止，工長四百十五公里。山東河務局，仍按從前上游中游下游地段，劃分第一第二第三總段。總段轄兩岸分段。分段轄工汛及防汛。茲列之如次。

第一總段（設十里堡。）

南岸第一分段（設董莊轄朱口至十里堡。分工汛二，防汛四。）

北岸第一分段（設范縣。轄高隄口，至東阿張秋鎮。分防汛二。）

第二總段（設濟南。）

南岸第二分段（設歷城小魯莊。轄宋家橋至田家拐子。分工汛一，防汛二。）

北岸第二分段（設長清官莊。轄張秋鎮至長清韓二莊。分工汛一防汛三。）

北岸第三分段（設齊河。轄韓二莊至歷城鵲山，分工汛二防汛三。）

北岸第四分段（設濟陽東關。轄鵲山至濟陽桑家渡。分工汛二防汛三。）

第三總段（設惠民清河鎮。）

南岸第三分段（設濱縣蝎子灣。轄田家拐子至蒲台董家。分工汛一，防汛三。）

南岸第四分段（設蒲台王旺莊。轄董家至甯海莊。分工汛二，防汛三。）

北岸第五分段（設惠民歸仁鎮。轄桑家渡至濱縣張肖堂。分工汛二防汛三。）

北岸第六分段（設利津宮家壩。轄張肖堂至鹽窩村。）

鄄城南隄，北距高隄口金隄，可三十五公里。至黃花寺隄間距漸縮至十二公里左右。十里鋪隄間距七八公里。隄間地面寥廓，而土地肥沃。故居民又臨河築堰，以衞農田。兩堰相距四公里至六公里不等。或堰內更築一堰，甚欠規律。十里堡以下，兩岸亦有堰，相距才一公里許，至陶城埠為止。齊河縣城以東，隄距逼窄異常，亦僅一公里左右

。夾岸壩埽相續，藉資障禦。津浦路橋以下，隄距稍寬。而南隄多灣曲，易因坐灣生險。利津以下，隄距最窄，幾不足一公里，無故溢決。至瀕甯海鹽窩以下，尚有民埝，甚卑薄，亦極無規律，水發輒潰。蓋自黃河由利津入海以來，不過八十年。入海之道屢易，民力固不足為久遠之謀，抑亦不必為之也。

朱口居劉莊險工下游，河流自劉莊折向東北。低水位時期，朱口隄內，尚露灘地。若逢盛漲，則搜根淘刷。該處險工，頓行緊急。此段工長三百丈，有壩七道。如全工改用石護岸，較為安全。自朱口至董莊，隄工俱欠高厚，亟應加培。

董莊河流形勢，來自西南。經過險工，折向正北，成一大灣。李升屯正當頂衝。民國十四年，李升屯民堰決口，潰水泛濫於大隄之北與民堰之南。東注黃花寺，流入正河。比因李升屯決口，久不能合，來源傾瀉，厥勢甚猛。於是黃花寺隄工，亦潰決十餘里。橫流經山東運河諸湖，入江蘇境。十五年，兩處決口，先後堵塞。自朱莊至黃花寺間，當時以舊隄附近，積水甚深，不可施工。乃越出舊隄，另築新隄，堵合決口。長可二十里。江蘇並協助工款二十萬元。故有江蘇隄之稱。第以工款不足，新築隄工，甚形卑薄，難禦洪流。去年大溜，雖從石頭莊北趨金隄，南岸初非險要；然洪水且越民堰，從舊隄斷處，侵及新隄；黃花寺合龍處，隄身發現橫裂，甚為危險。蓋隄下舊埽，久經腐蝕，侵水以後，不無變化，故隄身隨之勢陷破裂也。勘查時，新舊隄之間，積水甚多，迄猶未退。此段隄工，殊有加培必要。董莊至朱莊一段大隄，約七十公里。除鄭營附近外，均尚高厚堅固，土質極佳，樹木亦甚茂密。

由黃花寺東至雷口，河流自北來折向東去。雷口當坐灣之處，有丁壩十餘座，以資捍禦。再東至十里堡，南隄至是告一段落。然猶接築民埝二十餘里，至陶城埠對岸之楊閘為止。甚卑薄，且土質疏鬆，不可禦水。去年洪水自石頭莊越北隄，循金隄之南東行，故自小麗莊至十里堡，正流微弱，幾至不流。十里堡以東至齊河縣宋家橋無隄。宋家橋至濼口一段，隄工甚完整。河身既窄，溜勢自猛。沿隄臨河險工極多，壩埽護沿，皆用石叠砌，甚為堅固修整。濼口以下至胡家岸間，約七十里。隄身屈曲，屢遇兜灣，雖有護岸石工，未為萬全。此地密邇省會，防護宜周。隄南臥牛山至吳家寨間，故有舊隄一道，今已斷續不完。如加修整，可為重障。王家梨行，有山東建設廳虹吸管一座，用以吸水淤田也。管線以稍短，致進水口接近隄身。鑿池取水一經淤墊，則失其效。實則低水位時，不宜取水，以致減弱河流也。隄外給水排水各渠，尚未興闢。

自胡家岸至北趙家，約百里，並無臨水險工。隄身亦高厚。隄頂高出洪水位約一公尺。長福鎮之北，灘崖有齊東舊

城。光緒二十四年，城崩陷入河。今可見者，祇南城一小部份。河崖尚遺有磚塊瓦礫甚夥。魁星樓拱門，高出地面僅五尺，可知平地淤高，應不下一丈也。北趙家河灘，原亦甚寬。近年溜勢南趨，漸成頂衝，灘地猛削。山東河務局建有柴土丁壩五座，下脚均抛石塊，以資捍護。去年大水，低於隄頂約二公尺。現在雖係險工，可望無虞。北趙家以下，河身復漸北移，沿隄並無險工。約七十里至蠍子灣，大溜逼近南岸，又爲險工所在。此地俱用埽工護岸，以距產石之處太遠，運費過昂，石工建築，所費不貲。益東抵道旭大溜斜射，沿隄築有秸埽工及柳箔。柳箔做法，先於外沿簽釘木樁，而以柳枝編籬，附着樁身。其裏面舖疊柳束，實以泥土。樁脚抛壓碎石。沿河柳株極多，就地取材，最爲廉省。道旭迤東至西馮家東馮家，隄身坐灣，正當頂衝。沿隄二千公尺，均做埽工，兼抛碎石護岸。三十餘年前，河流緊逼北岸，故淩裘樹祈王莊等村莊，皆在南岸。自溜勢南徙，西馮家東馮家以迄王旺莊，皆憑險要。再東至圈里董家，護灘寬達五百公尺，原非險工。近因河流南趨，河灘逐漸坍塌，爲固隄身計，似應作護岸工程，以爲預防。再東至閻家，隄皆齊整，均屬平工。閻家以東至甯海莊，本爲民埝，近年改歸官守。去年大水，沖毁之處甚多。發勘時，此段隄工，皆已新修，頂寬尚合度，隄坡仍嫌過陡。惟卞家莊王家院二小段，尚未修竣。張莊至甯海莊一段，長五里，隄身卑矮單薄，頂寬僅二公尺左右，亟應加培。甯海以東，村民仍展築民埝禦水，然益趨卑矮矣。

冀省北隄，終於耿密城。而山東北隄，則起自高隄口。一在西南，一在東北，相距約三十公里。濮縣縣城，處大隄民埝之間。濟南至此，向時逐日有長途汽車往返。自石頭莊決口，洪水奔注而下，濮縣縣城，三面環水，交通横阻，濮縣縣政府，遂遷於高隄口以東五公里葛樓附近之古雲集。長途汽車，亦止於是。葛樓以東至范縣，水面較仄。范縣至壽張一段，水面驟寬，有達二三十里者，舉目遙矚，茫無際涯。樹林村落，皆在水中。過張秋鎮後，水勢又稍狹仄。然金隄民埝之間，一片汪洋。此輩災民，雖得急賑，然已感杯水車薪，不獲一飽。而田地漂沒水中，春麥無由下種，來日大難，不堪設想。沿隄子埝頗多，如濮縣之高隄口至葛樓一段，長十里。范縣之西倉至仲子廟一段，長四里。朝城之門虎店至竹隄口一段，長二十二里。壽張之護隄子埝，長八里。以上各段子埝，高一尺至四尺不等，頂寬二尺三尺不等。至東阿縣境之子埝，則或斷或續，量其高下，臨時搶築。自范縣以上之姬樓起，至陶城埠一百三四十里間，爲金隄最危急之部份。近隄地勢，本較低窪。平時水走正槽，卽使漫漲，苟民埝不潰，决不能達金隄。自石頭莊決口，潰水奔騰東瀉，因就下之勢，大溜俱逼近隄根。隄身既嫌卑薄，臨水一面，又無護岸工程，

故防守爲尤難。

往昔海運未通，僅恃一線運河，以通漕運。張秋鎮在陶城埠之西三十里，鎮東有運河故道口門，清光緒二十二年，於金隄建閘，規定每年九月一日啓閘，洩夾灘之水入北運河。但閘已無存，閘閘在隄外，今已圯毀，沒淤泥中。陶城埠運道，亦已淤塞。閘尚存在，工程極堅實。以北並有二閘三閘。張秋鎮運道廢，乃改闢此道。然淤廢亦三十年矣。

長垣潰水，在陶城埠附近，分四路歸入正河。其上游三路，業早斷流。陶城埠入河口門，廣約六百公尺。下有沙灘，露出水面，足爲排除積水之障礙。石頭莊口門堵塞以後，此處宜濬濼暢通，俾積水早消，免誤春耕。

自陶城埠東至王廳一百二十餘里間，隄尚高厚完整，土質亦佳。去年大水。隄頂猶高出水面一公尺以上。王廳以東至司里莊，河流灣曲，大隄逼近河邊，其北本另有大隄一道，直至利津縣境之大馬家，今已圯廢，且間有無遺跡可尋處。官莊程官莊司里莊一帶，險工林立，隄頂高度，與去年洪水位平，間有低於洪水位者。自司里莊至齊河縣城，隄岸險工雖較少，而隄頂高度，殊感不足，俱宜加高培厚。齊河城東至北濼口四十里間，去年大水，隄頂俱高出水面，足敷禦水。此段以隄距極狹，臨河險工，連續不絕。石砌埽垛護沿各工，均甚堅固完整，頗爲壯觀。又自陶城埠至濼口間，因寬度縮減，河槽較深，帆船往來甚衆，頗有航運之利。可知河槽固無取太闊；闊且易致淤淺，因而抬高水位，或散漫而無所歸束。

濟陽縣城在北隄之外，護城石岸石埽，極爲堅整。石岸長二里許，以米漿和灰嵌縫，故迄今不稍損壞。惟現在溜勢切近南岸，此種建築，已失效用。若河水盛漲漫灘，或流向轉變，猶資抵禦。

楡林鎮在齊東舊城北岸，有石埽七座，雖當坐灣，並無特殊險象。其下游五十里爲清河鎮，河流自西南來折向東南，適當頂衝，最爲吃緊。

再東至蒲台縣城。城東北爲北鎮，鎮南有石岸，石埽五座，均用米漿和灰嵌縫；隄陂壁立，與濟陽石工，同一結構，頗似蘇浙海塘之制。三十餘年前，此間尚是臨河險工。而蒲台縣城，當時係在南岸。自後河身南徙。石埽逐成廢物。蒲台之東十餘里至棗園，從前亦爲臨河險工，埽址猶一一可尋；河流今已南趨王旺莊，而凌棗樹祈王莊及山岔鎮等處，於是均在北岸。麥田一片，黃河故槽，已無遺跡可尋。

棗園迤東二十餘里至宮家埽，民國十年決口處。事後於口門之外，挑挖引河，另建丁埽挑溜，以分其勢，俾潰口水

流漸弱，然後築壩塞決。工成之後，即以引河為正河。並以引河挖出之土，另築北岸新隄。因土無所用，故甚高厚。今已改守新隄，而舊隄漸圮廢矣。

此項工程，係上海美商亞洲建築公司承辦，用費一百五十萬元，外人承辦黃河堵口工程自此始。老隄新隄相接處，為溜勢所趨向，沿隄築有石壩垛及秸埽等工。

益東十餘里為利津縣城，切近大隄之北，臨河復有土隄一道，卑矮單薄，係村民所築。兩隄相距二里許。縣城四門，昔皆東向，形如鳳凰，已崩陷入河。今城乃新築者也。

縣城東北十餘里之扈家灘，於民國十八年二月，為凌汛沖決，估計工費十一萬九千元。十九年四月中，以財政奇絀，祇籌得半數，而時屆立夏，堵口工程，不容再緩。在事人員，即於五月一日，自濟南首途。決口經伏汛凌汛，長期淘刷，由四十餘丈，漸寬至二百十餘丈，衝成深溝二道。第一溝寬十丈五尺，第二溝寬十四丈七尺。第二溝又歧出二支，一寬六丈，一寬七丈。二支溝十四日先後堵合。第二溝十七日堵合。第一溝則於二十四日堵合。蓋自動工以後，歷二十日而全工告竣也。用費七萬一千元。現在河流雖趨北岸，隄身尚屬穩固。

魯省北岸官隄，東止於鹽窩。自利津城西之大馬家起，至鹽窩止，五十里間，隄身頗嫌卑薄，或甚殘毀，俱須澈底整理。鹽窩以東，河流本折向正北。民國十八九年間，東岸被匪盜決，遂改向東流。迄今舊道淤墊，不復通流。惟大水之年，盛漲漫灘，則一片汪洋。且河流因被潮流遏阻，含沙沉澱，淤墊甚速。自清咸豐五年，黃河由利津入海以來，固已屢次改道。則今日所由之途，亦未可期之久遠。將來施行整理河口工程，必須詳細測勘，審慎擇定一永久入海水道。（下略）（參觀前第三十九圖孟津至海口黃河略圖及第四十圖豫冀魯三省接界黃河詳圖）

至於黃河之根本治導，雖屬至為艱鉅，目前不能遽付實施；然終為國人無可逃避之責任與事業。其利病癥結，知之不可不豫，研之不可不精，籌之不可不熟。尤冀衆喻共曉，人人心目中有此信念，有此決心；則治河偉業，當終有實現之一日。黃河上下古今，歷史現勢，本書既述其崖略；猶恐駁而不純，繁而寡要；更錄李儀祉氏黃河根本治法之商榷一文，殿於篇末

，藉作全書之結束。李氏此文，譔於民國十一年。雖其後思想益進，然大體固無所變易也。黃河果能根本治導，過去決徙塞治循環往復之慘痛歷史，永永不再重演；河水操縱由人，一勞永逸，航運灌溉，世享其利；中州風塵，真將化為江南煙雨；豈不懿歟庥哉？

# 附李儀祉氏黃河根本治法之商榷

## 第一節　以科學從事河工之必要

昔者歐洲治河，與吾國同，未嘗有科學之研究，與有條理之治導。中紀世意大利科學名哲輩出，於發明物理外，兼留意於河道之改良。故帕河之隄防，始得有秩紀之建設，而為法英德奧和蘭諸國遺範。近世紀科學愈闡，而治河之術亦愈精進。法人倡於前，德人繼於後，而中歐各國，幾無不治之河。航運之外，兼利及農工等業。噫！天然河道之非盡可恃，而人為之效也如是。

今之歐美治河，大抵宗自然之論。所謂自然者，即孟子所謂水之道，而今人所謂水性也。科學研究，以闡明自然，因乎自然以治水。所謂由水之道，而行所無事也。科學之研究愈切，則因乎自然者愈多，而愈能行所無事矣。以科學從事河工，一在精確測驗，以知河域中邱壑形勢，氣候變遷，沙淤推徙之狀況，床址長削之原因。二在詳審計劃，如何而可以因自然，以至少之人力代價，求河道之有益人生，而免受其侵害。昔在科學未闡時代，治水者亦同此目的。然而測驗之術未精，治導之原理未明，是以耗多而功鮮，幸成而卒敗，此其所以異也。

## 第二節　中國治河所取之方針

吾國自神禹治洪水，奠山川，其治功逈非他文化古國所可比擬。而疏瀹排決，悉行所無事，統籌全局，四海為壑，江淮河漢，水由地中行，歷千餘年不弊。且禹貢浮濟漯達河，浮汶達濟，浮淮泗達河，沿江海達淮泗，浮江沱潛漢逾洛至南河，浮洛達河，浮潛逾沔入渭亂河，浮積石至龍門西會渭汭等文，足徵昔時運道縱橫，往來無阻，禹之功誠偉矣。周室衰微，諸侯各自為政，間有言治水者，大抵白圭之流，以一隅為利，無所論乎治功。而此時必盛築隄防，壅遏無已。且復以水攻敵，如智伯攻趙等事，尤足以虐水而病國。夫治水之事，鑿智尚不可為，况乎鄰國為壑

，其居心尙可問耶。

周定王五年，河徙砱礫，（按禹貢錐指謂砱礫二字係杜撰應作礫谿口在大伾之東）自宿胥口東行漯川，未有塞築。漢武帝時，河決瓠子，（今濮陽）則塞之而已。而復歸禹河故道，（大河北瀆由章武入海）餘波仍歸漯川，遏其南襲之途，論者歸功焉。自此後歷漢成時二決，王莽時一決，而河復東犯，北瀆以廢。蓋此時河弊已甚，北瀆館陶決口，已積淤高仰，不可復循故道也。漢哀時，賈讓主決黎陽遮害亭，（今河南濬縣東北）放河使北入海，以爲上策。多穿漕渠，溉冀州田，以分殺水怒，以爲中策。繕完故隄，增卑培薄，以爲最下策。其所取上策者，蓋欲以復禹故道。且使河西薄大山，山間諸水，皆可取之，以得借清刷沙之助。所謂中策者，即鄙人向所主張施之於此時之黃河者。而所謂最下策者，即現時河防所奉之不二法門也。賈氏之上中策，既不能用，僅用其最下策，以苟延日月，於是河之弊愈甚。至後漢明帝時，王景始一修治之焉。景之治河，修渠築隄，自滎陽（今河南滎澤縣西）東至千乘（今山東高苑縣北）海口千餘里，鑿山阜，截溝澗，防遏衝要，疏決壅滯，十里立一水門，功成，歷晉唐五代，千年無恙。其功之偉，神禹後所再見者。而胡氏渭斥其僅從事汴濟，不知復禹舊迹，此則未免有膠柱鼓瑟之見。夫河之變遷，自虞夏訖後漢，且二千餘年。故道之淤塞高仰，勢所必爾。治導之法，自必因利乘便，未可責其今必如古也。且景之治河，必大有規劃，非如尋常治河者可比。鑿山阜，截溝澗，欲河道之有規律也。防遏衝要，疏決壅滯，固其防而除其礙也。十里立一水門，更相迴注，以減洪也。其治法雖不可考，然必有深合乎治導之原理者。

歷代治河，大抵不外塞築，以維現狀。東漢以前，治河目的，在維持禹河故道。及王景後，而此議破矣。及宋河決又屢見，或南犯淮泗，或北流。治河目的，則在維持京東故道。（歐陽修所名即唐五代以來之河道由千乘入海者）至景德時，橫隴決，慶歷時，商胡決，而河道北徙。其後雖塞商胡，開六塔河，以引歸橫隴故道。而因六塔河不能容，即夕復決。又開二股河導東流，北流閉，而河復南潰。元豐時，復北決。紹聖中，回河，元符二年，河復北。蓋自商胡決後至紹聖，三十餘年之間，河南潰北犯，而東道終不可復，則可見故河高仰，地勢之不便回復也明矣。歐陽修曰：『大河已棄之道，自古難復』不其然哉。

金明昌五年，河南徙入淮，猶一部入北清河。迨元至元二十六年，會通河成，而全河入淮。是時因運河關繫，不利北行，故賈魯治河，不外乎恢復入淮之道，防其北決。元末河復北徙，自東明曹濮，下及濟甯，而運道壞。明洪武初，引河至曹州，東至魚臺入泗以通運。是時北流仍未斷也。明都北遷後，視運尤重，而嚴制河之北徙。宏

治中，築斷黃陵岡支渠，而北流永絕。黃淮既合，則治河之功，惟以培隄堰閘是務，其功大收於潘公季馴。潘氏之治隄，不但以之防洪，兼以之束水刷沙，是深明乎治導原理者也。固高堰以遏淮，借清敵黃，通淮南諸閘以瀉漲，疏清口以盡一入海之道，治河之術，潘氏得其要領。蓋自王景以後，賈魯雖智術勝人，而遭逢亂世，未能擴展，乃至潘氏而再收治河之功者也。

清初河道復漸敝，順治十六年至康熙六七年，歸仁隄古溝翟家壩王家營二鋪口邢家口等處，屢決不塞，河流散漫，下流淤塞，黃淮交病。於是靳輔治之而大效，則又有清之潘氏也。靳氏之功，在修復潘氏之黃淮故道，通漕運。又開中河以避黃河百八十里之險。其治導原理，亦一本諸潘氏。其曰：『黃河之水，從來裹沙而行。水合則流急而沙隨水去，水分則流緩而水漫沙停。沙隨水去，則河身日深，而百川皆有所歸。沙停水漫，則河底日高，而旁溢無所底止』。故其治績，挑濬清口，培固高堰，慎防堵決，無非以潘氏為師。蓋清初海運未開，運道關係至重，故以因有明治法為利也。

靳氏而後，河道復漸敝，時復北決。至咸豐五年銅瓦廂決口，而河復北徙，奪大清河，由利津（即漢之千乘）入海。而王景之故道，復見於今日。清季諸臣，有主張挽之復南者，如文彬丁寶楨輩。有極力反對者，如胡家玉李鴻章輩。卒之以國庫空虛，且海運大通，而運道不復為國家所注重。乃於東省黃河兩岸築隄漸定，而南流遂斷。東南志士，多擬藉此機會，黃不南犯，恢復淮河入海之道，以減水患者。其持論最力者，前有丁顯，後有張謇。黃昔奪淮，黃去而淮之故道亦淤，尾閭不暢，而淮揚兩屬，困於昏墊者久矣。於是導淮之說，甚囂塵上。然自黃河北徙後，及今六十餘年間導淮既屬空談，而河道又復敝甚。同治十年，河決鄆城侯家林，復南侵南旺，旋即合龍。十二年東明石莊漫口，河復南趨，李宗羲力請堵口。光緒時，河屢決。十三年，大決於鄭州，河趨東南，自豫而皖，東省河涸。十四年，鄭工合龍，河復由利津入海。是後至清末，猶復六決。民國二年，濮陽大決。十年，復決宮家壩，淹沒利津口門，寬二百丈餘，至今未堵。說者謂，昔河奪大清，深入地內，今則復現牆頭行舟之狀。若不根本圖治，奔突潰決，不南病徐淮，即北犯冀州。南則皖蘇之災，不堪設想；北則天津商埠，將成澤國。而目前狀況，妨運病漕，猶其次也。

歷代治河名臣，雖於測驗之事不精，建築之術未善；然其名言讜論，深合乎治理，可取者甚多也。略舉之如下：

後漢明帝詔曰：『左隄彊則右隄傷，左右俱彊則下方傷，宜任水勢所之，使人隨高而處，公家息壅塞之費，百姓無

陷溺之患』。宋神宗語執政曰：『河決不過占一河之地，或東或西，若利害無所較，聽其所趨如何』？又曰：『水性趨下，以道治河，則無違其性可也』。

上二說本於大禹行所無事之主旨，然不善行之，則不免於流弊。蓋河出山泉以匯於海，中途或滯或湍，或瀦或瀉，或歧或壹，其於床址崖岸，或蝕或積，皆本乎自然。河之有治有不治，則自有人類之關係始。人類之利害因於河，治則利，不治則害。若專以趨避爲事，則又何以治河？惟明帝使人隨高而處，則適合歐人都邑擇地之旨，而可爲吾華人居住尚簡之鍼砭。常見吾國南方都邑，大抵逼水而處，岸旁無餘地，大抵趨於交通之便。然稍有漲漫，便遭氾濫。是豈水逼人哉，實人自投水耳。更有妄築圩隄，侵佔湖蕩，使水無游移之地，此賈讓所謂與水爭咫尺之地者。宋神宗謂『宜順水所向，徙城邑以避之；』其言不免有過。然如此等城邑，則眞應徙者。蓋濱河汛洳，不惟城邑妨河，亦且不適衛生。管子曰：『凡立國都，非於大山之下，必於廣川之上。高毋近旱而水用足，下毋近水而溝防省。』試觀歐洲建立都會，毋不合乎此旨，而吾華人反忽之，惜哉！

蘇轍曰：『黃河之性，急則流通，緩則淤澱。既無東西皆急之勢，安有兩河並行之理？』潘季馴曰：『河之性宜合不宜分，宜急不宜緩。合則流急，急則蕩滌而河深；分則流緩，緩則停滯而沙淤。』此以隄束水攻沙，爲以水治水之良法。

上二說皆主河不宜分。西人治河，亦以堵塞支流爲要，其意一也。蘇氏之說，則言其勢。其意謂『溜趨於左，則其右淤，故河分爲二支，必致一通一塞，不可並存。』潘氏之說，則言其理。蓋水挾沙之力，視其流速之大小。急則水力挾沙之外，兼可以攻沙。緩則力弱，並所挾之沙，亦不能遠致而停置焉。

禹斷二河，後世學者拘泥古法，則以爲河不可不分。故自漢以後，治河者莫不以分水爲長策。惟張戎反對之。潘氏則尤深知河分之弊。蓋自來決口不堵，則正流斷絕。靳輔論黃河下流之淤高，亦歸咎於決口不即堵塞。顧河非絕對不可分也，不分亦未可即能免其淤也。使河身寬弛，則雖合亦淤；使其狹深而整，則雖分亦可不淤。散漫之支歧，固必封閉。然因地勢流量關係，亦非必強之使不分。故禹之斷河無弗當也。謂河必分，過也。謂必不可分，亦未爲得也。

以隄束水，其意甚善。蓋必有束水之能，而後有治導之效。若但以防氾濫，則寬縮無律，沙之停積失當，必致河道荒廢也。德國著名水工家，皆主此說。然返觀吾國今日之黃河，人皆以河之病由於隄，噫，是豈隄之咎哉。

嵇曾筠曰：『治河之要，深其槽以遂其性而已。治河之方，相勢設壩，以作溜勢而已。潘氏之前，河流歧出，沙分停而不厚。潘氏導而一之，然後河得集力以攻一道之沙，是謂以水治水。』又曰：『夫河之敗，不敗於潰決四出之日，而敗於槽平無溜之時。河性激而善囘，深與囘常相待也。槽淺則溜不激，水無以囘而爲淤，淺者益淺，激者益平，河性怫矣，能無怒乎？怒而無以待之，則必成事。成事則河底墊高，而潘氏所創之滾壩，日形卑矮，不能不封土。遇急去土以減水，減水既多，則河仍歧出。其堵合也，常在冬令力薄之時，不能刷去前淤。淤日高則河日仰，溜日緩。故近日墨守潘氏之法，僅足以言防。稍弛，則防之而不能矣。故能言治者，必導溜而激之。激溜在設壩，是之謂以壩治溜，以溜治槽。』

嵇氏此論，深得潘氏治河之旨。蓋水性就下，惟槽淤淺，則水遇之，無異堰坊，而不得遂其性，勢必橫決。惟欲深其槽，從事浚渫，必無效也。且黃河挾沙之盛，淤墊之速，決非浚渫所可及。惟以溜攻沙，爲最良之法。作溜之法，惟有築壩。所謂壩者，卽英語所謂「彈克」是也。以壩束狹河身，則壩上水高而降陡，其溜自急，而沙可攻矣，槽可深矣。溜之緩急方向無律，則河槽病。以壩治之，卽可使其緩急方向適宜矣。溜既得其適，則河槽可自治。故善治河者，在與河以機會，使之自治，非箝制束縛之也。

潘氏創設滾壩以減水，所減者盛漲之水也。河床日高，則隄培之益高，而滾壩之底，日形其低，不足以範常流，故必以土封之。迨水漲抉去土封，則不惟漲水瀉而常流亦移，而至水分歧矣。

陳潢曰：『河之性，約而言則曰就下。分而言則避逆而趨順也，避壅而趨疏也，避遠而趨近也，避險阻而趨坦易也。漲則氣聚，聚則不能洩，則其性乃怒。分則氣衰，衰不能激，則其性又沉。』數語可謂深識河性。又曰：『治河必順水性。必也，其度勢也，如有患在下而所以致患者在上，則勢在上也，當溯其源而塞之。又有患在上而所以致患者在下，則勢在下也，當疏其流以洩之。苟不知勢，用力多而成功少。若審勢以行水，則事半而功倍。』數語尤爲治河之要。愚嘗解釋之曰：『河之無律而病，以有障礙故也。治河者去其障礙而已。而施功之始，必審定河線。定線必先審勢。審勢之法，須假設河中障礙袪除，則水之趨向當若何，然後按其趨勢以定工程先後，則事半而功倍。』

河道經行之地，亦爲歷代河工所爭論之點。其別可約爲三：（一）主恢復禹河故道。東漢以前，此說爲最得力。及河改東道後，後世雖有言及禹河者，然已皆不能考其所在，徒作空談而已。（二）主維持現狀。歷代治河，大抵趨

向此旨。（三）主測量形勢，完全改道。如淸之馮桂芬改河道議，謂『請下前議繪圖法，於直隷河南山東三省，徧測各州縣高下，縮爲一圖，乃擇其窪下遠城郭之地，聯爲一線，以達於海。』馮氏論治河，知用測量計劃，是科學治水傳吾華人之嚆矢。然改闢河道之議，則難見用於世也。

歷代治河，雖不乏成功，然未能永絕河道遷徙之患。自孟津以下，北薄天津，南犯淮陰，數千里之面積，適如何口之三角洲。河道奔突蕩駃，如汶港更番。而治河者，亦僕僕隨河南北奔走。以有限之人力，應無常之河變，守故轍而不改，欲其長治久安也難矣。

潘氏靳氏之功，苟有以維持之，亦未嘗不可使河歷久不替。無如後繼者或怠忽將事，（如決口不塞）或不知因時變通，人亡政亡，良可慨已。

今後之言治河者，不僅當注意於孟津天津淮陰三角形之內，而當移其目光於上游，是則予此篇所最注重也。

## 第三節　黃河之所以爲害

言黃河之弊，莫不知其由於善淤善決善徙。而徙由於決，決由於漲，是其病源一而已。陳省齋曰：『夫河之決者，皆由黃水暴漲，下流壅滯，不得遂就下之性。故旁流溢出，致開決口。決口既開，旁流分勢，則正流愈緩。正流緩則沙因以停。沙停淤淺，則就下之性，愈不得遂，而旁決之勢益橫矣。』此言也，深得肯要。蓋凡河流未有不挾沙者也，而黃河斯爲甚。至挾沙之多寡，則因水位之高低而異。低水時水力微，則挾沙甚少，故水或湛然可鑑。盛漲至水力強，則挾沙甚多，故水渾濁。是力也，科學家名之曰抨轉力。因水位之高低，故知其與水之深有關繫焉。然湖泊之中，亦有深逾於恆者，何以淸而不渾。則因湖泊之中無降，（科學術語卽水面傾斜度）而河流之中有降故也。降大者其動能亦大，降小者其動能亦小。力生於能，故抨轉力之關係，水深之外，降亦同有力焉。故西人論河流中相持均勢者，厥惟三事。曰水量，曰沙量，曰降，水位高則水量增，故沙量亦增也。

河中所挾之沙，英人以負荷名之。負荷過量，則水惟有捨之而已。漲水至，其力固足以挾浮游之沙以行。是沙也，入於海者一部，而其餘尙未能達。迨水落深減，抨轉力削，則積滯中途。於是而河床日高，於是而河口日仰，於是而河流散漫日益甚，於是雖盛漲時其深尤且不足，而沙愈無可推泄之途，水益失歸海之勢，而決屢矣。決不能塞，而徙不可免矣。蓋自周砱礫徙後，二千餘年，爲患繁複，而河所演之劇，則週而復始，始終如出一轍也。

黃河所挾沙量，據津浦鐵路於濼口測驗如下表。

| 含沙量（以水重百分之若干計） | 水位（以公尺計） | 一九〇二年月日 |
|---|---|---|
| 〇・三二 | 二八・七六 | 六月二十三日 |
| 〇・二七 | 同 | 同 |
| 〇・六〇 | 二九・一四 | 七月二十八日 |
| 〇・二三 | 同 | 同 |
| 〇・六五 | 二九・二七 | 七月十七日 |
| 二・〇〇 | 三〇・九九 | 八月十五日 |
| 二・〇三 | 同 | 同 |
| 二・八三 | 三〇・七一 | 七月二十七日 |
| 四・〇七 | 同 | 同 |

一八九八年，河隄決口，山東境內王家梁地，爲黃沙所掩，地面佔三百方公里，厚自〇・六公尺至二・〇公尺，取其中以一公尺計算，則有三萬萬立方公尺之土積，可謂鉅矣。

夫如許鉅量之沙，何自來乎？曰黃河流域，厥土黃壤者多，河中之沙，卽雨潦刷削，取之地面，而帶入河中者也。黃壤之累積，常依山嶺之側，或塡坑谷。惟其綿細，故易爲雨潦所刷洗，以流入河中。且黃壤帶半沙漠之性質，樹木不易生長。若雨水愆期，則甚至草亦不生，赤地千里，地面失維護之物。然猶有幸者，（一）黃壤滲漉極易，若地面平衍，則完全可無逕流。（二）黃壤之域，農田大抵作階級狀，名曰階田。故得使斜迤之坡，變而爲平階。然大雨之時，地面沾濡，滲漉不暇，則逕流入川谷矣。地面既無維護，則壤之被刷去者自不少。尤有一事，足以助黃沙之入河者，則道路是也。黃壤之區，道路多深處地面之下，深者至十餘丈，北方名之曰衚衕。每乘騾車，蹣跚閦行其中，仰窺天之一線。遇旱則塵土埋輪，塵�撲鼻，幾閉呼吸。遇潦則泥淖沒脛，馬蹄不前。或兩崖崩坍，浹洵阻礙交通，其苦難喩。夫道路之至於如是，豈其固然，亦漸有以致之耳。蓋輪蹄之下，土被踐磨，成爲極細之沙。風激雨洗，則其被侵蝕，較兩側田地，其速倍之。道路既深，故雨潦時，田中之泥，歸於道路，道路之泥，歸於河溪。故名爲道路，實與枝河無異。夫使一河床之底，有人擣其石而揚其沙，則其河床之質，寧堪受其剝蝕哉！而衚衕類是。

河流以黃壤爲岸崖者，尤易致坍岸之患，而使沙入河流甚多。蓋黃壤壁立如削，高出河面有至數十丈者。若無他力侵襲，本可屹凝不變。然河水刷洗其下，漸致腰足內窪，上部伸突。及至支點太弱，上重偏側，則頹然而圮。其倒下之土質，或被水溜洗掘下移，溜力復及岸壁之脚，刷洗頹坍，愈進不已。或倒下之質甚多，足以改移溜向，使趨對岸。然一處雖暫免圮掘，而下流復受其禍。及至他處傾圮，溜仍趨是處而不免矣。

黃河之支流，大者若洮若渭，若汾若洛，以及河東西兩岸，秦晉諸水，洮渭汾洛所屬諸支流，其所溉洗之區，十之

六七，非黃壤即所謂與黃壤類似之湖泊黃壤也。加以流經河套，虛沙無際，滎澤以上，谷狹降陡。流速足以挾所有之沙，而歸之下游。及至豫東，驟遇平原，於是黃沙淤積，河道靡常矣。

觀黃河者，須知孟津天津淮陰三角形，直可以三角洲視之。魯地山嶺，其昔海島也，則此三角形面積中，俱黃淮諸流淤積而成也。所以如是之廣者，遷徙之功也。

## 第四節　治導之要圖

嘗謂吾國治河歷史，雖數千餘年，而及今尚未有一就治之河也。蓋吾河功，主要在黃。其次乃運。其次乃與運河有關係諸流，淮沂汶泗諸河。又其次乃直隸五河。而江漢等流，則僅有及之者焉耳。然江之通航，恃其自然。漢之行舟，僅通艑艚。運河航行，漸至廢弛。直隸諸河通航尚優者，惟大清子牙二河。而黃河費吾全國之精力，歷數千年之歷史，至今猶不能通一小汽艇，民船間斷行之，上下不過數十里耳。夫是謂之已治可乎？夫所謂治導者，不僅祛其患害已也；亦且欲因其利。而所謂黃河下游者，農無益於灌溉，工無濟乎磑碾，商無惠乎舟楫，千古勞勞，惟思防其氾濫而猶且不能，噫！治河如是，亦足悲矣。

今欲使黃河就範，且可為人所利用，則所須考慮者，當不出乎以下各端。

（一）如何使河床固定。

（二）如何使河槽保其應有之深以利航運。

（三）如何以減其淤。

（四）如何以防其氾濫。

（五）如何使之有利於農。

以下當逐條討論之。

（一）如何使河床固定：今日之河床，可以使之固定乎？抑必另闢一新床，而後使之固定乎？後者馮氏桂芬之議也。然其工程洪大，用費不貲，萬非今日之國家所可議及。且即另闢一渠，以容納河流，而欲使之積久不敝。（一）必使其横斷面得當，（二）必使維護得法。若横斷面不得其當，則必蹈宋六塔二股之覆轍，使維護之法，不能歷久不弛，則如潘氏靳氏之功，亦勢必人亡即敗。維持今日之河床，非必不可行者。然以今之人，由今之道，決不可能也。今之河床，已較昔日大清河淤高甚多。據西人太洛之觀察，河址之增高，每歲約三寸有餘。比歲河決屢現，

國家已有窮於應付之象，則不及十年，河之不復改徙而他往也難矣。欲使河床固定，必與以適宜之橫斷面。是橫斷面也範常流，瀉洪漲，挾所有之沙，直注海洋，無隨處淤塞，侵削岸址之弊。是橫斷面也，浚渫之不能爲功，必仿以壩治溜，以溜治槽之意行之。今之河工，固有埽也，壩也，何以愈防愈敝也？則設施之不當耳。蓋流水之中，相持均勢者，凡有三事。一曰水量，二曰沙量，三曰河降。水之於沙，或取或捨，視乎水量及河降若何。低水之時水清，沙被捨也。洪水之時水渾，沙被取也。水量可以其深淺表之。命

深，代表水之深，以公尺計。

降，代表河之降。（即上下游水面高低之差與其平衡距離之比）

力，代表水流取沙之力，（即押轉力即水過平衡土面侵取其沙挈之而走之力）以公斤計。

則　力等於一千倍之深與降相乘，爲施於一平方公尺之押轉力，以公斤計者也。

即　$力 = 100 \times 降 \times 深$

德人佛朗西氏所立算式，命

沙，代表河之一橫斷面中可以輸過之沙量，以立方公尺計之。

系，代表代表一系數，關乎沙質之種類，須由本河觀察試驗而定之。

深，代表水之深，以公尺計。

降，代表河之降。

限深，代表極限水深，即水深小於此數，則力等於零，水無攜沙之力也。

微距，代表河水面上自一岸量向他岸所取之分段距離。

寬，代表河面之全寬，以公尺計。

則　$沙 = 系 \times (1000 \times 降)^2 \int_{零}^{寬} (深 - 限深) \times 深 \times 微距$

若深小於限深，則沙停留。深大於限深，則河床不免洗掘。唯深等於限深，則既無停沙，亦無洗掘焉。故河身太淺者，將欲深之，使限深小於深，則水力可以刷沙。河床洗掘太過，而其深大於限深者，必設法保護之。欲增深無他法，縮其寬而已。不能盡縮河面，則唯以壩縮之耳。而縮之之多寡，壩之位置疏密，皆須精審計算而定之，非冒然

從事也。

岸陂之陡易，亦頗有關係。按佛朗西氏算式，命

限力，代表押轉力之極限值。（卽在平衡面上力等於限力時水無洗掘之力也）

力，代表岸坡前水深下之押轉力。

止角，代表岸土於水面上之靜止角。

坡角，代表岸坡面對於平衡面之角。

則 $\frac{\text{力}}{\text{限力}}=\frac{\text{深}}{\text{限深}}=\frac{\text{止角正弦}-\text{坡角正弦}}{\text{止角正弦}+\text{坡角正弦}}$

若坡角等於零，則深等於限深。按此式則岸坡坍毀者，可坦其坡以止之。然過坦則又恐淤積焉，必得其宜，然後可以使岸坡久而不生變。若無良法以得適當之坦坡，則坡面須加掩護，以防洗掘。

吾國河防書言及此理者，唯劉成忠河防芻議曰：『溜力之重輕，因乎水勢之深淺。愈深則力愈重，漸淺則力漸輕。假如中泓之水深有三丈，灘比隄低一丈，河水踰灘而上，僅一丈之水之力耳。若外無此灘，則隄前水深三丈，而攻隄之溜，挾三丈之水之力矣。以三丈之溜力，視一丈之溜力，其守之難易，爲如何也？』善哉此論！所缺者，惟科學上之實地觀察耳。

河流之橫斷面，有所謂單式複式之別焉。低水洪水同納於一槽者，名曰單式。尋常水位納於一槽，（名曰本槽）洪水或非常洪水，令迴旋於較寬之槽者，名曰複式。單式之槽，岸坡蟬聯；複式之槽，岸坡頓折。蓋洪水之來，驟而不常遇。其流量頓增甚多，利驟寬其槽以放之。黃河兩面築隄，卽爲此式。考黃河兩岸，先由巡撫胡家玉奏興隄工，相距約十餘里。繼光緒十二年，東省人民，耕於隄外者，（靠河一邊曰隄外）請築縷隄，巡撫張曜許之。及今言河防者，莫不歸咎。蓋縷隄築，遙隄遂致無用。縷隄太狹，河無迴旋之地，則易兆潰決耳。其實縷固有失，遙亦未爲得。總之：兩隄距離，關乎河之成敗，甚爲切要。過寬與過狹，皆足以使河防失效。欲使隄工得治導之效，當以科學方法觀測之，計劃之，維護之。黃河至今，未有水事之測量報告，可以依據以代謀改良計劃者。津浦鐵路計劃黃河橋工之前，所測結果，低水爲二八・五〇公尺，高水爲三一・九一公尺，同處本槽中。洪水至三二・七六，（一九〇三年）處洪槽中。而隄頂之高，爲三三・二六公尺，則高於一九〇三年之洪水面，不過一・三五公尺。（按

應作五公寸）其時低水降度爲〇・〇〇〇一一，高水降度，依所測每秒三・二〇公尺之速率計算，爲〇・〇〇〇二四二。低水瀉量爲一〇七〇立方公尺，高水（三一・四一）瀉量，爲四二二〇立方公尺。洪水瀉量，（水位三二・七六）爲六八〇〇公尺。其所擬糙率，在本槽爲〇・〇二，在洪槽爲〇・〇二五。及今將及二十年，黃河變遷，想已多矣。將欲爲之計劃橫斷面，除諸水位降度流量外，尤須審察河沙流動之情形，及水位高低不同時，其自上流所挈之沙之多寡之量，尤須就上下流各處，細加測驗，非僅一二處可以爲功也。

既知河流瀉水挈沙之詳情，則據之以定其適宜之橫斷面焉。常至水位，（如年必一至者）處之於本槽。非常洪水，（如數年或十餘年始一至者）處之於洪槽。惟洪槽不宜使寬狹失宜，以致積淤或潰決。於衝要處設減水之門，或用滾堰，或用虹引，惟不可使率溜而弱正河之勢。岸坡隄坡之薄弱者，加以防護。築壩束河，浚渫積沙，俱按所定橫斷面而行之。壩料宜用柳及石，勿以黍秸及葦料塞責。河線宜使自然有律，畫一不紊。督工者須深明學理，富有經驗之人。監修者須堅苦卓絕，奉法惟謹之士。尤須嚴立政紀，賞罰不偏。培植人才，期於不墜。如國家肯立志刷新，黃河問題，非絕無解決之法者也。

（二）如何使河槽保其應有之深以利航運：　按歐洲之蘭因河，小於吾國之江與河者甚多，而航行二千噸以上之汽船。其他如歐而白，奧頭等河，下游亦航行一千三百噸至一千五百噸之船。其中上游亦數百噸。以揚子江之巨流，上海漢口間航船，不過二千噸。黃河之大，竟無航政之可言，此當非行河家之所宜自引爲辱也。黃河低水瀉量一千零七十立方公尺。擬其速率爲每秒一公尺，則其水幂亦有一千零七十方公尺。範低水之寬爲五百公尺，卽亦可得二、一四公尺之平均水深，則可行船四百噸以上。尋常水位，亦何不可航行至千噸以上之船。果能如是，則鄭州可化爲中國之第二漢口，而陝甘豫內地之糧貨，不難輸出矣。顧如何而可以達此目的，曰無他，治導與維持而已。黃河與大江，發源之地相類也，其經流之長相類也，其下游之低原廣漠相類也，所不類者，河之挾沙過於江耳。然而江足以富國，而河足以患國者，是當無救濟之法哉？無以爲之者耳。若能減其沙量，固其床址，治導得宜，維護不弛，則化敵爲友，亦何不可遂之有。

黃河至今日，已病劇矣。治之之法，當一面從上游減沙，一面從下游濬治。予甚佩朱熹治河當從最低處起之說。以爲治黃河卽當從入海處起。昔潘靳之治河，最注重於清口。蓋尾閭不暢，全河阨逆，徒固隄防，毫無所益。疏口之法，當一其流，暢其波，築海壩伸出口外，達之深處，使河所攜下之沙，得爲海水之力所攫而去，則海口不至淤塞

矣。然後自下而上，相勢作壩，以激水力而刷沙。一節生效，復進一節，如是而上，以達鄭洛。使尋常水位，不出地中爲止。至若三門龍門等險，可以炸力去之。昔者漢時曾鑿砥柱，石倒河中，不能除去，而廢其功。然今日工程之得力，非昔日可比也。昔人之所不能者，今人可竟能之也。降勢太陡者，可作堰閘以節制之。務使數百噸之船隻，上達晉陝之邊，而汾洛涇渭諸河，亦從此可化無用爲有用矣。大功告竣，河中常備有力之浚船數隻上下游弋，除其隅然之淤。隄壩等功，俱用專門人才，維持防護。如是行之，其費固不貲，而轉禍爲福，其利尤不可思議也。

（三）如何以減其淤：西人之來游吾國者，覩黃河之狀，莫不曰，欲治黃河，非培植森林不爲功也。森林治水，其效甚微，曾於河海月刊論之。況復黃壤區域，麥田所憑，林木根深，培植不易。少植之則完全無效，遍植之則妨礙民生。竊主張森林之說者，欲以減暴雨巡流之量也。巡流減則黃沙之被刷入河者亦減，是不但洪水之災可免，而黃河之淤塞亦可減少多矣。予以爲森林固應提倡，以爲工業發展之預備，而勿以爲治水之希望也。欲減巡量與其所挾沙量，予擬有三途，以代森林，有大益而無礙。三途惟何？曰植畔柳，開溝洫，修道路。

何言乎植畔柳？曰黃壤區域，其田大抵皆爲階田。每次暴雨，上田瀉水，下田承之，逐段而下，以至於河。而所刷田間之沙，亦隨水而去。若於每田之三畔，植所謂矮柳一行，則水自柳間流出，速率因礙物而頓滯，則沙停其後，不啻濾器。迨田畔高仰，柳根繁植，則畔亦固矣。矮柳之爲物，直隸省多種之。出土便爲細枝，無礙於農。而以作筐籃之物，利亦甚溥。以之勸農，當可樂從。矮柳之外，若陝省所長之荆條，亦可同用。

何言乎開溝洫？曰此吾國古法失傳者也。昔者禹治降水，兼盡力乎溝洫。後世儒者，頗有謂禹釃二渠後，至周定五年，凡千餘年而河始一徙。且當時未有隄防，其所以能安瀾不犯者，皆溝洫之功。而河之敝也，亦自周衰井田廢，溝洫之制始弛。此說也，雖或未盡然，而亦頗有扼要之見也。茲列舉名賢論說於下，以資參考。

（一）胡氏禹貢錐指曰：『禹盡力乎溝洫，導谿谷之水以注之田間，蓄泄以時，旱潦有備，高原下隰，皆良田也。自商鞅壞井田，開阡陌，而溝洫之制廢矣。』

（二）徐氏潞水客談曰：『東南多水而得水利，西北少水而反被水害。溝洫一開，則水少而受之有所容，水多而分之有所泄，雨暘因天，蓄洩隨地，水害除而利在其中矣。』

二氏意見不同之點，胡氏以爲『昔者溝洫制興，故雍州厥田上上。自溝洫制廢，水泉寫出，而渭北之田，變爲斥鹵。後世穿渠溉田，爲智之鑿，爲不足貴。而行所無事，乃聖人之智所以爲大。』是胡氏以溝洫爲有灌溉之功也。徐

氏則謂『如爲灌溉而設，則溝洫之內，必如東南稻田，常常有水然後可。而絕潢斷港，既無本源，土燥水渾，尤易涸竭。孟子云，七八月之間雨集，溝澮皆盈，其涸也可立而待也。人見無灌溉，遂幷溝洫而廢之，而水患亟矣。』徐氏以爲溝洫無裨灌溉，但以爲除水患者也。二者各有所偏，當於後文論之。

施氏近思錄發明云：『周定王以前，溝洫制行千餘年無河患，向以爲臆度之言，今知可數計也。』（其詳見後）烏程沈夢蘭氏五省溝洫圖說，言溝洫之利甚詳。曰『陝西之涇渭，山西之沁汾，直隸滹沱永定等河，皆與黃河無異。故其漲也，則渾流汹湧，而衝突爲患。其退也則河泥滯澱，而淤塞爲患。古人於是作爲溝洫以治之，縱橫相承，淺深相受，伏秋水漲，則以疏洩爲灌輸。河無迅流，野無熯土，此善用其決也。春冬河消，則以挑抉爲糞治，土薄者可使厚，水淺者可使深，此善用其淤也。自溝洫廢，而決淤皆爲害，水土交病矣。』又曰：『凡河經入海諸故道，皆可廣爲疏闢，以爲宣導之地。誠使五省舉行溝洫，河之漲流有所容，淤泥復有所渫，而其入海者又可任其所之，不擇東南北大道，皆得暢流而無滯。（按此說有弊河之歸宿須有畫一之道已論之於上）如是而河猶爲患，未之有也。』

綜觀以上諸說，皆謂溝洫可以容水，可以留淤。淤經渫取，可以糞田利農，兼以利水。予深贊斯說。夫井田之制，不可復已。後儒有必欲復之者，膠固之見也。溝洫遂澮之廣深，不必深考，要可師其意耳。治水之法，有以水庫節水者，各國水事，用之甚多。然用於黃河，則未見其當。以其挾沙太多，水庫之容量，減縮太速也。然若分散之爲溝洫，則不啻億千小水庫，有其用而無其敝，且有糞田之利，何樂而不爲也。漢人之歌曰：『涇水一石，其泥數斗，且溉且糞，長我禾黍。』可見黃壤糞田之功，爲古今人所同認。聽其入海而去，亦殊可惜。而階田之制，田面肥沃，尤爲可珍。使上田沃土，以糞下田，猶得失兩消。若聽其刷洗，盡入河流，非計之得者也。

施氏近思錄發明云：『黃河自河南滎澤至江南清河，長千三百餘里。河面闊七八里至三四百丈不等。折算五里。臨河隄高一丈。乘闊五里，得九百丈。以乘長千三百里，積二萬萬餘丈。自有明以來，不惜財，不惜力，四防二守，以待伏秋之異漲者，恃有此數也。今以溝洫廣深計之，地方二十里，容積二萬六千七百八十四丈。地方百里，容積六十六萬八千六百丈。黃河所經之地，除邊外不計，及河南開歸以南，河高於地，水皆由京索入淮，不能注河外，甘陝晉豫四省，約分千里者三。可容二萬萬丈。直隸山東一帶，運河所經，又可分道沁流，以減河勢。雖逢水漲，仍屬平槽，無患者一。以隄束水，水無旁分，淤泥亦無旁散。冬春水消，淤留沙墊，河身日高，地勢日下，加隄之

外，更無別法。築垣居水，豈能久長。如使淤泥散入溝洫，每畝歲挑三十尺，以糞田畝。則地方二十里，歲去淤土六百四十八萬尺；餘水注入中流，刷深河底，雖逢水消，仍得暢流，無患者二。此說計算頗可依據。今黃河既已改道東流，滎澤以下，兩岸夾隄，無水可入。其上受田區域，估為一百萬方公里。河流之長四千五百公里，黃壤易於滲灑，每秒入河之雨，估為每一方公里中有〇・〇〇八立方公尺。全域總量，每秒入河者共為八千立方公尺。全域之中，指二分之一為黃壤熟田，即共五十萬方里。每一平方公里之溝洫，可貯〇・〇一六立方公尺。每一方公里，為畝者約一千六百。則是每畝每秒之所受者萬分之一立方公尺耳。暴雨之事，延持一晝夜，共有八・六四立方公尺之水量。溝廣平均〇・五公尺，深四・四公尺，則每畝有四三・二公尺之溝，可以容納矣。

何言乎修道路？曰北方衚衕之害，前既言之。欲減其患，惟有修治道路。路身堅固，車輛改良，道旁有水溝，亦可以減入河之沙量。而為交通計，亦非甚得耶？今全國道路，頗有人倡之者矣，予深冀黃河流域，尤能急起而直追，以減河患也。

（四）如何以防其氾濫：黃河異漲，既不能全納於本槽，則隄防亦固未可免也。然今日之隄防，惴惴然惟恐其不能保者。設有溝洫以減其逕流，復有治導之功，以保持其深槽。則所恃乎隄防者甚微，而潰決可易免也。

（五）如何使之有利於農：著者嘗著治水與救農一篇，載之同濟雜誌第一期。言吾國河之不治病農甚詳。黃河之為農民患，盡人皆知。果能根本圖治，祛農患即所以利農也。至其直接為利者，甯夏五原之灌溉，早著歷史。河經秦晉之界，下至滎澤，岸高水深，頗難取用。惟溝洫一開，則本應入河之水，可以轉留而為農田所用。或謂黃壤疏而易滲，溝澮即盈，其涸也可立而待，何能藉以灌溉？是誠有然。然使瀦於溝澮之中，即使滲灑，亦滲灑入田間，不較之逕流入河者為得乎。頗見鄉人治田，卑窪之處，積水兼旬，其旁即孳殖倍多。可見溝洫之於農，不為虛設。農民衆多，每歲只須挑淤一二次，亦不為勞。而兩利可收，為國家計，非勝算乎？滎澤以下，河身漸高，凌伏漲期，減水灌田，亦自足大裨農業。獨是今之防河者，惴惴然莫之敢嘗試，何耶？亦河未就治，防患且不暇，遑言利農耶。又前著河沙之可寶，載於科學第七卷第四期，亦可資參考。

## 結論

治導之功，歐美各國，若蘭因，若米西西比，若歐而白，若奥頭，若達紐勃等等，足為吾國取法者甚多。苟得其人，不患不成功。惟溝洫畔柳之制，視若簡易，而實難行。蓋地面廣闊，人民衆多，強迫其一律設施，非政治法律之

強有力不爲功也。然若政局統一，特設一總機關，畀之以黃河行政之全權，可以指揮各省與河務有關係各地之縣知事。由此總機關，畀各省水利局以分權，以督促其進行。又於陝州大慶關蘭州等地，各設河務學校一所，指授溝洫畔柳道路之方針。一年畢業。每縣各派學生四人至十人，視其轄境之大小，及河務關係之廣狹。畢業歸里，授以田畯之職。優其俸餼，使之指導農民。其奉行惟謹者，言於縣尹，勞之酬之。其有不率從者，懲之罰之。夫如是，則政令休明，一二年即可以收其功也。則難行者又何嘗非簡易？

惜哉，國民好亂之心猶未有艾也！洪水猛獸，何日除去，心憂如焚，言胡有濟！

本書排印將竟，適見日本土木學會會長谷口三郎昭和十七年二月十六日演講詞譯文，（原註：譯自土木學會雜志第二十八卷第三號）就中關於黃河根本治導，有通盤籌畫。大要在維護現道，以納洪流。本年六月一日出版之建設第一卷第一期，（國立交通大學同學會出版委員會主編）載籌堵中牟決口委員會副主任委員張一烈氏黃河中牟堵口概況一文，敍述決口現狀及籌堵情形甚詳，亦主使潰流復歸故道。武霞峯師近著中牟鄭堵口籌備時期利用機會大治黃河議一文，詳論黃河堵口以前修隄濬河機宜，及歷來建築滾壩之利病得失，足資考鏡。本年七月，水利委員會諸委員長，聞華北建設總署有於豫河決口附近築分流隄，分黃入淮計畫，關係蘇皖利害至鉅。特致書殷督辦，就歷史地理工程三方面，詳論黃河不宜分流之理。殷督辦亦有復書，逐項剖白。又七月十七日，報載新黃隄防竣工消息。均爲研究治理黃河之新穎資料，並附於後，以餉讀者。

## 谷口三郎演講詞　摘錄

近代一般河川之治導，最緊要之點，爲洪水之最大流量。而既往觀測黃河流量，民國二十二年大水之際，在陝州測定每秒二三〇〇〇立方米。然就鄙人過去經驗論，實不止此，每秒定爲三〇〇〇〇立方米最爲妥當。如此三〇〇〇〇立方米之大水量，僅現在河道，當然不足以收容。而前者東流徐州之老黃河，因流送土砂，已堆積多年，河床甚高，且欲疏浚此低水路，并掘鑿二億數千萬立方米之大土量不爲功。自中牟三劉砦決口，南流成新黃河。如即以此作爲本河，則自三劉砦，至正陽關，必蒙甚大水災。且其下流之淮河水系，對自身之洪水量一五〇〇〇立方米，尙且不能收容，若更加以黃河洪水，強使流通，事實上，當更不可能。如欲此洪水，從新河流通，則三劉砦以下，更須長迨千公里之治水大施設，而費用勞力資財，自屬不可數計。且爲滋潤河南山東兩省之平原土壤計，亦需要相當河水。職此之故，所謂黃河之長久對策，即將此三〇〇〇〇立方米之洪水量，向何處疏流同題。經查以上各種情形，除由現河道，使之流通外，別無良途。然如上述，現河道本無暢洩如此流量之能力；且以河口河道附近之縱斷坡度甚緩，則更減少其流通力。於此，欲將此三〇〇〇〇立方公尺之大流量，運流入海，則必要極大河幅。以工費經濟論，以現地實況論，均難實現。於是則此大洪水量容與通暢辦法之確定，實屬刻不容緩的緊要問題。然則其惟一方策，莫善於在潼關下游，即自古有名的三門峽底柱附近，築起高堰隄，貯留三分之一之洪水。其次，漸入平原，自京漢線鐵路鐵橋以下，至習城集附近，如澈底發揮其下游流力，亦可減低相當水量。再由習城集而下，至陶城埠之間，因河幅特寬，如用爲洪水時期之調節池，則又可減低數千立方米水量。再者陶城埠以下，爲河道之將來計，則該河只可作爲放水路。倘此處更能容相當水量，則其餘流量，只要將現河道加以適當之施治，自可盡量收容。更於全川施以低水工作，矯正河身，以鞏隄脚之安全，同時又可以減少低水河道，洸滯積砂之閉塞作用。爲謀隄防線之整直，同時更須擴大強化其隄身，在河口施以改良工程，使現河道之排水機能，保持長期有效。在上游山地，爲阻止大量流砂，應施以大規模的防砂工程。惟施工地點，因係深遠內地，不能調查，深爲遺憾。再者對於黃河之治導工程上，尙有須注意者，即該河自古流砂量特多，因而河床隆起，（如前述）迭經變遷，向有難治河川之稱。以故調節洪水之貯水池，河身面積等，其容量必須保持充分裕餘，流路亦務求整直，以期全河減少土砂之洸滯。如此，則水源山地，雖依然如舊，治導後，其治水施設之壽命，亦足可確保有數百年之效果。以上關於黃河治水問題，僅就鄙人大致構思。其工費最低限度，亦須十數億圓。如上述計畫完成後，則中國人民多年苦惱，當可解除，而救億兆民衆於悲慘水患中。進而如利用三門峽之堰隄，作水力發電，以灌溉農田，以便利舟運，且於河口附近，可能

開墾達二十餘萬町步（按日本每三十六平方尺爲一步每千步爲一町）之荒地，使農產大增，同時消化中國裁兵之過剩勞力，然則「棄甲歸田」之實，由此可期矣。

## 張一烈氏黃河中牟堵口概況

黃河自古號稱難治，世界聞名；因含沙至重，河床無定，極易淤墊，每經潰決，則洪濤奔注，一瀉千里，其爲患之烈，爲吾國各河之最。考諸歷史，自周定王五年以迄清咸豐五年，大徙改道者凡六次，潰溢漫決之次數，尤不可縷計；最後於民國二十四年山東董莊決口，堵築未久，迨民國二十七年，不幸又有中牟之決，釀成空前巨災。當時因環境關係，未能堵塞，其口門之寬，初僅百餘公尺，三年餘以來，洪水衝刷，今已達千餘公尺之多。經實地勘察，全河之水，計由東西兩口門分流潰出，西口門約四百五十公尺，東口門約四百公尺，中間尚有殘隄一段，約二百公尺，衝刷已不成隄形，西口門水勢較爲湍急，奪口門南下，直奔京水鎮，致將該鎮之東北圍牆衝刷；而口門迤下西南一帶，水道歧出，濫流縱橫，淹沒之田廬村落，彌望無際，水寬處約三十餘公里；沿賈魯河潁河渦河奪淮入蘇，直趨洪澤，東灌高寶，又穿裏運河入揚子江。水勢來源極旺，蓋以淮河最大之洪水量爲每秒一萬五千立方公尺，原以每秒六千至九千立方公尺入江，一千立方公尺入海，餘蓄洪澤湖；是淮河本身之水，早感不能容納，今再驟加以黃河每秒一萬至二萬三千立方公尺之巨大流量，排宣之路，萬難承受，於是橫流氾濫，蘇皖北部難免澤國，以致受災區域達二十八萬餘平方公里，計一百三十七縣，人口五千八百萬，已墾之田地約一萬八千六百萬畝，數年以來人民所受之損失，曷可以數計。倘長此聽其氾濫或改道，勢必造成黃淮江三瀆合流之奇局，其未來之大患，更有不堪設想者。蓋黃水入江，江水必高，蘇常有倒灌之虞；且洪澤湖水位較山東利津河口海平面高約十四公尺餘，比降既小，則流緩沙停，河槽淤墊日高，河水不能宣洩，勢所必然。復據中外專家之勘察，現今之黃河故道，尚可應用數百年而無敝，無論從事實及技術觀點而言，均非挽歸故道不足以安流順軌。反之，再觀察中牟口門以下黃河故道所經之豫冀魯各省，自黃河南流以後，數年以來，對於農田水利運輸，則發生種種不良影響；據山東省公署報稱，決口以前，每年平均降雨六百公厘，今只四百公厘，以致連年亢旱，附近河流湖沼，水位低減，灌溉不足，河身流沙涸出，遇風即起，春苗多被侵害枯死，河運停頓，魯西曹濟一帶之小麥，泰濟各地之棗菓紅粱，武定屬之棉花大豆，以及海運而來之紙張雜貨，輸出入均大受影響。總之，黃河不復故道，則蘇皖沉溺之災既極慘重，冀魯沿河各縣

復有荒旱停運之苦，南北之旱潦不同，而數千萬生民之浩刼則一。是以國府還都以後，積極籌備堵築中牟決口，並專設委員會以主其事。現以口門以下至於利津海口千餘里之兩岸隄堰埽壩，多有殘缺，正次第測勘修築及整理，然後再實施堵口工程，使潰流復歸故道，此洵爲國府還都後最重要之建設，正在積極推行，不久之將來，必有以慰民衆之渴望也。

## 武霞峯先生牟鄭堵口籌備時期利用機會大治黃河議

牟鄭決口，五年未堵。其水入淮侵運，豫南及皖蘇北部，陷溺已深。黃無所歸，傾量入江；黃淮江三瀆合流，實開有史以來非常之巨變。往歲蟄居滬上，應水利委員會編輯彙刊友人之請，特約投稿，曾撰有『論黃水由潁渦入淮由淮入江之關係』一文，登第二輯彙刊。以次續續投稿，對於皖淮蘇運，均有論列。現聞當局決定堵口，已有充量籌備。一旦時局許可，立卽施工。並聞乘此尚未堵口之前，測量三省乾河，整治隄防。此爲一定不易之步驟。但隄工計劃，亦非簡單。撮其大要，曰移隄，曰裁灣，曰修舊，曰增新。而護隄有工，濬淤分水，亦有關係。姑以懸揣作補充之管見，試申其說。

牟鄭未決以前，海內規治黃之論議，不乏專家。然皆以大河奔流，施工不易，空言無補。今茲自決口以下，迄於利津，上下千里，故道全涸。天若留此涸河，以便大舉施工者，此千載難逢之機會也。閒嘗目想神遊，盱衡豫冀魯黃河全局之大勢，而知其第一致病癥結之所在，在於董莊李升屯間之尖角大灣，兜溜搜根，爲其最弱之焦點。以弱處當水衝，遇異漲則蟄，並影響及於上游南岸之劉莊，已有明驗。往者李升屯之決，江蘇協款建十埽，不越十稔，又決董莊；卽在大埽迤下咫尺之地，北與李升屯塞決處相接。董莊堵口時，曾前往參觀，勾留旬日。經委會水利處擬有裁灣改河之計劃，卒以平地開河，寒潦結冰，春汛將屆，不及施工而止。察其新舊隄埽之土質，背河一面，有數處飛沙沒脛。一陣風來，若起波紋，等於香灰。試問此等土質，捍禦洪濤，安可久恃。今若大開引河，裁灣取直，補築縷隄，封閉舊河，一如元至正中黃陵改河，明萬歷中淮安改河，清乾隆中蘭陽改河，清口陶莊改河之故事，卽可永慶安瀾。如慮引河太長，工費不貲，似可縮小裁灣。卽於尖灣舊河左近，開河築隄，封閉舊河。待至全黃復故，採用放淤成法，引倒鈎濁流，灌於尖灣之舊河中，使其淤平，固護南隄，亦尚不失爲中策。舍此不圖，病根未去，後患無已時也。

魯河之病，水行民埝中，束縛太甚，易致漫溢。魯境上游，自鄄城至壽張之間，長約二百里，民埝易潰，屢有小變遷。但其北有古大金隄以為遙隄，其南有舊官隄以為遙隄，周環遼闊，作一大圈，以為重障。決水阻於遙隄，復歸正河，害在局部。惟南大官隄，年久失修，往往而漏。昔李升屯決水，漫行於南大官隄以內，下至壽張入正河，復旁決黃花寺官隄，闌入南旺運河，破運隄由龐家口入正河。江蘇協款，大修官隄，久亦殘破。亟應通體增培，俾免南顧之憂。（董莊決口，恰在民埝與官隄銜接之處，外無保障，決水直灌濟甯以入徐邳，為害甚大，故須裁灣。李升屯民埝決口，有官隄以為外護，官隄不破，遏其南注，為害尚小，故須修隄。）並應增培古大金隄，以固北圍。至於民埝外移，展寬河槽，似以范縣舊城之淤河，可以利用，但恐為事實之所不許。蓋與水爭地，已成習慣；讓地於水，必有困難：舍培埝外，甯有他策。魯河中游，自東阿至章邱濟陽之間，長約四百餘里。歷城以上，南倚泰麓，其東自泰麓盡處，則有官隄，迤邐綿亘，而無民埝。中游全部之北岸，有民埝有官隄。兩岸隄埝，均與下游銜接。自齊東惠民，延長約二百餘里，直至利津鹽窩而止。中下兩游，南岸官隄完整，以逼近小清河，防其灌淤小清，故隄防特重。北岸官隄，惟歷城以上完整，以下則割截為數十段之斷隄，門戶洞開。每屆大汛，來水猛驟，海潮頂托，壅於民埝。往往北潰穿官隄，入徒駭河，幾於屢歲漫溢，成為恆例。前清光緒中，廢民埝，守官隄，而遷民問題，迄難解決。居今日而談治法，可謂一籌莫展。或言海口不暢，為致病之根。議仿靳文襄於雲梯關外築隄束水歸海之法，自鹽窩以下，大築官隄，束水歸海。然河出鹽窩，驟解箝束，故水四出，尚嫌不暢。若再加箝束，擡蓄水勢，與海潮爭高下，結果如何，殊難逆料。查靳文襄築河尾新隄，其兩隄之距，較之雲梯關舊隄之距，放寬至數倍，約寬十餘里至二十餘里。不過略加攔約而已，非箝束也。嘉慶又接築新隄至大淤尖海口，隄距縮小，則真箝束矣。嘉慶以後，河迄不利，水壅不下。清安一帶，河底淤高至二三丈，非其明驗耶？故為今日之海口計，築隄攔水則可，築隄束水，恐無把握。

黃河大隄，極關重要。而護隄有工，以豫河為最。豫河隄距甚寬，河槽亦寬，處處停沙。大溜行於沙泓之中，其勢曲折。或南臥，或北臥。南臥較險，防其嚙隄，則有壩埽之工。清道光中，河督栗毓美用磚工；光緒中，河督許振禕參用碎石；均大著成效。凡險要處，皆立壩埽，其比如櫛。民國以來，形勢猶昔。以時修砌，間於水中施工。今則自花園口以下，兩岸壩埽，皆臨乾河。南岸來同寨楊橋新寨黑岡等處，著稱極險。乘此尚未堵口之時，大修兩岸壩埽，施工較易。黑岡尤險。或於舊日中泓之北，開一引河，則黑岡之險平矣。豫河土疏，大隄背水一面，間段有

重隄越隄圈隄撐隄。修培之工，蓋不可少。冀河停沙不多，兩岸有遙隄，未築壩垛。僅東明附近，隄河俱縮，間有圈越隄工。冀魯接界，濮陽菏澤之交，大河南臥，菏澤之隄最險。河泓狹束，未築壩垛，而有圈越重隄。劉莊朱口賈莊董莊李升屯等處皆險地，外護之副隄，必須修培堅固，以防意外。至於魯河，三游民堰逼水，河槽愈狹。東阿以下，北堰臨水，幾於通體皆險，勢難遍立壩垛及圈越堰工。防險之法，在於平河，使其不溢不決，應籌良策。修培隄堰，補苴而已。

黃河塞決大工，修隄之外，並須挑河。平時河流不涸，未聞有大挑者。惟大決奪流之後有之。蓋河驟決則流緩沙停，決口以下之全部，往往墊淤，故須通體大挑，以暢去路。前清東河南河時代，塞決以前，必有挑工，首尾一貫。亦有因下游停淤不多，無庸大挑者。但其決口迤下附近處，必開引河，引溜歸槽，則確無疑義。近頃大舉測量，如將河槽測有縱橫斷面，則可知其各部分停淤之狀況，而間段施以挑工。現聞乾河內雨潦積水，多成斷港。其斷處即淤處，通體大挑，工不易舉；擇要而施，事或可行。但使河床保有適當之傾斜度，即可不礙於行水。魯有汶水，爲大清河之源。自清黃相抵，東平苦水。現今清汶無恙，可修築戴村壩，遏汶出南旺，引其水北流至十里堡，注入涸黃河，滌滌濁淤，以爲復黃之先導。既可宣通渠脈，兼減輕東平水患，是爲兩利。開封攔河鐵路，爲豫河中梗，改建鐵橋，應有計劃。惟決口久久不塞，汴鄭乾河內，或有奪溜，積淤必厚。引河之工，諒不在小，則無庸借箸者也。

抑此外尚有一可供研究之問題，曰黃河水盛，利在分減，議於兩岸築滾水大壩，遇異漲則開壩減水，以平水怒；此爲漢賈讓三策中之中策，明清潘靳諸公，亦曾見諸實施，斯說固已。然而先決問題，在於相度地勢，建立壩基。地勢不宜，壩基不固，爲害甚大。賈讓之策，據山足堅地，作石隄水門，議雖不行，可以爲鑑。潘季馴於桃源縣北岸作崔鎮徐昇季泰三義減水石壩四座，因土質不良，廢而不用。又於徐州迤東之北岸兩山間，作長樊滾壩，因底無石骨，壩屢潰決，後亦永閉。靳輔作壩最多，皆在黃河下游江南境內河流襟束之處。其在北岸者，曰徐州之大谷山減壩，宿遷之朱家堂溫州廟古城三減壩，桃源之支河減壩，清河之張莊王家營兩減壩，安東之茆良口減壩。其在南岸者，曰碭山之毛城鋪減壩，徐州之王家山天然閘睢甯之峯山四閘，（各減閘皆不設板，同於減壩。）共有兩岸壩閘一十四座，大谷山減壩，建在兩山間大隄上，接近微山湖，慮減水淤湖，久之遂廢。宿桃清安各減壩，皆在隄上。除王營減壩外，餘皆建而未用。然王營減壩，每開輒壞，屢壞屢移。開則奪溜。每屆堵壩，等於堵塞決口。連同挑濬

河淤，往往費帑至數百萬兩之多。淮北大災，成爲痛史。毛城鋪減壩，亦每開輒壞，久亦閉廢。惟王家山閘及峯山四閘，歷久無恙。蓋緣地當山隘，鑿石成槽，以爲凹底，等於鑄金作壩。臨河之灘，開倒鉤引渠，渠有草壩；黃水遇盛漲，則開草壩，由閘槽滾出，不虞崩潰。嘉慶中，又於王家山迤東建十八里屯滾壩，水歸閘河。並於峯山四閘之上，龍虎二山間，及峯泰二山間，建兩滾壩，水歸閘河，最爲分減之利。而碭山以上，魯豫境內，皆無減壩。因其河寬流暢，利在固隄束水，蓄勢攻沙，故不需減壩。此往事之可徵者也。試就今日黃河大勢觀之，豫冀之間，兩隄相距，平均寬約二十餘里。大河水位，寬亦十里。奔放開展，綽有餘地，自無分減之必要。惟冀魯之交，河勢漸縮，水波蕩激，直薄南隄，實爲萬險。若於其迤上北岸濮陽隄上，建立滾壩，減水由新築之引水隄河，匯入古大金隄南面之夾河，並添築南隄，束水至東阿，仍歸正河，則劉莊至李升屯一帶，險勢可平。且可減輕濮范正河之險，中潬居民，並無不利。如果壩基土質適宜，或築重壩以爲雙層保障，即使潰敗，而大溜行於大官隄以內，尙不致有大患。但東阿以下，仍飽納全黃之水，河身狹窄，屢潰民堰，修防已窮於術。欲謀解決，亦祇有築壩減水之一法。若於魯河中下兩游之北岸，選擇堅地，建立滾壩數座，壩下開引河築隄，減水入徒駭河。並築徒駭兩隄，束水歸海，則正河安流，可支百年。最大缺點，爲北岸無山，不能得天然之壩基。人工作壩，難於保固。設有意外，必遭叢詬。南岸之泰山餘脈，如有斷麓，山腰鑿爲天然壩脊，則可減水由小淸河入海。小淸易淤，得失能否相抵，亦成疑問。

最近傳聞，有人獻議主張於堵築花鄭決口時，在口門附近，建築分流隄，分黃河水由潁渦入淮，由淮入江。嗚呼！此昌言改道之故智也，河不兩行，已成定論。築壩分減，所以濟下游狹河之窮，實爲前人不得已之辦法。豫冀大河，河寬流暢，不須分減，且不應分減，前已言之。觀察地勢，開封上下，二三百里間，以南岸爲最險。最險地域，安可分流？設如立壩，開壩減水，勢必崩潰。即不崩潰，淮胡能受。淮水盛漲時之洪湖流量，以每秒八千立方公尺爲中數。以一萬五千秒尺爲最大數。黃沁漲量，何止加倍？尋常大水之年，洪澤湖三河口流量，如達八千秒尺，則運隄報險。啓放郵壩，下河變爲澤國。其水入江，江亦高漲，頂托太湖。設或超過八千之數，流量愈增，危險愈大。甚至漫決運隄，造成空前浩刧。民國五年十年二十年之往事，可爲殷鑒。黃河減水流量，姑以最少數之八千計，併淮八千則爲一萬六千之流量，全淮流域，勢必永罹昏墊。又況超過此數，亦在意中，與黃河決徙何異？前淸光緒中，東撫張曜等議分黃河水入南河故道，江督曾國荃漕督盧士杰持不可。及河決鄭州，或又議乘勢規復南河故道，

江蘇京官力阻之。旋經會勘銅瓦廂以下之歸徐故道，大隄湮廢，舊河淤墊，高於平地。其中村莊廬墓羅列殆遍，無法施工，議遂作罷。嗣後又有人議於銅瓦廂故道之河頭，作滾水大壩，減水入故道，亦以不可行而止。向未聞有於牟鄭一帶，築分流隄或建壩減水之議。如其建築分減隄壩，姑不論絕難穩固，且不利攻沙。試問分減之水，是否有道可循？惠濟潁渦及淮，是否能於翕受？水不歸海，必釀巨變。減水與決水，厥禍維均。聱鄰之策，關係太大，安可輕於嘗試？夫減黃入淮且不可，何況入江？減黃入銅瓦廂故道且不可，何況無道？明乎此，則浮言可息矣三十一年六月

## 水利委員會諸委員長致華北建設總署殷督辦論黃河不宜分流書

桐聲督辦勛鑒：一昨捧讀大著，『為建設華北決行水利建設』冊子，蓋籌碩畫，無任佩慰；祖鞭先着，尤切欽遲。所論華北七大河川利病，洞中癥結。所擬防洪灌溉水運水力給水諸種計畫，亦極中肯綮。我公總持華北建設，為華北謀，誠屬思周慮密。惟是七大川流中，有專屬華北者，有非專屬華北者。專屬華北者無論矣；其非專屬華北而與華中亦有利害關係者，黃河是也。處理黃河問題，此間同人，最為關心、難安緘默；用特披瀝下忱，敬為我公一商榷之。黃河自孟津以下，數千年來，決徙靡常，創鉅痛深。每次南決，或取道渦潁，或取道汴泗，皆以奪淮入海為歸宿。自淮為河淤，且進而歸江入海，三瀆合一，造成浩劫。往事歷歷，可為寒心。大著所謂『新舊兩黃河，』是明明主張黃河分流矣。所謂『於決口附近築分流隄，使規定洪水量，得以適當分配於新舊兩河道，』是明明使黃河分流奪淮入江矣。所謂『以上各種企畫，包括處理黃河問題在內，決定分年實施，均已着手。』是此項主張與設計，即將見諸事實，尤非紙上空談可比矣。在飽經憂患之江淮人士聞之，不能不驚心動魄，奔走相告曰：『黃河決口，變相不堵矣！黃淮江三瀆合一之痛史，今後又將重演矣！』黃河分流之萬不可行，請就歷史地理工程三者，分晰言之：

先言歷史：黃河濁流，利於合而不利分，潘印川所謂『水分則勢緩，勢緩則沙停，沙停則河飽，此合之所以愈於分也。』又曰：『河之性宜合不宜分，宜急不宜緩，合則流急蕩滌而河深，分則流緩停滯而沙淤。』蘇子由所謂：『黃河之性，急則流通，緩則淤墊；既無東西皆急之勢，安有兩河並行之理？』此皆經驗有得之言，不同嚮壁虛造。徵諸史實。當北宋之世，大河北流，李仲昌主開六塔河，分水東流入橫隴故道。其後又屢次分水入二股河。每試輒

敗，河仍北流。河性之不可拂逆，具有明徵。迨金人利河南行，始有明昌之大徙。其後三百年間，決溢三百餘次，爲前此所未有。推原其故，明昌初徙，則南北分流，由大小清河直接間接入海。繼則元代有杞縣蒲口，開封小黃村口之分流。再則明洪武時有大小黃河之分流。河愈分而愈壞，至其極，則冰碎瓦裂，不可究詰。當事者圖一時之苟安，貽無窮之後患，殊非始料所及。自潘印川出，懲前毖後，一變向來分流殺勢之策而爲束水攻沙之謀。後之治者，如靳輔張鵬翮輩，皆規隨成法，莫之能易。此乃得諸數百年疾痛慘怛之教訓，非偶然也。今欲反潘靳以來治河之良規，復主分流殺勢，毋乃與歷史之律令，背道而馳乎？

次言地理：自來黃河徙流改道，不出三途。一則北走津沽，一則中趨利津，一則南出雲梯。北道爲華北諸水領域，南道爲長淮領域，均無容受黃流之餘地。惟現行之中道，乃黃河自闢之途逕，順理成章，無可移易。近百年來，兩岸大隄，積漸修築完整；要害之處，壩埽林立；所糜公帑，何啻萬萬。中外專家觀察，河道尚可支數百歲。兩岸何處爲險工，何處爲平工，凡屬修防機宜，已積百年經驗，更有相當把握。且豫境河身既寬，防護尤爲周密。此次苟非時會艱迍，斷無牟鄭決口之事。若夫決口以下，所謂新黃河隄者，其工程之鞏固，防護之周密，迴非正道可比。循此而下，則爲淮河。淮河有本身之容量，若更加以黃流，必苦不能翕受，則水勢壅屯。壅於下者，必潰於上；則水勢稍漲，所謂新黃河隄者，必處處皆成險工。豫南數十縣，其將爲黃河之洞庭鄱陽矣。觀於民國二十九年，黃淮均無異漲，而所謂新黃河隄之京水鎮、小番莊、朱仙鎮、尉氏、五里口，已到處漫決，假令黃淮或有異漲，或同時並漲，又將如何？不僅此也。淮之下爲洪澤湖，歷經黃水灌淤，湖底平淺，湖水位高於利津河口海平面約十四公尺餘。比降既小，則流緩沙停，水勢亦必壅屯。往年淮水異漲，已不能容。若再加以黃水，壅屯愈甚，則湖面擴大；西溢鳳泗，東犯淮揚，又爲必至之勢。洪澤而下，高寶湖也，運河也，裏下河也，皆爲孔道。若黃淮並漲，勢必一片汪洋。裏下河爲全國一大農產區，倘爲黃水氾濫，秔稻無收，東南之生氣，索然盡矣。運河更南爲長江。倘黃淮滂流而下，江水位擡高，倒灌太湖；設不幸而天目黟山之水，更同時並發，江湖相鬥，內外壅阻，則全國精華所萃之太湖流域危矣。曩者淮爲河奪，致南徙於江。導淮問題，未能解決以前，江淮之本身，已苦杌隉不安。若使舊痛未已，又增新痛，江淮河三瀆合流，中國尙復成何景象乎？分流之議，就地理言之，亦斷斷不可行矣。

執事必將曰：『吾之分流，水量有限，工程堅牢，決不致於爲害，無庸爲危詞以聳聽聞也。』則請更與執事論工程：黃河分流，由來久矣。昔者漯濮濟汴，皆河之所分，而今皆無有，徒於水利史上，遺留若干決溢變徙之史料而已

。卽以汴水分流而論，其地望實與執事今日所設計者，不甚相遠。汴口分流，舊有口門。至王景治河時，河勢東徙，日月彌廣，水門故處，皆在河中。王景治之，復其舊迹。歷魏晉南北朝及隋，汴口石門，屢修屢壞，其地址亦自滎澤而河陰，而汜水，屢移而西。蓋欲倚廣武山爲固，藉免口門之易壞也。然分流之利，僅屬一時；分流旣久，終致改道，以成後日元明清三朝奪淮之變局。履霜堅冰，其來有漸，初非主張分流者始料所及也。更以淮水證之。明嘉靖時，楊一魁慮淸口不暢，建分黃導淮之策。初於高家堰湖隄建三閘，分洩淮水入江。其後屢有變易，至靳輔時，則爲六壩；至張鵬翮時，成爲三石滾壩；至高斌時，則石滾壩又增三爲五；迨仁義禮三壩衝損，又復移建。當時不過欲分淮水盈溢之量，以謀黃淮下游之安全。壩工初爲三合土底，其後易土爲石，以期鞏固。孰知此方便之門一開，水量積漸傾注，終至石壩衝毀無存；三河一口，昔爲禮壩壩址，今則終年敞放，淮水幾於全量由此入江，此又豈楊一魁等人始料所及哉？

執事今擬於決口附近築分流隄，縱技術嶄新，遠駕前人；工程堅牢，超軼前代；同人等皆能深信而不疑。然此等嶄新工程之堅牢效能，僅能以分流隄之本身爲限。而與此工程鄰接之黃河大隄，能堅如廣武之山，洪澤之隄乎？廣武之山，洪澤之隄，不能使建於其上之分流工程，歷久不壞；而謂流沙沖積之黃河隄上所建之分流隄，獨能經久不壞，殆難置信矣。倘不幸竟蹈汴口三河口之覆轍，以三十年五十年之小康，易三百年五百年之大患，後人追原禍始，誰尸其咎耶？

黃河堵口之與治本，係屬截然兩事。目前當務之急，惟堵口之一事。堵口者，斷流復隄，不留毫髮罅隙，他非所計也。至於治本，誠如我公所言，『一時尙談不到。』卽『在下游另籌應急方策，』亦非舍『在決口附近築分流隄』外，別無彼善於此之策。同人生息江淮，室廬邱墓在焉。迫切呼籲，諒荷同情。我公亦係南人，以身處華北，環境不同，或有不得已之苦衷。惟是是非不可不明，利害不可不辨；江淮安危，實繫公之一念。深願充胞與之量，推其濟之誼，從長計議，再思而行，幸甚幸甚！青來不敏，敬以同人之意，代陳左右，以當芻蕘，惟君子擇焉！專此敬請勛安。弟諸青來頓首

## 殷督辦復書

青來吾兄委員長勛鑒。接奉台函，詳論黃河分流之害，根據歷史地理工程三點，多方引證，闡發無遺；崇論閎議，

敢不拜嘉。惟所示各節，對於拙著『為建設華北決行水利建設』一文內所述黃河應急處理辦法之京水鎮附近分流隄計畫，實有根本誤會之處。事關全國水政大計，既承質難自當剖析縷陳，俾明真相，而息羣疑。凡治理河川當然以處理洪水為第一要義。築堰蓄水於上游山岳地帶，不使同時集中於河川下游，是為上策。洪水已至平原，只有採取種種比較利多害少之處理洪水辦法，務使洪水安全入海，不致泛濫與潰決；如鞏固隄岸，以防沖決；築壩滾水，以減洪峯；另闢減河，以分洪流；是為中策。現在根本治黃，上策既一時尚談不到；只有研究如何處理下游洪水之中策。上述京水鎮分流隄者，亦可稱為溢流隄或滾水壩。係築強固隄壩，分洩超過某種高水位後之最高洪水量之一部份，並非分洩平水；與析河成兩股之分流辦法，根本不同。至兄所慮之點，及所舉之例，似有未盡悉合之處，茲一一解釋如次。

第一就歷史言：尊論甚是。要旨在黃河「利合不利分。」黃河以含沙量百分數最大著名，合則流急沙行，分則流緩沙停，此水性鐵則，盡人皆知。同主張堵塞決口，恢復故道，即係本此可合不可分之主旨。但黃河最大流量為二萬三千秒立方公尺，冀魯豫現有河道，雖整治尚可利用；而河身容量，絕不能應付此最大流量。不得已只有擇適宜地點，建築相當數目之溢流隄，以分洩洪水。此與汽鍋保險閘之放汽，患高血壓病者之放血，同一應急辦法。籌堵中牟決口委員會工作大綱內，曾列有五處溢流計畫。京水鎮溢流隄，即其一也。所謂溢流，按其字義，即明示平時並不洩水。只有在最大流量時，不得已使之溢出之謂。黃河最大流量之週期，約五六年。足見此隄在平時不過備而不用，只有五六年間，方應用一次。且最大流量，佔時極短。洪峯一過，水位即降，即無流可溢。更可見所溢之水，係一時的而非繼續的；係非常的而非平時的；係洪峯之一部，而非大量的。與兩股分流，以洩平水之意義，絕對不同。焉能併為一談？此解釋尊函所舉之例，未盡悉合者一也。

第二就地理言：黃河三委，以南流奪淮為害最烈，尊論甚是。拙著「黃河奪淮之危機與中牟堵口之必要」一文，即本此主張，痛切言之，諒邀洞鑒。豈能於籌堵中牟決口之際，忽改主張，提倡分流，自蹈矛盾之譏？現籌委會所擬計畫，均以防止奪淮為主要目標。即以溢流論，絕非漫無計畫之溢流。如黃漲淮平，溢流小部分洪峯，當無問題。假定黃淮同時異漲，則對溢流之水，必當預籌出隄後停留延滯之方。如沿途放淤後，再令清水下行，決不使與淮水同時集中於洪澤一帶，為患蘇皖。且溢流之水，為量不多，又係一時現象，非常流之水，當不至有奪淮之危險。此解釋尊函所舉之例，未盡悉合者二也。

第三就工程言：尊函歷舉漢王景十里水門辦法，其後屢修屢壞，一時分流，終致改道；及明楊一魁分黃導淮，以工程不堅，石壩沖毀；兩點。證明溢流工程之不易堅固，終將演成改道。其說雖是，而實不可與今日溢流隄同日而語也。工程技術，日新月異。現今科學昌明，凡昔日技術上無法克服之困難，均有解決方法。現談溢流，只要原則上合理，不必顧慮技術上之困難，及工程之安全問題。古時資材技術，均在萌芽時代。工程之失敗，完全技術問題，未必設計上或原則上之不合也。且王景十里水門，係互相洄注辦法。楊一魁引淮導黃，目的在藉清刷黃，沖暢尾閭，與溢流隄意義，亦不甚相合。此解釋尊函所舉之例未盡悉合者三也。

總之：黃河東流故道，雖整治得法，尚可維持百年。但絕不能容納最大洪水量，爲中外治河專家所公認。輓近貫臺董莊之潰決，可資佐證。故前華洋義賑會塔德先生，曾著有「黃河問題」一書，其中論列，亦主張黃河上游根本治導計畫未實現以前，必須在下游多設滾水壩，以免潰決之禍。蓋河槽容量，既小於洪水量，勢必漫溢而潰決。與其使其自由漫決，決口後堵口善後，種種困難，尚不如擇適宜地點，建築堅固工事，令洪水在指定場所溢出。既可免潰決之患，又可省堵口之煩。此滾水壩疏洩洪水，所以爲各國治河者處理洪水方策之不二法門，想黃河亦不能例外也。尤有進者：同負治水之責，當然以整個國家利害爲前題。權衡輕重，通盤籌度，務使利害調劑互資挹注。乃決定採用溢流隄，爲應急處理之計。純係就技術上見地而得之結論，決非囿於環境一隅之見也。用敢披瀝所見，說明眞相，尚乞察照諒解，並轉告各鄉老，切勿誤會，不勝感幸！至於溢流隄具體計畫，以及下游修補隄防整理河道諸規畫，現因測量未終，正式計畫，一時尚難着手，合併附聞。專此佈覆，祇頌勛安。弟殷同拜啓

## 諸委員長再致殷督辦書

桐聲吾兄督辦勛鑒：前奉環雲，敬諳執事洞明黃河奪淮爲害之烈，堅決主張中牟堵口；且於黃河目前防洪，必需採取分流之理；與夫京水鎮附近建築分流隄之有利無害；反覆譬解，詳盡無遺，曷勝佩慰！即已遵屬轉達各鄉老，藉免誤會矣。執事以整個國家爲前提，熟權利害得失，乃決定採用分流隄，爲應急之處理；純係根據技術觀點，絕非囿於環境；公忠體國，磊落光明。各鄉老聞之，不惟相悅以解，抑且肅然起敬。惟茲事體大，討論不厭求詳。當此測量未終，正式設計未能着手之際，同人等尚有所懷，敬陳左右，藉作學理上之探討，想亦我公所樂許也！黃河設壩減水，始於潘印川；踵而行之者靳紫垣。二公皆治水名家。潘之言曰：『兩隄並峙，重門禦暴，又何需於減水壩

也？曰，防之不可不周，慮之不可不深；異常暴漲之水，任其宣洩，少殺河伯之怒，則隄可保也。壩面有石，水不能汕，故止減盈溢之水，水落則河身如故也。』靳之言曰：『夫束水莫如隄，然隄有常水之消長無常也，故隄以束之，又爲閘壩涵洞以減之。務令隨地分洩，上既有以殺之於未溢之先，下復有以消之於將溢之際，故隄得保固而無沖決也。』此等理論，明白曉暢，同人等早已耳熟能詳；故於執事之分流隄，決不致誤會爲分洩平水，更不致誤會爲兩股分流。所未慊於心，不能默爾而息者，厥有三端，請略陳之：

黃河濁流，裹沙而行，隨地塡淤。上古人烟稀少，不與水爭地，故左右游波，寬緩而不迫。戰國以後，生齒日繁。齊與趙魏，皆大作隄防，各以自利。隄防既設，河床易墊。墊之不已，則惟有增隄，致成築垣居水之變局。築垣居水，河患更烈，則增隄之外，補偏救弊，又有分流殺勢之策。然河不兩行，愈分愈壞；至潘印川出，始明辨河性，確定束水攻沙，大築遙縷月各隄，爲治河惟一長策。所謂『水分則勢緩，勢緩則沙停，沙停則河飽；尺寸之水，皆由沙面，止見其高。水合則勢猛，勢猛則沙刷，沙刷河深；尋丈之水，皆由河底，止見其卑。築隄束水，以水攻沙，水不奔溢於兩旁，則必直刷乎河底。』皆顚撲不破之言也。靳氏持論，亦同此說。然則潘靳何以於主張束水攻沙之外，又有減壩分流之策，寗非自相矛盾耶？曰，是由地勢限之也。潘靳之世，大河皆爲運道所箝，不得已而行歸徐，奪淮入海。自曹單至徐城，兩山夾峙。徐州城外，河寬僅六十餘丈。又百餘里至睢甯鯉魚山，南岸有峯泰龍虎諸山夾峙，河寬僅百丈。河流爲之閼束，抑鬱憤怒，不得不設減壩以平險。靳氏所謂：『今使上流河身，其廣數里，而下流河身，或爲山岡郡邑所逼限，其廣也僅得其半，更或僅得其十之一二，勢必滂薄奔駛，怒極而思逞。』正爲此等處言之也。且蓄淸敵黃，又爲潘靳治黃之要略。淮水北出淸口，每患爲黃水所抵，淮稍弱，黃即乘虛內灌。靳氏設壩減黃於淸口以上，經諸湖洗澱、淸水入淮助勢，更有殺黃濟淮之妙用。是潘靳減壩分黃，乃河行歸徐，限於地勢，且爲貫徹蓄淸敵黃政策不得已之辦法。今黃河至利津入海，形勢已變，河身縱有束狹之處，亦未至如彼之甚。則分流隄是否有設置之必要，根本尚屬疑問。此其一。

潘靳之設壩減水也，固爲不得已之辦法，且爲一時權宜之計。潘之言曰：『今四壩何以不洩水也？曰，初創之時，伏秋水洩，喧聲若雷。日久河深，深則可容異常之水，何必減爲？』靳之言曰：『以隄禦河，以閘壩保隄，誠使河不他潰，則河底日深；河底日深，則河水亦日低，行且置閘壩於不用矣。』潘靳之設減壩，既爲一時權宜之計，期於備而不用；根本至計，仍在堅築隄防而愼守之。潘氏河議辨惑云：『或有問於馴曰：河既隄矣，可保不復決乎？

復決可無患乎？馴應之曰：縱決亦何害哉？蓋河之奪也，非一決所能奪之；決而不治，正河之流日緩，則沙日高；沙日高，則決日多；河始奪耳。今之治河者，偶見一決，鑿者便欲棄故覓新，懦者輒自委之天數，議論紛起，年復一年，幾何而不至奪河哉？』靳氏大功告成以後，維護隄防，尤為不遺餘力。整頓河營，按里設兵，每兵一名，分其管隄四十五丈，逐年加幫高厚，以圖久遠。是皆潘靳治河任隄防不任減壩之明徵也。今黃河至利津入海，積百年之經營，隄防壩埽之工，粲然大備。若能師潘靳慎守隄防之遺意，無怠無隳，是否必需乞靈於分流隄，而後可保無患，亦為疑問。此其二。

潘靳雖皆限於地勢，不得已而設壩減水。然設壩地址，甚有斟酌。潘氏於宿遷北岸，建崔鎮徐昇季太三義諸壩，不惟取其入海路近，又有碩項等湖蕩為之停瀦迴旋。靳氏建毛城舖大谷山龍虎山天然減水閘壩，皆就山岡石底，建立壩基，其下亦有靈芝孟山諸湖蕩可為歸宿。且挑倒鉤引河，以防奪溜。然潘之減壩，大率備而不用；靳之減壩，不久仍多廢棄。清光緒初，侍郎游百川，建議於長清北岸，設壩減水入馬頰河。直督李鴻章以該處一片純沙，壩基難立，貽害甚廣，力持不可而止。可見設壩地址，甚關重要。今黃河縱有建築分流隄之必要，然京水鎮既非去海甚近，又非山岡石底，建築壩基，是否適宜，更屬疑問。執事將曰：現今科學昌明，凡昔日技術上無法克服之困難，均有解決之方，分流隄儘可任便設施，不必擇地。則同人等竊謂不然。工程雖有新舊之殊，其須因地制宜，理無二致，似仍不能不慎重考慮耳。此其三。

夫三代不沿禮，五霸不沿樂，時勢不同也。潘靳因時制宜，因地制宜，設減壩以分黃，前乎此者，以時勢不同，無有行之者。後乎此者，時與地均有變遷，亦不必踵而行之也。況即在潘靳之時，已屬利害參半。迨咸豐河徙今道，魯境河身阨塞之處，設壩減水，前人已論其危害；豫境河身寬緩之處，設壩減水，似更非必要。凡此所陳，皆係根據事理，並無方域之見。惟執事明察之！專此敬請勛安。弟諸青來頓首。

## 新黃河隄防竣工消息

開封十六日中央社電新黃河築隄工程，自去年起，日夜加工趕造，迄本年七月一日，全長一百三十七公里之隄防，已告竣工，本日上午十一時，舉行為築隄工程犧牲者追悼會及竣工典禮。按新黃河隄防，自去歲開工，經過困難甚多，終於完成此偉大工程。

按新黃河隄，不祥之名詞也。報載此項消息，若深幸其成功者。夫黃河決口不堵，舍本逐末，年復一年，坐誤事機，恐難免蹈歷史覆轍。江淮之間，陸沈之禍，見端於此矣！本書之纂輯，豈得已哉？

古今治河圖說終